高等学校信息技术
人才能力培养系列教材

微课版

Access 2016

数据库应用技术 第3版

刘卫国 ◉ 编著

U0233626

Access 2016
Database Application

人民邮电出版社
北京

图书在版编目（CIP）数据

Access 2016数据库应用技术：微课版 / 刘卫国编著. -- 3版. -- 北京：人民邮电出版社，2023.7
高等学校信息技术人才能力培养系列教材
ISBN 978-7-115-61360-8

Ⅰ. ①A… Ⅱ. ①刘… Ⅲ. ①关系数据库系统－高等学校－教材 Ⅳ. ①TP311.132.3

中国国家版本馆CIP数据核字(2023)第041591号

内 容 提 要

本书以 Access 2016 为实践环境，介绍数据库的基本操作和应用开发技术。全书共 9 章，主要内容包括数据库技术概论、数据库与表、查询、SQL 查询、窗体、报表、宏、模块与 VBA 程序设计、数据库的管理与安全。本书参照教育部高等学校大学计算机课程教学指导委员会提出的数据库课程的教学基本要求，以 Access 2016 数据库及数据库对象为主体，系统构建了 Access 2016 数据库应用技术的知识体系，同时适度突出关系数据库的基本原理，体现了关系数据库的本质概念和应用要求。

本书既可作为高等学校数据库应用课程的教材，又可供各类计算机应用人员与参加各类计算机考试的读者阅读参考。

◆ 编　著　刘卫国
　　责任编辑　王　宣
　　责任印制　王　郁　陈　犇

◆ 人民邮电出版社出版发行　　北京市丰台区成寿寺路 11 号
　　邮编　100164　电子邮件　315@ptpress.com.cn
　　网址　https://www.ptpress.com.cn
　　三河市兴达印务有限公司印刷

◆ 开本：787×1092　1/16
　　印张：18　　　　　　　　　　2023 年 7 月第 3 版
　　字数：451 千字　　　　　　　2023 年 7 月河北第 1 次印刷

定价：59.80 元

读者服务热线：(010)81055256　印装质量热线：(010)81055316
反盗版热线：(010)81055315
广告经营许可证：京东市监广登字 20170147 号

前　言

技术背景

在信息社会，数据已经成为重要的资源，通过数据可以更好地探索和认识客观世界。数据库技术是在 20 世纪 60 年代后期产生并发展起来的，它在计算机应用领域的地位和作用日趋重要。党的二十大报告中提到："当前，世界百年未有之大变局加速演进，新一轮科技革命和产业变革深入发展，国际力量对比深刻调整，我国发展面临新的战略机遇。"

随着数据处理逐步成为计算机应用的主要领域，采用数据库技术进行数据处理成了当今的主流技术，它的核心在于建立、管理和使用数据库。数据库减少了不必要的冗余数据，可以为多种应用服务，而且数据的存储独立于使用这些数据的应用程序。数据库技术作为各类计算机信息系统的核心技术和重要基础，非常引人注目，它不仅是计算机学科的一个重要分支，而且与人们的现实生活息息相关。许多应用（如信息管理系统、决策支持系统、企业资源规划、客户关系管理、数据仓库和数据挖掘等）都将数据库技术作为重要的支撑。

写作初衷

数据库系统通过数据库管理系统对数据进行统一管理。为了开发出适用的数据库系统，我们需要熟悉和掌握一种数据库管理系统。目前，典型的数据库管理系统有很多。相对于其他数据库管理系统，Access 作为一种桌面数据库管理系统，具有自身的特点，并且有着广泛的应用。而 Access 2016 又是 Access 的常用版本，它除了继承和发扬了以前版本功能强大、界面友好、操作方便等优点外，在界面的易操作性方面、数据库操作与应用方面还进行了很大的改进。因此，编者以 Access 2016 为实践环境编成本书，具体介绍数据库的基本操作与应用开发技术。

本书内容

本书共 9 章，内容包括数据库技术概论、数据库与表、查询、SQL 查询、窗体、报表、宏、模块与 VBA 程序设计、数据库的管理与安全。本书各章内容学时建议如表 1 所示。

表 1　本书各章内容学时建议

章序	章名	学时建议一	学时建议二
第 1 章	数据库技术概论	2 学时	2 学时
第 2 章	数据库与表	2 学时	4 学时
第 3 章	查询	4 学时	4 学时
第 4 章	SQL 查询	4 学时	6 学时
第 5 章	窗体	4 学时	8 学时

续表

章序	章名	学时建议一	学时建议二
第6章	报表	4学时	8学时
第7章	宏	4学时	6学时
第8章	模块与VBA程序设计	6学时	6学时
第9章	数据库的管理与安全	2学时	4学时
合计学时		32学时	48学时

本书特色

本书特色介绍如下。

1. 紧扣教学基本要求，系统构建知识体系

本书参照教育部高等学校大学计算机课程教学指导委员会提出的数据库课程的教学基本要求，以Access 2016数据库及数据库对象为主体，系统构建了Access 2016数据库应用技术的知识体系。

2. 详细讲解设计过程，适度突出基本原理

本书在系统构建基本知识体系的基础上，详细讲解了数据库的设计过程，告诉读者数据库中的"表"是如何来的，适度突出关系数据库的基本原理，体现了关系数据库的本质概念和应用要求。

3. 综合实例贯穿全书，配套教材助力实践

本书以"教学管理"数据库贯穿始终，围绕"教学管理"数据库的设计编排了大量翔实的实例。实例新颖、系统，具有启发性和综合性，而且相互呼应，涵盖了表、查询、窗体、报表、宏、模块等Access数据库对象的创建和使用方法，以及Access数据库管理与安全技术等内容，便于读者学习、巩固和提高。为了方便教学和读者上机练习操作，编者还编写了《Access 2016数据库应用技术实验指导与习题选解（第3版）》一书，作为本书的配套教材。

4. 提供丰富教辅资源，打造优质新形态教材

党的二十大报告中提到："坚持以人民为中心发展教育，加快建设高质量教育体系，发展素质教育，促进教育公平。"为了全方位服务院校教师开展高质量教学，编者特意制作了与本书配套的课件PPT、教学大纲、教案、习题答案、实例数据库等教学资源，教师可从人邮教育社区（www.ryjiaoyu.com）下载使用。此外，编者还为书中的重点和难点知识录制了微课视频进行详细讲解，助力读者随时随地进行自学。

在本书修订的过程中，编者汲取了许多读者的宝贵意见和建议，在此表示衷心的感谢。由于编者学识水平有限，书中难免存在疏漏之处，恳请广大读者批评和指正。

编　者

2023年6月

目 录

第 3 章
查询

第 4 章
SQL 查询

第 5 章
窗体

< 2 >

第6章
报表

第7章
宏

< 3 >

第 8 章
模块与 VBA 程序设计

第 9 章
数据库的管理与安全

< 4 >

第1章 数据库技术概论

本章学习目标：

- 了解数据库技术的产生背景与发展过程；
- 掌握数据库系统的组成与特点；
- 理解数据模型的概念；
- 掌握关系数据库的基础知识；
- 熟悉 Access 2016 的操作环境。

数据库技术是在 20 世纪 60 年代后期产生并发展起来的，主要用于实现数据的存储、修改、查询和统计等。目前，数据库技术在计算机应用中的地位和作用日益重要。许多应用，如信息管理系统、决策支持系统、企业资源规划、客户关系管理、数据仓库和数据挖掘等都以数据库技术作为重要的支撑。数据已经成为重要的资源，数据库技术作为各类计算机信息系统的核心技术和重要基础更加引人注目，它不仅成为计算机学科的一个重要分支，而且与人们的现实生活息息相关。

1.1 数据与数据处理

数据库技术是一门研究如何存储、使用和管理数据的技术，它正处于计算机数据管理技术的新发展阶段。数据库应用涉及数据、信息、数据处理和数据管理等基本概念。

1．数据和信息

数据（Data）和信息（Information）是数据处理中的两个基本概念，有时可以混用，如我们平时讲的数据处理就是信息处理，但有时必须分清。一般认为，数据是对客观事物的某些特征及相互联系的一种抽象化、符号化表示，即数据是人们用于记录事物情况的物理符号。为了描述客观事物而用到的数字、字符及所有能输入到计算机中并能被计算机处理的符号都可以看作数据。在实际应用中，有两种基本形式的数据：一种是可以参与数值运算的数值型数据，如表示成绩、工资的数据；另一种是由字符组成、不能参与数值运算的字符串型数据，如表示姓名、职称的数据。此外，还有图形、图像、声音、动画和视频等多媒体数据，如照片、商标等。

信息是数据中所包含的意义。通俗地讲，信息是经过加工处理并可对人类社会实践和生产活动产生决策影响的数据。例如，"周益彤""湖南""615"只是单纯的数据，而"周益彤同学来自湖南，入学成绩为 615 分"就是一条有意义的信息。不经过加工处理的数据只是一种原始材料，对人类活动产生不了决策作用，它的价值只是在于记录了客观世界的事实。只有经过提炼和加工，使数据发生质的变化，数据才能成为信息。

数据与信息既有区别，又有联系。一方面，数据是用来表示信息的，是承载信息的物理符号；信息是加工处理后的数据，是数据所表达的内容。另一方面，信息不随表示它的数据形式的改变而改变，它是反映客观现实世界的知识；而数据则具有任意性，用不同的数据形式可以表示同样的信息。例如，一个城市的天气预报情况是一条信息，而描述该信息的数据形式可以是文字、图像或声音等。

2．数据处理和数据管理

数据处理是指将数据转换成信息的过程，其基本目的是从大量的、杂乱无章的、难以理解的数据中整理出对人们有价值、有意义的数据（即信息），作为决策的依据。例如，全体考生各门课程的考试成绩记录了考生的考试情况，属于原始数据；对考试成绩进行分析和处理，如按成绩从高到低顺序排列、统计各分数段的人数等，进而根据招生人数确定录取分数线，输出的数据即包含丰富的信息。

数据管理是指数据的收集、组织、存储、检索和维护等操作，这些操作是数据处理的中心环节，是任何数据处理业务中不可缺少的一部分。数据管理的基本目的是实现数据共享，降低数据冗余，提高数据的独立性、安全性和完整性，从而更加有效地管理和使用数据资源。

1.2 数据库技术的发展

数据库系统的核心任务是数据管理，但数据库技术并不是一开始就有的。计算机技术的发展和数据处理的现实需要促使数据管理技术得到了极大发展，从而有效地提高了数据处理的应用水平。数据管理技术经历了人工管理、文件管理、数据库管理和新型数据库系统4个发展阶段。

1.2.1 人工管理阶段

20世纪50年代中期以前，计算机主要应用于科学计算。虽然那时也有数据管理的问题，但当时的数据管理是以人工管理方式进行的。在硬件方面，外存储器只有磁带、卡片和纸带等，没有磁盘等外存储器。在软件方面，只有汇编语言，没有操作系统，也没有对数据进行管理的软件。数据处理方式基本上是批处理。在人工管理阶段，数据管理的特点如下。

（1）数据不保存

人工管理阶段处理的数据量较少，一般不需要将数据长期保存，只是在计算时将数据随应用程序一起输入，计算完后将结果输出，数据和应用程序一起从内存中被释放。若要再次进行计算，则需重新输入数据和应用程序。

（2）由应用程序管理数据

系统没有专用的软件对数据进行管理，数据需要由应用程序自行管理。每个应用程序不仅要规定数据的逻辑结构，而且要设计数据的存储结构及输入/输出方法等，程序设计任务繁重。

< 2 >

（3）数据有冗余，无法实现共享

应用程序与数据是一个整体，一个应用程序中的数据无法被其他应用程序使用。因此，应用程序与应用程序之间存在大量的重复数据，数据无法实现共享。

（4）数据对应用程序不具有独立性

由于应用程序对数据的依赖性，数据的逻辑结构或存储结构一旦有所改变，就必须修改相应的应用程序，这样就进一步加重了程序设计的负担。

1.2.2　文件管理阶段

20 世纪 50 年代后期至 20 世纪 60 年代中期，计算机开始大量用于数据管理。硬件方面出现了可直接存取的大容量外存储器，如磁盘、磁鼓等，这为计算机进行数据管理提供了物质基础。软件方面出现了操作系统和高级语言。其中，操作系统中的文件系统专门用于管理数据，这样又为数据管理提供了技术支持。数据处理方式上不仅有批处理，而且有联机实时处理。

数据处理应用程序利用操作系统的文件管理功能，将相关数据按一定的规则构成文件，并通过文件系统对文件中的数据进行存取和管理。其特点可概括为如下两点。

（1）数据可以长期保存

文件系统为应用程序和数据之间提供了一个公共接口，使应用程序采用统一的存取方法来存取和操作数据。数据可以组织成文件，以便能够长期保存，反复使用。

（2）数据相对应用程序具有一定的独立性

应用程序和数据不再是一个整体，而是通过文件系统把数据组织成一个独立的数据文件，由文件系统对数据的存取进行管理。程序员只须通过文件名来访问数据文件，而不必过多考虑数据的物理存储细节。因此，程序员可集中精力进行算法设计，并极大减少了应用程序维护的工作量。

文件管理使计算机在数据管理方面有了长足的进步，时至今日，文件系统仍是一般高级语言普遍采用的数据管理方式。然而，当数据量增加、使用数据的用户越来越多时，文件管理便不能适应更有效地管理数据的需要了，其症结表现在以下 3 个方面。

（1）数据的共享性差，冗余度大，容易造成数据不一致

数据文件是根据应用程序的需要而建立的。即使不同的应用程序所使用的数据有相同的部分，也必须建立各自的数据文件，即数据不能共享，造成大量数据重复。这样不仅浪费存储空间，而且使数据修改变得困难，容易产生数据不一致等问题，即同样的数据在不同的文件中所存储的数值不同，造成矛盾。

（2）数据独立性差

在文件系统中，尽管数据相对应用程序具有一定的独立性，但这种独立性主要是针对某一特定应用而言的。就整个应用系统而言，文件系统还未能彻底体现数据逻辑结构独立于数据存储的物理结构的要求。在文件系统中，数据和应用程序是互相依赖的，即应用程序的编写与数据组织方式有关，如果改变数据的组织方式，就必须修改应用程序；而应用程序发生变化，如改用另一种程序设计语言来编写应用程序，也必须修改文件的数据结构。

（3）数据之间缺乏有机的联系，缺乏对数据的统一控制和管理

文件系统中各数据文件之间是相互独立的，没有从整体上反映现实世界事物之间的内在联

< 3 >

系，因此很难对数据进行合理的组织，以适应不同应用的需要。在同一个应用项目中的各个数据文件没有统一的管理机构，数据的完整性和安全性很难得到保证。

1.2.3 数据库管理阶段

20世纪60年代后期，计算机用于数据管理的规模更加庞大，数据量急剧增加，数据共享性要求更加强烈。同时，计算机硬件价格下降，而软件价格上升，编制和维护软件所需的成本相对增加，其中维护成本尤为高。这些成为数据管理技术在文件管理技术的基础上发展到数据库管理的原动力。

数据库（Database，DB）是按一定的组织方式存储起来的、相互关联的数据集合。在数据库管理阶段，由一种叫作数据库管理系统（Database Management System，DBMS）的系统软件来对数据进行统一的控制和管理。数据库管理系统把所有应用程序中使用的相关数据汇集起来，按统一的数据模型存储在数据库中，为各个应用程序所使用；应用程序和数据库之间保持较高的独立性，数据具有完整性、一致性和安全性高等特点，并且具有充分的共享性，有效地减少了数据冗余。

在数据库管理阶段，数据统一存放在数据库中，数据库面向整个应用系统，实现了数据共享。应用程序与数据库之间的关系如图1-1所示。

图1-1　应用程序与数据库之间的关系

1.2.4 新型数据库系统阶段

数据库技术的发展先后经历了层次数据库、网状数据库和关系数据库。层次数据库和网状数据库可以看作第1代数据库系统，关系数据库可以看作第2代数据库系统。自20世纪70年代提出关系数据模型和关系数据库后，数据库技术得到了蓬勃发展，其应用也越来越广泛。但随着应用的不断深入，占主导地位的关系数据库系统已不能满足新的应用领域的需求。例如，在实际应用中，除了需要处理数字、字符数据的简单应用，还需要存储并检索复杂的复合数据（如集合、数组、结构）、多媒体数据、计算机辅助设计绘制的工程图纸和地理信息系统（Geographic Information System，GIS）提供的空间数据等。对于这些复杂数据，关系数据库无法实现对它们的管理。正是实际应用中涌现出的这些问题，促使数据库技术不断向前发展，出现了许多不同类型的新型数据库系统。下面概要性地做一些介绍。

1．分布式数据库系统

分布式数据库系统（Distributed Database System，DDBS）是数据库技术与计算机网络技术、分布式处理技术相结合的产物。分布式数据库系统是指系统中的数据地理上分布在计算机网络的不同节点，但逻辑上属于一个整体。分布式数据库系统不同于将数据存储在服务器上供用户共享存取的网络数据库系统，它不仅能支持局部应用（访问本地数据库），而且能支持全局应用（访问异地数据库）。

分布式数据库系统的主要特点如下。

< 4 >

（1）数据是分布的

数据库中的数据分布在计算机网络的不同节点上，而不是集中在一个节点，区别于数据存放在服务器上由各用户共享的网络数据库系统。

（2）数据是逻辑相关的

分布在不同节点的数据逻辑上属于同一数据库系统，数据间存在相互关联，区别于由计算机网络连接的、多个独立的数据库系统。

（3）节点的自治性

每个节点都有自己的计算机软/硬件资源，如数据库、数据库管理系统等，因而能够独立地管理局部数据库。局部数据库中的数据不仅可供本节点用户存取使用，还可供其他节点上的用户存取使用，提供全局应用。

2．面向对象数据库系统

面向对象数据库系统（Object-Oriented Database System，OODBS）是将面向对象的模型、方法和机制与先进的数据库技术有机结合起来而形成的新型数据库系统。它从关系模型中脱离出来，强调在数据库框架中发展类型、数据抽象、继承和持久性。面向对象数据库系统的基本设计思想是：一方面把面向对象的程序设计语言向数据库方向扩展，使应用程序能够存取并处理对象；另一方面扩展数据库系统，使其具有面向对象的特征，提供一种综合的语义数据建模概念集，以便对现实世界中复杂应用的实体和联系建模。因此，面向对象数据库系统首先是一个数据库系统，具备数据库系统的基本功能；其次是一个面向对象的系统，针对面向对象程序设计语言的永久性对象的存储管理而设计，充分支持完整的面向对象概念和机制。

3．多媒体数据库系统

多媒体数据库系统（Multimedia Database System，MDBS）是数据库技术与多媒体技术相结合的产物。随着信息技术的发展，数据库应用从传统的企业信息管理扩展到计算机辅助设计（Computer-Aided Design，CAD）、计算机辅助制造（Computer-Aided Manufacture，CAM）、办公自动化（Office Automation，OA）、人工智能（Artificial Intelligent，AI）等多种应用领域。这些领域中要求处理的数据不仅包括传统的数字、字符等格式化数据，还包括大量多种媒体形式的非格式化数据，如图形、图像、声音等。这种能存储和管理多种媒体数据的数据库称为多媒体数据库。

多媒体数据库的结构及其操作与传统格式化数据库的结构和操作有很大差别。现有数据库管理系统无论是从模型的语义描述能力、系统功能、数据操作上还是在存储管理、存储方法上，都不能适应非格式化数据的处理要求。综合程序设计语言、人工智能和数据库领域的研究成果，设计支持多媒体数据管理的数据库管理系统已成为数据库领域中一个新的重要研究方向。

在多媒体信息管理环境中，不仅数据本身的结构和存储形式各不相同，而且不同领域对数据处理的要求也比一般事务管理复杂得多，因而对数据库管理系统提出了更高的功能要求。

4．数据仓库技术

随着信息技术的高速发展，数据库应用的规模、范围和深度不断扩大，一般的事务处理已不能满足应用的需要，企业界需要在大量数据基础上的决策支持，数据仓库（Data Warehouse，DW）技术的兴起满足了这一需求。数据仓库作为决策支持系统（Decision Support System，DSS）的有

< 5 >

效解决方案，涉及 3 个方面的技术内容：数据仓库技术、联机分析处理（On Line Analysis Processing，OLAP）技术和数据挖掘（Data Mining，DM）技术。

数据仓库、联机分析处理和数据挖掘是作为 3 种独立的数据处理技术出现的。数据仓库技术用于数据的存储和组织；联机分析处理技术集中于数据的分析；数据挖掘技术则致力于知识的自动发现。它们都可以分别应用到信息系统的设计和实现中，以提高相应部分的处理能力。但是，由于这 3 种技术内在的联系性和互补性，将它们结合起来就是一种新的决策支持系统架构。这一架构以数据库中的大量数据为基础，系统由数据驱动。

1.3 数据库系统

数据库系统（Database System，DBS）是指基于数据库的计算机应用系统。与一般的应用系统相比，数据库系统有其自身的特点。下面介绍数据库系统的组成及特点。

1.3.1 数据库系统的组成

数据库系统是一个计算机应用系统，它是把有关计算机硬件、软件、数据和人员组合起来为用户提供信息服务的系统。因此，数据库系统是由计算机系统、数据库及其描述机构、数据库管理系统和有关人员组成的具有高度组织性的整体。

1．计算机硬件

计算机硬件是数据库系统的物质基础，是存储数据库及运行数据库管理系统的硬件资源，主要包括计算机主机、存储设备、输入/输出设备及计算机网络环境。

2．计算机软件

数据库系统中的软件包括操作系统、数据库管理系统及数据库应用系统等。

数据库管理系统是数据库系统的核心软件之一，它提供数据定义、数据操纵、数据库管理、数据库建立和维护及通信等功能。数据库管理系统可对数据库中的数据资源进行统一管理和控制，它将用户、应用程序与数据库数据相互隔离，是数据库系统的核心，其功能的强弱是衡量数据库系统性能优劣的主要指标。数据库管理系统必须运行在相应的系统平台上，有操作系统和相关系统软件的支持。

数据库管理系统功能的强弱随系统而异，大系统功能较强、较全，小系统功能较弱、较少。目前，较流行的数据库管理系统有 Access、MySQL、SQL Server、Oracle、Sybase 等。

数据库应用系统是指系统开发人员利用数据库系统资源开发出来的、面向某一类实际应用的应用软件系统，主要分为以下两类。

（1）信息管理系统

信息管理系统是面向机构内部业务和管理的数据库应用系统，如人事管理系统、教学管理系统等。

（2）开放式信息服务系统

开放式信息服务系统是面向外部、提供动态信息查询功能，以满足不同信息需求的数据库

< 6 >

应用系统，例如大型综合科技信息系统、经济信息系统和专业的证券实时行情系统、商品信息系统。

无论是哪一类信息系统，从实现技术角度而言，都是以数据库技术为基础的计算机应用系统。

3．数据库

数据库是指数据库系统中按照一定的方式组织的、存储在外部存储设备上的、能为多个用户共享的、与应用程序相互独立的相关数据集合。它不仅包括描述事物的数据本身，而且包括相关事物之间的联系。

数据库中的数据往往不像文件系统那样只面向某一项特定应用，而是面向多种应用，可以被多个用户、多个应用程序共享。其数据结构独立于使用数据的应用程序，数据的增加、删除、修改和检索由数据库管理系统进行统一管理和控制，用户对数据库进行的各种操作都是由数据库管理系统实现的。

4．数据库系统的有关人员

数据库系统的有关人员主要有 3 类：最终用户、数据库应用系统开发人员和数据库管理员（Database Administrator，DBA）。

最终用户是指通过应用系统的用户界面使用数据库的人员，他们一般对数据库知识了解不多。

数据库应用系统开发人员包括系统分析员、系统设计员和程序员。系统分析员负责应用系统的分析，他们与最终用户、数据库管理员相配合，参与系统分析；系统设计员负责应用系统的设计和数据库的设计；程序员则根据设计要求进行编码。

数据库管理员是数据管理机构的一组人员，他们负责对整个数据库系统进行总体控制和维护，以保证数据库系统的正常运行。

综上所述，数据库中包含的数据是存储在存储介质上的数据文件的集合；每个用户均可使用其中的数据，不同用户使用的数据可以重叠，同一组数据可以为多个用户共享；数据库管理系统为用户提供对数据的存储组织、操作管理功能；用户通过数据库管理系统和应用程序实现对数据库系统的操作与应用。

1.3.2　数据库的结构体系

为了有效地组织、管理数据，提高数据库的逻辑独立性和物理独立性，人们为数据库设计了一个严谨的结构体系。数据库领域公认的标准结构是三级模式结构与二级映射，三级模式包括外模式、概念模式和内模式，二级映射则分别是概念模式/内模式的映射及外模式/概念模式的映射。这种三级模式与二级映射构成了数据库的结构体系，如图 1-2 所示。

1．数据库的三级模式

美国国家标准学会（American National Standards Institute，ANSI）的数据库管理系统研究小组于 1978 年提出了标准化的建议，将数据库结构体系分为 3 级：面向用户或应用程序员的用户级、面向建立和维护数据库人员的概念级、面向系统程序员的物理级。用户级对应外模式，概念级对应概念模式，物理级对应内模式，使不同级别的用户对数据库形成不同的视图。所谓视图，就是指观察、认识和理解数据的范围、角度和方法，是数据库在用户眼中的反映。很显然，不同层次（级别）用户所看到的数据库是不相同的。

< 7 >

图 1-2　数据库的三级模式与二级映射

（1）概念模式

概念模式又称逻辑模式，简称为模式，对应于概念级。它是由数据库设计者综合所有用户的数据，按照统一的观点构造的全局逻辑结构，是对数据库中全部数据的逻辑结构和特征的总体描述，是所有用户的公共数据视图（全局视图）。概念模式是由数据库系统提供的数据定义语言（Data Definition Language，DDL）来描述、定义的，体现并反映了数据库系统的整体观。

（2）外模式

外模式又称子模式或用户模式，对应于用户级。它是某个或某几个用户所看到的数据库的数据视图，是与某一应用有关的数据的逻辑表示。外模式是从概念模式导出的一个子集，包含概念模式中允许特定用户使用的那部分数据。用户可以通过外模式定义语言（外模式 DDL）来描述、定义对应于用户的数据记录（外模式），也可以利用数据操纵语言（Data Manipulation Language，DML）对这些数据记录进行操作。外模式反映了数据库的用户观。

（3）内模式

内模式又称存储模式或物理模式，对应于物理级。内模式是数据库中全体数据的内部表示或底层描述，是数据库最低一级的逻辑描述，它描述了数据在存储介质上的存储方式和物理结构，对应着实际存储在外存储介质上的数据库。内模式由内模式定义语言（内模式 DDL）来描述、定义，反映了数据库的存储观。

一个数据库系统中只有一个数据库，因而定义、描述数据库存储结构的内模式和定义、描述数据库逻辑结构的概念模式也是唯一的，但建立在数据库系统之上的应用则是非常广泛、多样的，所以对应的外模式不是唯一的，也不可能唯一。

2．三级模式间的二级映射

数据库的三级模式是数据在 3 个级别（层次）上的抽象，使用户能够逻辑地、抽象地处理数据，而不必关心数据在计算机中的物理表示和存储方式，把数据的具体组织交给数据库管理系统去完成。为了实现这 3 个抽象级别的联系和转换，数据库管理系统在三级模式之间提供了二级映射。正是这二级映射保证了数据库中的数据具有较高的物理独立性和逻辑独立性。

（1）概念模式/内模式的映射

数据库中的概念模式和内模式都只有一个，所以概念模式/内模式的映射是唯一的，它确定了数据的全局逻辑结构与存储结构之间的对应关系。当存储结构变化时，概念模式/内模式的映射也应有相应的变化，使其概念模式仍保持不变。即把存储结构变化的影响限制在概念模式之下，使数据的存储结构和存储方法独立于应用程序，通过映射功能保证数据存储结构的变化不影响数据全局逻辑结构的改变，从而不必修改应用程序，确保了数据的物理独立性。

（2）外模式/概念模式的映射

数据库中的同一概念模式可以有多个外模式，每一个外模式都存在一个外模式/概念模式的映射，用于定义该外模式和概念模式之间的对应关系。当概念模式发生改变时（如增加新的属性或改变属性的数据类型等），只要对外模式/概念模式的映射做相应的修改，外模式（数据的局部逻辑结构）即可保持不变。由于应用程序是依据数据的局部逻辑结构编写的，因此应用程序不必修改，从而保证了数据与应用程序间的逻辑独立性。

1.3.3　数据库系统的特点

数据库系统的出现是计算机数据管理技术的重大进步，它克服了文件系统的缺陷，提供了对数据更高级、更有效的管理。

1．数据结构化

在文件系统中，文件的记录内部是有结构的。例如，学生数据文件的每条记录是由学号、姓名、性别、出生年月、籍贯、简历等数据项组成的。但这种结构只适用于特定的应用，对其他应用并不适用。

在数据库系统中，每一个数据库都是为某一应用领域服务的。例如，学校信息管理涉及多个方面的应用，包括对学生的学籍管理、课程管理、学生成绩管理等，还包括教工的人事管理、教学管理、科研管理、住房管理和工资管理等，这些应用彼此之间都有着密切的联系。因此，在数据库系统中不仅要考虑某个应用的数据结构，还要考虑整个组织（多个应用）的数据结构。这种数据组织方式使数据结构化了，这样就要求在描述数据时不仅要描述数据本身，还要描述数据之间的联系。而在文件系统中，尽管其记录内部已有了某些结构，但记录之间没有联系。数据库系统实现了整体数据的结构化，这是数据库的主要特点之一，也是数据库系统与文件系统的本质区别。

2．数据共享性高，冗余度低

数据共享是指多个用户或应用程序可以访问同一个数据库中的数据。对此，数据库管理系统提供了并发和协调机制，保证在多个应用程序同时访问、存取和操作数据库中的数据时不产生任何冲突，从而保证数据不遭到破坏。

数据冗余既浪费存储空间，又容易产生数据不一致等问题。在文件系统中，由于每个应用程序都有自己的数据文件，因此存在着大量的冗余。

数据库从全局来组织和存储数据，数据已经根据特定的数据模型结构化。在数据库中，用户的逻辑数据文件和具体的物理数据文件不必一一对应，从而有效地节省了存储资源，减少了数据冗余，保证了数据的一致性。

<9>

3．具有较高的数据独立性

数据独立性是指应用程序与数据库的数据结构之间相互独立。在数据库系统中，因为采用了数据库的三级模式结构，从而保证了数据库中数据的独立性。数据存储结构改变时不会影响数据的全局逻辑结构，保证了数据的物理独立性；全局逻辑结构改变时，不会影响用户的局部逻辑结构及应用程序，保证了数据的逻辑独立性。

4．具有统一的数据控制功能

在数据库系统中，数据由数据库管理系统进行统一控制和管理。数据库管理系统提供了一套有效的数据控制手段，包括数据安全性控制、数据完整性控制、数据库的并发控制和数据库的恢复等，增强了多用户环境下数据的安全性和一致性保护。

1.4 数据模型

数据库是现实世界中某种应用环境（一个单位或部门）所涉及的数据集合，它不仅要反映数据本身的内容，而且要反映数据之间的联系。由于计算机不能直接处理现实世界中的具体事物，因此必须将这些具体事物转换成计算机能够处理的数据。在数据库技术中，用数据模型（Data Model，DM）来对现实世界中的数据进行抽象和表示。

1.4.1 数据的抽象过程

从现实世界中的客观事物到数据库中存储的数据是一个逐步抽象的过程，这个过程经历了现实世界、观念世界和机器世界 3 个阶段，对应于数据抽象的不同阶段，需采用不同的数据模型。进行抽象时，首先将现实世界的事物及其联系抽象成观念世界的概念模型，然后转换成机器世界的数据模型。概念模型并不依赖于具体的计算机系统，它不是数据库管理系统所支持的数据模型，而是现实世界中客观事物的抽象表示。概念模型经过转换成为计算机上某一数据库管理系统支持的数据模型。所以说，数据模型是对现实世界进行抽象和转换的结果。数据的抽象过程如图 1-3 所示。

图 1-3　数据的抽象过程

1．对现实世界的抽象

现实世界就是客观存在的世界，其中存在着各种客观事物及其相互之间的联系，而且每个事物都有自己的特征或性质。计算机处理的对象是现实世界中的客观事物。在对其实施处理的过程中，首先应了解和熟悉现实世界，从对现实世界的调查和观察中抽象出大量描述客观事物的事实；再对这些事实进行整理、分类和规范，进而将规范化的事实数据化，最终实现由数据库系统存储和处理。

< 10 >

2．观念世界中的概念模型

观念世界是对现实世界的一种抽象，通过对客观事物及其联系的抽象描述，构造出概念模型。概念模型的特征是按用户需求对数据进行建模，表达数据的全局逻辑结构，是系统用户对整个应用项目涉及的数据的全面描述。概念模型主要用于数据库设计，它独立于数据库管理系统。也就是说，无论选择何种数据库管理系统，都不会影响概念模型的设计。

概念模型的表示方法有很多，目前较常用的是实体联系模型（Entity Relationship Model，E-R 模型）。E-R 模型主要用 E-R 图来表示。

3．机器世界中的逻辑模型和物理模型

机器世界是指现实世界在计算机中的体现与反映。现实世界中的客观事物及其联系在机器世界中以逻辑模型来描述。在选定数据库管理系统后，就要将 E-R 图表示的概念模型转换为具体的、数据库管理系统支持的逻辑模型。逻辑模型的特征是按计算机实现的观点对数据进行建模，表达数据库的全局逻辑结构，是设计人员对整个应用项目数据库的全面描述。逻辑模型服务于数据库管理系统的应用实现。通常，我们把数据的逻辑模型直接称为数据模型。数据库系统中主要的逻辑模型有层次模型、网状模型和关系模型。

物理模型是对数据底层的抽象，用以描述数据在物理存储介质上的组织结构，与具体的数据库管理系统、操作系统和硬件有关。

从概念模型到逻辑模型的转换是由数据库设计人员完成的，从逻辑模型到物理模型的转换是由数据库管理系统完成的。一般人员不必考虑物理实现细节，因而逻辑模型是数据库系统的基础，也是应用过程中要考虑的核心问题。

1.4.2 概念模型

当分析某种应用环境所需的数据时，总是首先找出涉及的实体及实体之间的联系，进而得到概念模型。这是数据库设计的前提。

1．实体与实体集

实体（Entity）是现实世界中任何可以相互区分和识别的事物。它可以是能触及的客观对象，如一位教师、一名学生、一种商品等，也可以是抽象的事件，如一场足球比赛、一次借书等。

性质相同的同类实体的集合称为实体集（Entity Set），例如一个学院的所有教师、世界杯足球赛全部场次的比赛等。

2．属性

每个实体都具有一定的特征或性质，这样才能区分一个个实体。例如，教师的编号、姓名、性别、职称等都是教师实体具有的特征，足球赛的比赛时间、地点、参赛队、比分、裁判姓名等都是足球赛实体的特征。实体的特征称为属性（Attribute），一个实体可用若干属性来描述。

能唯一标识实体属性或属性集的称为实体标识符。例如，教师的编号可以作为教师实体的标识符。

3．类型与值

属性和实体都有类型（Type）和值（Value）之分。属性类型就是属性名及其取值类型，属性

< 11 >

值就是属性所取的具体值。例如，教师实体中的"姓名"属性，属性名"姓名"和取字符串类型的值是属性类型，而"赵琳琳""刘达力"等是属性值。每个属性都有特定的取值范围，即值域（Domain），超出值域的属性值则认为无实际意义。例如，"性别"属性的值域为男、女，"职称"属性的值域为助教、讲师、副教授、教授等。由此可见，属性类型是变量，属性值是变量所取的值，而值域是变量的取值范围。

实体类型就是实体的结构描述，通常是实体名和属性名的集合。具有相同属性的实体有相同的实体类型。实体值是一个具体的实体，是属性值的集合。例如，教师实体类型是：

教师(编号,姓名,性别,出生日期,职称,基本工资,研究方向)

教师"刘达力"的实体值是：

(T6,刘达力，男，09/21/65，教授，4500，数据库技术)

由上可见，属性值所组成的集合表征一个实体，相应的这些属性名的集合表征一个实体类型，同类型实体的集合称为实体集。

在 Access 中，用"表"来表示同一类实体，即实体集；用"记录"来表示一个具体的实体；用"字段"来表示实体的属性。显然，字段的集合组成一条记录，记录的集合组成一个表，实体类型则代表了表的结构。

4．实体之间的联系

实体之间的对应关系称为联系（Relationship），它反映了现实世界事物之间的相互关联。例如，图书和出版社之间的关联关系为：一个出版社可以出版多种图书，同一种图书可以在多个出版社出版。

实体之间的联系

实体间的联系是指一个实体集中可能出现的每一个实体与另一实体集中多少个具体实体存在联系。实体之间有各种各样的联系，归纳起来有以下 3 种类型。

（1）一对一联系

如果对于实体集 A 中的每一个实体，实体集 B 中至多只有一个实体与之联系，反之亦然，则称实体集 A 与实体集 B 具有一对一联系，记为 1：1。例如，一家工厂只有一位厂长，一位厂长只在一家工厂任职，厂长与工厂之间的联系就是一对一联系，如图 1-4 所示。

图 1-4　一对一联系

（2）一对多联系

如果对于实体集 A 中的每一个实体，实体集 B 中可以有多个实体与之联系；反之，对于实体集 B 中的每一个实体，实体集 A 中至多只有一个实体与之联系，则称实体集 A 与实体集 B 有一对多联系，记为 1：n。例如，一家公司有许多职员，但一名职员只能在一家公司就职，所以公司和职员之间的联系是一对多联系，如图 1-5 所示。

（3）多对多联系

如果对于实体集 A 中的每一个实体，实体集 B 中可以有多个实体与之联系；而对于实体集 B 中的每一个实体，实体集 A 中也可以有多个实体与之联系，则称实体集 A 与实体集 B 之间有多对多联系，记为 m：n。例如，一位读者可以借阅多种图书，任何一种图书可以被多位读者借阅，所以读者和图书之间的联系是多对多联系，如图 1-6 所示。

< 12 >

图 1-5 一对多联系

图 1-6 多对多联系

5．E-R 图

E-R 图

概念模型是反映实体及实体之间联系的模型。在建立概念模型时，要逐一给实体命名以示区别，并描述它们之间的各种联系。E-R图是用一种直观的图形方式建立现实世界中实体及其联系模型的工具，它是数据库设计的一种基本工具。

E-R 图用矩形框表示现实世界中的实体，用菱形框表示实体间的联系，用椭圆形框表示实体和联系的属性，实体名、属性名和联系名分别写在相应框内。对于作为实体标识符的属性，在属性名下画一条横线。实体与相应的属性之间、联系与相应的属性之间用线段连接。联系与其涉及的实体之间也用线段连接，同时在线段旁标注联系的类型（1∶1、1∶n 或 m∶n）。

图 1-7 用来表示读者实体和图书实体的多对多联系模型，其中，"借书证号"属性是读者实体的标识符（不同读者的借书证号不同），"书号"属性是图书实体的标识符。联系也可以有自己的属性，如读者实体和图书实体之间的"借阅"联系可以有"借阅日期"属性。

图 1-7 读者实体和图书实体的 E-R 图

1.4.3 逻辑模型

E-R 模型只能说明实体间语义的联系，还不能进一步说明详细的数据结构。在进行数据库设计时，总是先设计 E-R 模型，再把 E-R 模型转换成计算机能实现的逻辑数据模型，如关系模型。逻辑模型不同，其描述和实现的方法也不同，相应的支持软件即数据库管理系统也不相同。在数据库系统中，常用的逻辑模型有层次模型、网状模型和关系模型 3 种。

1．层次模型

层次模型（Hierarchical Model）用树状结构来表示实体及其之间的联系。在这种模型中，数据被组织成由"根"开始的"树"，每个实体由"根"开始沿着不同的分支放在不同的层次上。"树"中的每一个节点代表一个实体类型，连线则表示它们之间的联系。根据树状结构的特点，建立数

< 13 >

据的层次模型需要满足如下两个条件。

① 有一个节点没有父节点，这个节点即根节点。

② 其他节点有且仅有一个父节点。

图 1-8 所示的层次模型就像一棵倒置的树，根节点在最上面，其他节点在下，逐层排列。事实上，许多实体间的联系本身就是自然的层次关系，如一家单位的行政机构、一个家庭的世代关系等。

图 1-8　层次模型示意图

层次模型的特点是各实体之间的联系通过指针来实现，查询效率较高。但由于受到如上所述的两个条件的限制，层次模型可以方便地表示出一对一和一对多的实体联系，但不能直接表示出多对多的实体联系。对于多对多联系，必须先将其分解为几个一对多联系，才能将其表示出来。因而，对于复杂的数据关系，实现起来较为麻烦，这就是层次模型的局限性。

采用层次模型来设计的数据库称为层次数据库。层次模型的数据库管理系统是最早出现的，它的典型代表是 IBM 公司在 1968 年推出的 IMS（Information Management System）系统，这是世界上最早出现的大型数据库管理系统。

2．网状模型

网状模型（Network Model）是用实体类型为节点的有向图来表示各实体及其之间的联系，其特点如下。

① 可以有一个以上的节点无父节点。

② 至少有一个节点有多于一个的父节点。

在网状模型中，子节点与父节点的联系可以不唯一，因此要为每个联系命名，并指出与该联系有关的父节点和子节点。在图 1-9 中，E_3 有 E_1、E_2 两个父节点，把 E_1 和 E_3 之间的联系命名为 R_1，E_2 和 E_3 之间的联系命名为 R_2。

图 1-9　网状模型示意图

网状模型比层次模型复杂，它可以直接用来表示多对多联系。然而由于技术上的困难，一些已实现的网状数据库管理系统（如 Database Task Group 系统）中仍然只允许处理一对多联系。

网状模型的特点是各实体之间的联系通过指针实现，查询效率高，多对多联系也容易实现。但是当实体集和实体集中实体的数量较多时，众多的指针使管理工作变得复杂，对用户来说使用起来也比较麻烦。

3．关系模型

与层次模型和网状模型相比，关系模型（Relational Model）有着本质的差别，它用二维表格来表示实体及其相互之间的联系。在关系模型中，把实体集看成一个二维表，每一个二维表称为一个关系。每个关系均有一个名字，称为关系名。

关系模型是由若干个关系模式（Relational Schema）组成的集合，关系模式就相当于前面提到的实体类型，它的实例称为关系（Relation）。对于教师关系模式——教师(编号,姓名,性别,出生日期,职称,基本工资,研究方向)，其关系模式如表 1-1 所示。

< 14 >

表 1-1　教师关系模式

编号	姓名	性别	出生日期	职称	基本工资	研究方向
T₁	赵琳琳	女	09/24/76	教授	4 200	软件工程
T₂	黄理科	男	11/27/73	讲师	2 960	数据库技术
T₃	童天福	男	12/23/93	助教	2 450	网络技术
T₄	安勤熙	男	01/27/63	副教授	3 100	信息系统
T₅	李丹思	女	07/15/95	助教	2 600	信息安全
T₆	刘达力	男	09/21/65	教授	4 500	数据库技术

一个关系就是没有重复行和重复列的二维表，二维表的每一行在关系中称为元组，每一列在关系中称为属性。教师关系的每一行代表一位教师的记录，每一列代表教师记录的一个字段。

虽然关系模型比层次模型和网状模型发展得晚，但它的数据结构简单，容易理解，而且它建立在严格的数学理论基础上，所以是目前比较流行的一种数据模型。自 20 世纪 80 年代以来，新推出的数据库管理系统几乎都支持关系模型。本书讨论的 Access 2016 就是一种关系数据库管理系统。

1.5 关系数据库的基础知识

关系数据库采用人们熟悉的二维表格来描述实体及实体之间的联系，一经问世，就赢得了用户的广泛青睐和数据库开发商的积极支持，使其迅速成为继层次数据库、网状数据库后的一种崭新的数据库，并后来居上，在数据库技术领域占据重要地位。

1.5.1 关系数据库的基本概念

关系模型的基本数据结构是关系，即我们平时所说的二维表格，在 E-R 模型中对应于实体集，而在数据库中关系又对应于表，因此二维表格、实体集、关系、表指的是同一概念，只是使用的场合不同而已。

1. 关系

通常可将一个没有重复行、重复列，并且每个行列的交叉点只有一个基本数据的二维表格看成一个关系。二维表格包括表头和表中的内容，相应地，关系包括关系模式和记录的值，表包括表结构（记录类型）和表的记录，而满足一定条件的规范化关系的集合就构成了关系模型。

尽管关系与二维表格、传统的数据文件有相似之处，但它们之间又有着重要的区别。严格地说，关系是一种规范化了的二维表格。关系模型中对关系做了种种规范性限制，关系具有以下 6 条性质。

① 关系必须规范化，每一个属性都必须是不可再分的数据项。规范化是指关系模型中每个关系模式都必须满足一定的要求。最基本的要求是关系必须是一个二维表格，每个属性必须是不可分割的最小数据单元，即表中不能再包含表。例如，表 1-2 就不能直接作为一个关系，因为该表的"教

< 15 >

师人数"列有 4 个子列，这一点与每个属性不可再分割的要求不符。只要去掉"教师人数"项，而将"助教人数""讲师人数""副教授人数""教授人数"直接作为基本的数据项就可以了。

表 1-2　不能直接作为关系的表格示例

学院名称	教师人数			
	助教人数	讲师人数	副教授人数	教授人数
自动化学院	34	54	67	29
计算机学院	32	43	74	32
商学院	23	43	76	35
数学院	21	56	57	23
材料学院	18	32	34	43

② 列是同质的，即每一列中的分量是同一类型的数据，来自同一个域。

③ 同一关系中不允许出现相同的属性名。

④ 关系中不允许有完全相同的元组。但在大多数关系数据库产品中，如果用户没有定义有关的约束条件，它们都允许关系表中存在两个完全相同的元组。

⑤ 在同一关系中，元组的次序无关紧要。也就是说，任意交换两行的位置并不影响数据的实际含义。

⑥ 在同一关系中，属性的次序无关紧要。也就是说，任意交换两列的位置并不影响数据的实际含义，不会改变关系模式。

以上是关系的基本性质，也是衡量一个二维表格是否构成关系的基本要素。在这些基本要素中，属性不可再分割是关键，这构成了关系的基本规范。

在关系模型中，数据结构简单、清晰，同时有严格的数学理论作为指导，为用户提供了较为全面的操作支持，所以关系数据库成为当今数据库应用的主流。

2．元组

二维表格的每一行在关系中称为元组（Tuple），相当于表的一条记录（Record）。二维表格的一行描述了现实世界中的一个实体。例如，在表 1-1 中，每行都描述了一位教师的基本信息。在关系数据库中，行是不能重复的，即不允许两行的全部元素完全对应相同。

3．属性

二维表格的每一列在关系中称为属性（Attribute），相当于记录中的一个字段（Field）或数据项。每个属性都有一个属性名，一个属性在其每个元组上的值称为属性值，因此，一个属性包括多个属性值。只有在指定元组的情况下，属性值才是确定的。同时，每个属性都有一定的取值范围，即该属性的值域。如在表 1-1 中，第 3 列的属性名是"性别"，取值是"男"或"女"，不是"男"或"女"的数据应被拒绝存入该表，这就是数据约束条件。同样，在关系数据库中，列是不能重复的，即关系的属性不允许重复。属性必须是不可再分的，即属性是一个基本的数据项，不能是几个数据的组合项。

有了属性的概念后，可以这样定义关系模式和关系模型：关系模式是属性名及属性值域的集合，关系模型是一组相互关联的关系模式的集合。

< 16 >

4．关键字

关系中能唯一区分、确定不同元组的单个属性或属性组合称为该关系的一个关键字。关键字又称键或码（Key）。单个属性组成的关键字称为单关键字，多个属性组成的关键字称为组合关键字。需要强调的是，关键字的属性值不能取"空值"，因为"空值"无法唯一地区分、确定元组。所谓"空值"，就是"不知道"或"不确定"的值。

在表 1-1 所示的关系中，"性别"属性无疑不能充当关键字，"职称"属性也不能充当关键字。从该关系现有的数据分析，"编号"和"姓名"属性均可单独作为关键字，但"编号"属性作为关键字会更好一些，因为可能会有教师重名的现象，而教师的编号是唯一的，是不会相同的。这也说明，某个属性能否作为关键字，不能只对现有数据进行归纳确定，还应根据该属性的取值范围进行分析与判断。

关系中能够作为关键字的属性或属性组合可能不是唯一的。凡在关系中能够唯一区分、确定不同元组的属性或属性组合称为候选关键字（Candidate Key）。例如，表 1-1 所示关系中的"编号"和"姓名"属性都是候选关键字（假定没有重名的教师）。

在候选关键字中选定一个作为关键字，该关键字称为该关系的主关键字或主键（Primary Key）。关系中主关键字的取值是唯一的。

5．外部关键字

如果关系中某个属性或属性组合是另一个关系的关键字，则称这样的属性或属性组合为本关系的外部关键字或外键（Foreign Key）。在关系数据库中，用外部关键字表示两个表之间的联系。例如，在表 1-1 的教师关系中，增加"部门代码"属性，则"部门代码"属性就是一个外部关键字，该属性是部门关系的关键字，该外部关键字描述了教师和部门两个实体之间的联系。

1.5.2　关系运算

在关系模型中，数据是以二维表格的形式存在的，这是一种非形式化的定义。由于关系是属性个数相同的元组的集合，因此我们可以从集合论的角度对关系进行集合运算。

根据集合论的观点，关系是元组的集合，每个元组包含的属性数量相同，其中，属性的个数称为元组的维数。通常，元组用圆括号括起来的属性值表示，属性值间用逗号隔开，如(T1,赵琳琳,女,09/24/76,教授,4 200,软件工程)是 7 元组。

假设 $A_1, A_2, \cdots, A_n$ 是关系 R 的属性，通常可用 $R(A_1, A_2, \cdots, A_n)$ 来表示这个关系的一个框架，也称为 R 的关系模式。属性的名称唯一，属性 A_i 的取值范围 D_i（$i=1,2,\cdots,n$）称为值域。

将关系与二维表进行比较，可以看出两者存在简单的对应关系，关系模式对应一个二维表的表头，而关系的一个元组就是二维表的一行。在很多时候，甚至不加区别地使用这两个概念。例如，表 1-1 所示的教师关系可以写成元组集合的形式，教师关系={(T$_1$,赵琳琳,女,09/24/76,教授,4 200,软件工程),(T$_2$,黄理科,男,11/27/73,讲师,2 960,数据库技术),(T$_3$,童天福,男,12/23/93,助教,2 450,网络技术),(T$_4$,安勤熙,男,01/27/63,副教授,3 100,信息系统),(T$_5$,李丹思,女,07/15/95,助教,2 600,信息安全),(T$_6$,刘达力,男,09/21/65,教授,4 500,数据库技术)}。

在关系运算中，并（Union）、交（Intersection）、差（Difference）运算是从元组（表格中的

< 17 >

一行）的角度来进行的，沿用了传统的集合运算规则，也称为传统的关系运算；连接（Selection）、投影（Projection）、选择（Join）运算是关系数据库中专门建立的运算规则，不仅涉及行，而且涉及列，因此称为专门的关系运算。

1. 传统的关系运算

（1）并

设 R 和 S 同为 n 元关系，且相应的属性取自同一个域，则 R 和 S 的并也是一个 n 元关系，记作 $R \cup S$。$R \cup S$ 包含了所有分属于 R 和 S 或同属于 R 和 S 的元组。由于集合中不允许有重复元素，因此，同时属于 R 和 S 的元组在 $R \cup S$ 中只出现一次。

（2）差

设 R 和 S 同为 n 元关系，且相应的属性取自同一个域，则 R 和 S 的差也是一个 n 元关系，记作 $R-S$。$R-S$ 包含了所有属于 R 但不属于 S 的元组。

（3）交

设 R 和 S 同为 n 元关系，且相应的属性取自同一个域，则 R 和 S 的交也是一个 n 元关系，记作 $R \cap S$。$R \cap S$ 包含了所有同属于 R 和 S 的元组。

实际上，交运算可以通过差运算的组合来实现，如 $A \cap B = A - (A-B)$ 或 $B-(B-A)$。

（4）广义笛卡儿积

设 R 是一个包含 m 个元组的 j 元关系，S 是一个包含 n 个元组的 k 元关系，则 R 和 S 的广义笛卡儿积是一个包含 $m \times n$ 个元组的 $j+k$ 元关系，记作 $R \times S$，并定义：

$$R \times S = \{(r_1, r_2, \cdots, r_j, s_1, s_2, \cdots, s_k) | (r_1, r_2, \cdots, r_j) \in R \text{ 且 } \{s_1, s_2, \cdots, s_k\} \in S\}$$

即 $R \times S$ 的每个元组的前 j 个分量是 R 中的一个元组，后 k 个分量是 S 中的一个元组。

例 1-1 设 $R = \{(a_1, b_1, c_1), (a_1, b_2, c_2), (a_2, b_2, c_1)\}$，$S = \{(a_1, b_2, c_2), (a_1, b_3, c_2), (a_2, b_2, c_1)\}$，求 $R \cup S$、$R-S$、$R \cap S$、$R \times S$。

根据运算规则，有如下结果：

$R \cup S = \{(a_1, b_1, c_1), (a_1, b_2, c_2), (a_2, b_2, c_1), (a_1, b_3, c_2)\}$

$R-S = \{(a_1, b_1, c_1)\}$

$R \cap S = \{(a_1, b_2, c_2), (a_2, b_2, c_1)\}$

$R \times S = \{(a_1, b_1, c_1, a_1, b_2, c_2), (a_1, b_1, c_1, a_1, b_3, c_2), (a_1, b_1, c_1, a_2, b_2, c_1), (a_1, b_2, c_2, a_1, b_2, c_2), (a_1, b_2, c_2, a_1, b_3, c_2), (a_1, b_2, c_2, a_2, b_2, c_1), (a_2, b_2, c_1, a_1, b_2, c_2), (a_2, b_2, c_1, a_1, b_3, c_2), (a_2, b_2, c_1, a_2, b_2, c_1)\}$

$R \times S$ 是一个包含 9 个元组的 6 元关系。

2. 专门的关系运算

（1）选择

设 $R = \{(a_1, a_2, \cdots, a_n)\}$ 是一个 n 元关系，F 是关于 $(a_1, a_2, \cdots, a_n)$ 的一个条件，R 中所有满足 F 条件的元组组成的子关系称为 R 的一个选择，记作 $\sigma_F(R)$，并定义：

$$\sigma_F(R) = \{(a_1, a_2, \cdots, a_n) | (a_1, a_2, \cdots, a_n) \in R \text{ 且 } (a_1, a_2, \cdots, a_n) \text{ 满足条件 } F\}$$

简言之，对 R 关系按一定规则筛选一个子集的过程就是对 R 施加了一次选择运算。

（2）投影

设 $R = R(A_1, A_2, \cdots, A_n)$ 是一个 n 元关系，$\{i_1, i_2, \cdots, i_m\}$ 是 $\{1, 2, \cdots, n\}$ 的一个子集，并且 $i_1 < i_2 < \cdots < i_m$，定义：

< 18 >

$$\pi(R) = R_1(A_{i_1}, A_{i_2}, \cdots, A_{i_m})$$

即 $\pi(R)$ 是 R 中只保留属性 $A_{i_1}, A_{i_2}, \cdots, A_{i_m}$ 的新的关系，称 $\pi(R)$ 是 R 在 $A_{i_1}, A_{i_2}, \cdots, A_{i_m}$ 属性上的一个投影，通常记作 $\pi_{(A_{i_1}, A_{i_2}, \cdots, A_{i_m})}(R)$。

通俗地讲，关系 R 上的投影是从 R 中选择出若干属性列组成新的关系。

（3）连接

连接是从两个关系的笛卡儿积中选取属性间满足一定条件的元组，记作 $R\underset{A\theta B}{\bowtie}S$。其中，$A$ 和 B 分别为关系 R 和 S 上维数相等且可比的属性组，θ 是比较运算符。连接运算从 R 和 S 的笛卡儿积 $R \times S$ 中选取（R 关系）在 A 属性组上的值与（S 关系）在 B 属性组上的值满足比较关系 θ 的元组。

连接运算中有两种最为重要也最为常用的连接：一种是等值连接；另一种是自然连接。θ 为 "=" 的连接运算称为等值连接，它是从关系 R 与 S 的笛卡儿积中选取 A 和 B 属性值相等的那些元组。自然连接是一种特殊的等值连接，它要求在结果中把重复的属性去掉。一般的连接操作从行的角度进行运算，但自然连接还需要取消重复列，所以是同时从行和列的角度进行运算。

例 1-2　一个关系数据库由职工关系 E 和工资关系 W 组成，关系模式如下：

E(编号,姓名,性别)

W(编号,基本工资,标准津贴,业绩津贴)

写出实现以下功能的关系运算表达式。

① 查询全体男职工的信息。

② 查询全体男职工的编号和姓名。

③ 查询全体职工的基本工资、标准津贴和业绩津贴。

根据运算规则，写出关系运算表达式如下。

① 对职工关系 E 进行选择运算，条件是 "性别='男'"，关系运算表达式为：

$$\sigma_{性别='男'}(E)$$

② 先对职工关系 E 进行选择运算，条件是 "性别='男'"，得到一个男职工关系；再对男职工关系在属性 "编号" 和 "姓名" 上进行投影计算，关系运算表达式为：

$$\pi_{(编号,姓名)}(\sigma_{性别='男'}(E))$$

③ 先对职工关系 E 和工资关系 W 进行连接运算，连接条件是 "E.编号=W.编号"，得到一个职工工资关系；再对职工工资关系进行投影计算，关系运算表达式为：

$$\pi_{(编号,姓名,基本工资,标准津贴,业绩津贴)}(E\underset{E编号=W编号}{\bowtie}W)$$

1.5.3　关系的完整性约束

为了防止不符合规则的数据进入数据库，数据库管理系统一般提供了一种对数据的监测控制机制，这种机制允许用户按照具体应用环境定义自己的数据有效性和相容性条件。在对数据进行插入、删除、修改等操作时，数据库管理系统自动按照用户定义的条件对数据实施监测，使不符合条件的数据不能进入数据库，以确保数据库中存储的数据正确、有效、相容。这种监测控制机制称为数据完整性保护，用户定义的条件称为完整性约束条件。在关系模型中，数据完整性包括实体完整性（Entity Integrity）、参照完整性（Referential Integrity）及用户自定义完整性（User Defined Integrity）3 种。

< 19 >

1．实体完整性

现实世界中的实体是可区分的，即它们具有某种唯一性标志。相应地，关系模型中以主关键字作为唯一性标志。主关键字中的属性（即主属性）不能取"空值"。如果主属性取"空值"，就说明存在某个不可标识的实体，即存在不可区分的实体。这与现实世界的应用环境相矛盾，因此这个实体一定不是一个完整的实体。

实体完整性就是指关系的主属性不能取"空值"，并且不允许两个元组的关键字值相同。也就是一个二维表中没有两个完全相同的行，因此实体完整性也称行完整性。

2．参照完整性

现实世界中的实体之间往往存在某种联系。在关系模型中实体及实体间的联系都是用关系来描述的，这样就自然存在着关系与关系间的引用。

设 F 是关系 R 的一个或一组属性，但不是关系 R 的关键字。如果 F 与关系 S 的主关键字 KS 相对应，则称 F 是关系 R 的外部关键字，并称关系 R 为参照关系（Referencing Relation），关系 S 为被参照关系（Referenced Relation）或目标关系（Target Relation）。

关系的参照完整性

参照完整性规则就是定义外部关键字与主关键字之间的引用规则，即 R 中每个元组在 F 上的值必须取"空值"或等于 S 中某个元组的主关键字值。

3．用户自定义完整性

实体完整性和参照完整性适用于任何关系数据库系统。除此之外，不同的关系数据库系统根据其应用环境的不同，往往还需要一些特殊的约束条件。用户自定义完整性就是针对某一具体关系数据库的约束条件，它反映某一具体应用所涉及的数据必须满足的语义要求，如规定关系中某一属性的取值范围。

1.6 数据库的设计

数据库设计包括数据库模式设计及围绕数据库模式的应用程序设计两项工作，而数据库模式设计又包括数据结构设计和数据完整性约束条件设计两项工作。本节只介绍数据库模式设计，即如何设计一组关系模式。

1.6.1 数据库设计的基本步骤

考虑到数据库及其应用系统开发的全过程，我们可以将数据库设计分为 6 个阶段：需求分析、概念设计、逻辑设计、物理设计、数据库实施、数据库运行和维护。

1．需求分析阶段

需求分析简单地说就是分析用户的要求，这是设计数据库的起点。需求分析的结果是否准确地反映了用户的实际要求，将直接影响后面各个阶段的设计，并影响设计结果是否合理和实用。

需求分析的任务是通过详细调查现实世界要处理的对象（如组织、部门、行业等），充分了

< 20 >

解用户单位目前的工作状况，明确用户的各种需求，然后在此基础上确定新系统的功能。新系统必须充分考虑今后可能的扩充和改变，不能仅按当前的应用需求来设计数据库。调查的重点在于"数据"和"处理"，通过调查、收集和分析，获得用户对数据库的要求，包括在数据库中需要存储哪些数据、用户要完成什么处理功能、数据库的安全性与完整性要求等。

2．概念设计阶段

将需求分析阶段得到的用户需求抽象为信息结构（即概念模型）的过程就是概念设计，它是整个数据库设计的关键。

在需求分析阶段得到的应用需求应该首先抽象为概念模型，以便更好、更准确地用某一数据库管理系统实现这些需求。概念模型的主要特点如下。

① 能真实、充分地反映现实世界，包括事物和事物之间的联系，能满足用户对数据的处理要求。

② 易于理解，从而可以用它与不熟悉计算机的用户交换意见。用户的积极参与是数据库设计成功的关键。

③ 易于更改。当应用环境和应用要求改变时，容易对概念模型进行修改和扩充。

④ 易于向各种逻辑模型转换。

概念模型是各种逻辑模型的共同基础，它比逻辑模型更独立于机器、更抽象，从而更加稳定。描述概念模型的有力工具是 E-R 图。

3．逻辑设计阶段

数据库逻辑设计是将概念模型转换为逻辑模型，也就是被某个数据库管理系统所支持的数据模型，并对转换结果进行规范化处理。关系数据库的逻辑结构由一组关系模式组成，因而，从概念模型结构到关系数据库逻辑结构的转换就是将 E-R 图转换为关系模型的过程。

4．物理设计阶段

数据库在物理设备上的存储结构与存取方法称为数据库的物理结构，它依赖于给定的计算机系统。为一个给定的逻辑模型选取一个最适合应用要求的物理结构的过程，就是数据库的物理设计。

数据库的物理设计通常分为以下两步。

① 确定数据库的物理结构：在关系数据库中主要是指存储结构和存取方法。

② 对物理结构进行评价：评价的重点是时间和空间效率。

如果评价结果满足原设计要求，则可进入数据库实施阶段，否则，就需要重新设计或修改物理结构，有时甚至要返回逻辑设计阶段修改逻辑模型。

5．数据库实施阶段

完成数据库的物理设计之后，就要用数据库管理系统提供的数据定义语言和其他实用程序，将数据库逻辑设计和物理设计结果严格地描述出来，使其成为数据库管理系统可以接收的源代码；再经过调试产生目标代码，然后就可以组织数据入库了。这就是数据库实施阶段。

数据库实施阶段包括两项重要的工作：一是数据的录入；二是应用程序的编码和调试。

一般数据库系统中数据量都很大，而且数据来源于各个不同的部门，数据的组织方式、结构和格式都与新设计的数据库系统有相当的差距。组织数据录入就要将各类源数据从各个局部应用中抽取出来输入计算机，再分类转换，最后综合成符合新设计的数据库结构的形式输入数据库。

< 21 >

为提高数据输入工作的效率和质量，应该针对具体的应用环境设计一个数据录入子系统，由计算机来完成数据入库的任务。

6．数据库运行和维护阶段

数据库系统试运行合格后，数据库开发工作就基本完成，即可投入正式运行了。在数据库系统的运行过程中，对数据库设计进行评价、调整、修改等维护工作是一个长期的任务，也是设计工作的继续和提高。

在数据库运行阶段，对数据库经常性的维护工作主要是由数据库管理员完成的，包括数据库的转储和恢复、数据库的安全性与完整性控制、数据库性能的分析和改造、数据库的重组织与重构造。当然数据库的维护也是有限的，只能做部分修改。如果应用变化太大，重构也无济于事，说明此数据库应用系统的生命周期已经结束，应该设计新的数据库应用系统。

需要指出的是，设计一个完整的数据库应用系统是不可能一蹴而就的，它往往是上述 6 个阶段的不断反复，而且这个设计步骤既是数据库设计的过程，又包括了数据库应用系统的设计过程。在设计过程中，把数据库的设计和对数据库中数据处理的设计紧密结合起来，将这两个方面的需求分析、系统设计和系统实现在各个阶段同时进行，相互参照，相互补充，以完善两方面的设计。事实上，如果不了解应用环境对数据的处理要求或没有考虑如何实现这些处理要求，是不可能设计出一个良好的数据库结构的。

1.6.2　E-R 模型与关系模型的转换

E-R 模型虽然能比较方便地模拟实际问题的静态过程，也很容易进行交流，但迄今为止，还没有哪个数据库管理系统直接支持该模型。因而，它只是一种工具，是连接实际问题与数据库的一座"桥梁"。

E-R 模型与关系
模型的转换

1．1：1 联系的转换

若实体间的联系是 1：1 联系，则只要在两个实体类型转换成的两个关系模式中的任意一个关系模式中，增加另一关系模式的关键属性和联系的属性即可。

如图 1-10 所示，E-R 图中有经理和公司两个实体。一位经理只主管一家公司，而一家公司也只有一位经理，两者是一对一联系，可以转换为如下两个关系模式：

经理(经理姓名,性别,出生日期,电话,任职年月,公司名称)

公司(公司名称,注册地,网址)

图 1-10　1：1 联系的转换

< 22 >

其中，"经理姓名"和"公司名称"分别是经理和公司两个关系模式的关键属性。在经理关系模式中，增加了公司关系模式的关键属性"公司名称"作为外部关键属性。

2. 1 : n 联系的转换

若实体间的联系是 1 : n 联系，则需要在 n 方实体的关系模式中增加 1 方实体类型的关键属性和联系的属性，1 方的关键属性作为外部关键属性处理。

如图 1-11 所示，仓库与货物的联系是 1 : n 联系，对其 E-R 图进行转换后可得到如下关系模式：

仓库(仓库号,地点,面积)

货物(货物代码,货物名称,型号,仓库号,数量)

在货物关系模式中增加仓库关系模式中的关键属性"仓库号"作为外部关键属性，并增加联系的属性"数量"。

图 1-11 1 : n 联系的转换

3. m : n 联系的转换

若实体间的联系是 m : n 联系，则除对两个实体分别进行转换外，还要为联系类型单独建立一个关系模式，其属性为两方实体类型的关键属性加上联系的属性，关键属性是两方实体关键属性的组合。

如图 1-12 所示，顾客与商品的联系是 m : n 联系，该 E-R 图应转换为如下 3 个关系模式：

顾客(顾客编号,顾客姓名,地址,电话)

商品(商品编号,商品名称,单价,库存量)

购买(顾客编号,商品编号,数量,日期)

图 1-12 m : n 联系的转换

1.6.3 关系数据库设计实例

某大学教学管理系统能对学生选课、教师授课等教学活动进行管理，还能提供教师和学生信

< 23 >

息查询等功能。按照规定，每名学生可同时选修多门课程，每门课程可由多位教师讲授，每位教师可讲授多门课程，同时规定由各个学院对教师实行聘任，学生在某一专业学习。现在先画出系统的 E-R 图，再将 E-R 图转化成关系模型。

系统涉及以下 5 个实体（各个实体的属性不一定全部列出）。

学生(学号,姓名,性别,出生年月)

课程(课程编号,课程名称,学时,学分)

教师(教师号,姓名,性别,职称)

专业(专业名称,成立年份,专业简介)

学院(学院名称,网址,教师人数)

这些实体之间涉及以下 4 个联系，其中有两个 $1:n$ 联系和两个 $m:n$ 联系。

① 学生与课程之间的联系是多对多联系（$m:n$）。

② 专业与学生之间的联系是一对多联系（$1:n$）。

③ 教师与课程之间的联系是多对多联系（$m:n$）。

④ 学院与教师之间的联系是一对多联系（$1:n$）。

某大学教学管理系统的 E-R 图如图 1-13 所示。

图 1-13　某大学教学管理系统的 E-R 图

将 5 个实体及两个 $m:n$ 联系转换成 7 个关系模式，具体结构如下：

学生(学号,姓名,性别,出生年月,专业名称)

课程(课程编号,课程名称,学时,学分)

选课(学号,课程编号,成绩)

教师(教师号,姓名,性别,职称,聘期,学院名称)

授课(教师号,课程编号,地点)

学院(学院名称,网址,教师人数)

专业(专业名称,成立年份,专业简介)

< 24 >

1.7　Access 2016 的操作环境

　　Access 诞生于 20 世纪 90 年代初期，历经多次升级改版，其功能越来越强大，而操作越来越直观、方便。Access 的不断发展已经展示出它易于使用和功能强大的特性。无论是有经验的数据库设计人员还是刚刚接触数据库管理系统的初学者，都会发现 Access 所提供的各种工具既方便又实用，同时还能够获得高效的数据处理能力。Access 2016 是 Access 的常用版本，它除了继承和发扬了以前版本功能强大、界面友好、操作方便等优点，还在界面的易操作性方面、数据库操作与应用方面进行了很大改进。

1.7.1　Access 2016 的启动与退出

1．Access 2016 的启动

　　在安装 Access 2016 之后，就可以启动 Access 2016 了。与启动其他 Windows 程序类似，启动 Access 2016 有如下两种常见方法。

　　（1）使用"开始"按钮启动 Access 2016

　　在 Windows 桌面上单击"开始"按钮，再选择"Access"选项，此时屏幕出现 Access 2016 的启动窗口。选择新建空白数据库或选择某种模板后，就进入 Access 2016 主窗口，如图 1-14 所示。

图 1-14　Access 2016 主窗口

　　（2）使用已有的数据库文件启动 Access 2016

　　如果进入 Access 2016 是为了打开一个已有的数据库文件，此时可以双击要打开的数据库文件。如果 Access 2016 还没有运行，它将启动 Access 2016，同时打开这个数据库文件，并进入 Access 2016 主窗口。

2．Access 2016 的退出

　　在 Access 2016 中的操作完成后，就可以退出 Access 2016 的运行。退出的方法主要有如下 3 种。

　　① 单击 Access 2016 窗口右上角的"关闭"按钮。

　　② 双击 Access 2016 窗口左上角的控制菜单图标；或单击控制菜单图标，从打开的菜单中选

< 25 >

择"关闭"命令；或按组合键 Alt+F4。

③ 右键单击 Access 2016 窗口的标题栏，在打开的快捷菜单中选择"关闭"命令。

在退出 Access 2016 时，如果正在编辑的数据库对象没有保存，则会弹出一个对话框，提示是否保存对当前数据库对象的更改，这时可根据需要选择保存、不保存或取消这个操作。

> **注意**
>
> 在 Access 2016 主窗口中选择"文件"→"关闭"菜单命令，只是关闭了数据库而并未关闭 Access 2016。如果当前没有打开的数据库文件，则该菜单命令呈灰色，表示它此时不可用。

1.7.2 Access 2016 主窗口

要使用 Access 2016 进行数据库操作，我们先要熟悉 Access 2016 的操作环境。作为 Microsoft Office 2016 软件中的一个组件，Access 2016 具有与 Microsoft Office 2016 其他组件风格一致的操作界面。但由于其操作的主体是数据库，因此它也有其特殊性。

Access 2016 的主窗口包括快速访问工具栏、功能区、导航窗格、对象编辑区和状态栏等组成部分。

1. 快速访问工具栏

快速访问工具栏中的命令始终可见，我们可将最常用的命令添加到此工具栏中。通过快速访问工具栏，只需一次单击操作即可访问命令。

快速访问工具栏位于 Access 2016 主窗口顶部标题栏的左侧，其中默认包括"保存""撤销""恢复"3 个按钮，如图 1-15 所示。

我们可以自定义快速访问工具栏，以便将经常使用的命令加入其中，还可以选择显示该工具栏的位置和最小化功能区。

单击快速访问工具栏右侧的下拉箭头，将弹出"自定义快速访问工具栏"菜单，如图 1-16 所示。选择其中的"其他命令"菜单项，将弹出"Access 选项"对话框中的"自定义快速访问工具栏"设置界面，如图 1-17 所示。在其中选择要添加的命令，然后单击"添加"按钮。若要删除命令，在右侧的列表中选择该命令，然后单击"删除"按钮。此外，也可以在列表中双击该命令实现添加或删除。设置完成后单击"确定"按钮。

图 1-15　默认的快速访问工具栏　　图 1-16　"自定义快速访问工具栏"菜单

< 26 >

图 1-17 "自定义快速访问工具栏"设置界面

添加了若干按钮后的自定义快速访问工具栏如图 1-18 所示。在"自定义快速访问工具栏"设置界面中单击"重置"按钮,可以将快速访问工具栏恢复到默认状态。

图 1-18 自定义的快速访问工具栏

除了上述方法外,还可以选择"文件"→"选项"命令,然后在弹出的"Access 选项"对话框的左侧窗格中选择"快速访问工具栏"选项进入"自定义快速访问工具栏"设置界面。

2. 功能区

功能区位于 Access 2016 主窗口顶部标题栏的下方,是一个横跨在 Access 2016 主窗口的带状区域。功能区取代了 Access 2007 以前版本中的下拉式菜单和工具栏,是 Access 2016 中主要的操作区。功能区的主要优势是:它将通常需要使用菜单、工具栏、任务窗格和其他用户界面组件才能显示的任务或入口点集中在一个地方,这样,只需在一个位置查找命令,而不用到处查找命令,从而方便了用户的使用。

(1)功能区的组成

功能区由选项卡、命令组和各组的命令按钮 3 部分组成。单击选项卡可以打开此选项卡所包含的命令组以及各组相应的命令按钮。

Access 2016 的选项卡主要有"文件""开始""创建""外部数据"和"数据库工具"等,每个选项卡都包含多组相关命令。例如,在"创建"选项卡中,从左至右依次为"模板""表格""查询""窗体""报表""宏与代码"命令组,每组中又有若干个命令按钮,如图 1-19 所示。

图 1-19 Access 2016 的"创建"选项卡

< 27 >

有些命令组的右下角有一个"对话框启动器"按钮 ，单击该按钮可以打开相应的对话框。例如，在数据表视图下单击"开始"选项卡，再单击"文本格式"命令组右下角的"对话框启动器"按钮 ，将打开"设置数据表格式"对话框，如图 1-20 所示，在其中可以设置数据表的格式。

图 1-20 "设置数据表格式"对话框

（2）功能区的操作

在 Access 2016 中，执行功能区的命令有如下多种方法。

① 通常情况下，可以单击功能区的选项卡，然后在相关命令组中单击相关命令按钮。

② 使用与命令关联的键盘快捷方式。如果用户熟悉早期 Access 版本中所用的键盘快捷方式，那么也可以在 Access 2016 中使用这些快捷方式。

③ 在 Access 主窗口按下并释放 Alt 键，将在功能区显示命令的访问键，此时按下所提示的键即可执行相应的命令，如图 1-21 所示。例如，如果按下 C 键，则将选择"创建"选项卡，同时显示其中各命令按钮的访问键。

图 1-21 命令的访问键

功能区可以进行折叠或展开，折叠时只保留一个包含选项卡的条形区域。若要折叠功能区，则双击突出显示的活动选项卡；若要再次展开功能区，则再次双击活动选项卡。

（3）上下文选项卡

除标准选项卡之外，Access 2016 还有上下文选项卡，即根据正在进行操作的对象以及正在执行的操作的不同而在标准选项卡旁边出现的选项卡。例如，如果在设计视图中打开一个表，则出现"表格工具"下的"设计"选项卡，其中包含仅在设计视图中使用表时才能应用的命令，如图 1-22 所示。

< 28 >

图 1-22　"表格工具"下的"设计"选项卡

上下文选项卡可以根据所选对象状态的不同而自动显示或关闭，具有智能特性，给用户的操作带来很大方便。

（4）"文件"选项卡

"文件"选项卡位于 Access 2016 功能区最左侧，单击该选项卡将进入图 1-23 所示的界面，其中包含与数据库文件操作相关的命令，例如"新建""打开""保存""关闭"等。此外，"信息"命令提供了压缩和修复数据库、对数据库进行加密的操作，"选项"命令用于设置 Access 软件系统的相关选项。

图 1-23　"文件"选项卡界面

3．导航窗格

导航窗格位于 Access 2016 主窗口的左侧，可以帮助用户组织数据库对象，它是使用频繁的界面元素。在 Access 2016 中打开数据库时，导航窗格中将显示当前数据库中的各种数据库对象，如表、查询、窗体、报表等。

（1）导航窗格的组成

导航窗格按类别和组对数据库对象进行组织。用户可以从多种组织选项中进行选择，还可以在导航窗格中创建用户的自定义组织方案。默认情况下，新数据库使用"对象类型"类别，该类别包含对应于各种数据库对象的组。

（2）打开数据库对象

若要打开数据库对象，则在导航窗格中双击该对象；或在导航窗格中选择对象，然后按 Enter

< 29 >

键；或在导航窗格中右键单击对象，然后在弹出的快捷菜单中选择相应的命令，该快捷菜单中的命令因对象类型的不同而不同。

（3）显示或隐藏导航窗格

单击"导航窗格"右上角的"百页窗开/关"按钮 ，将隐藏导航窗格。若要再次显示导航窗格，则单击"导航窗格"上面的"百页窗开/关"按钮 。

要在默认情况下禁止显示导航窗格，则在 Access 2016 主窗口选择"文件"→"选项"命令，将出现"Access 选项"对话框，如图 1-24 所示。在左侧窗格中单击"当前数据库"选项，然后在右侧窗格的"导航"区域清除"显示导航窗格"复选框，最后单击"确定"按钮。

图 1-24 显示或隐藏"导航窗格"的设置界面

4．其他界面元素

（1）对象编辑区

对象编辑区位于 Access 2016 主窗口的右下方、导航窗格的右侧，它是用来设计、编辑、修改以及显示表、查询、窗体和报表等数据库对象的区域。对象编辑区的最下面是记录定位器，其中显示共有多少条记录以及当前编辑的是第几条。

通过折叠导航窗格或功能区，可以扩大对象编辑区的范围。

（2）状态栏

状态栏是位于 Access 2016 主窗口底部的条形区域。其右侧是各种视图切换按钮，单击各个按钮可以快速切换视图状态；左侧显示了当前视图的状态。

状态栏也可以启用或禁用。在"Access 选项"对话框的左侧窗格中单击"当前数据库"选项，在"应用程序选项"下选中或取消"显示状态栏"复选框，单击"确定"按钮，如图 1-25 所示。取消该复选框后，状态栏的显示状态将关闭。

（3）选项卡式文档

Access 2016 采用选项卡式文档来显示数据库对象，如图 1-26 所示。单击选项卡中不同的对象名称，可切换到不同的对象编辑界面。用鼠标右键单击选项卡，将弹出快捷菜单，选择其中的相应命令可以实现对当前数据库对象的各种操作，如保存、关闭以及视图切换等。

< 30 >

图 1-25 显示或隐藏"状态栏"的设置界面

图 1-26 选项卡式文档界面

通过设置 Access 选项可以启用或禁用选项卡式文档。在"Access 选项"对话框的左侧窗格中单击"当前数据库"选项，在"应用程序选项"区域的"文档窗口选项"下选中"选项卡式文档"单选按钮，并选中"显示文档选项卡"复选框。若取消该复选框，则文档选项卡将关闭。设置后单击"确定"按钮，参见图 1-25。

> **注意**
>
> "显示文档选项卡"的设置是针对单个数据库的，我们必须为每个数据库单独设置此选项。设置之后必须关闭并重新打开数据库，更改方能生效。使用 Access 2016 创建的新数据库在默认情况下显示文档选项卡。

1.7.3　Access 2016 数据库的组成

Access 2016 将数据库定义为一个扩展名为.accdb 的文件，并包括 6 种对象，它们是表、查询、窗体、报表、宏和模块。不同的数据库对象在数据库中起着不同的作用，数据库可以看成是不同对象的容器。

1．表

表（Table）又称数据表，它是数据库的核心与基础，用于存放数据库中的全部数据。查询、窗体和报表都是从表中获得数据信息，以实现用户的某一特定需求，如查找、计算统计、打印、编辑修改等。

2．查询

查询（Query）是按照一定的条件从一个或多个表中筛选出所需要的数据而形成的一个动态数据集，并在一个虚拟的数据表窗口中显示出来。动态数据集虽然也以二维表的形式显示出来，但它们不是基本表。每个查询只记录该查询的查询操作方式。这样每进行一次查询操作，其结果集显示的都是基本表中当前存储的实际数据，它反映的是查询那一时刻的数据表存储情况。

执行某个查询后，用户可以对查询的结果进行编辑或分析，并可将查询结果作为其他数据库对象的数据源。

< 31 >

3．窗体

窗体（Form）是数据库和用户联系的界面。窗体可以提供一种良好的用户操作界面，通过它可以直接或间接地调用宏或模块，并实现查询、打印、预览、计算等功能，还可以对数据库进行编辑修改。

4．报表

利用报表（Report）可以将数据库中需要的数据提取出来进行分析、整理和计算，并将数据以格式化的方式打印输出。

5．宏

宏（Macro）是一系列操作命令的集合，其中每个操作命令都能实现特定的功能，如打开窗体、生成报表等。利用宏可以使大量的重复性操作自动完成，从而使管理和维护 Access 数据库更加简单。

6．模块

模块（Module）是用 VBA（Visual Basic for Applications）语言编写的程序段，使用模块对象可以完成宏不能完成的复杂任务。一般而言，使用 Access 无须编程就可以创建功能强大的数据库应用程序，但是通过在 Access 中编写 VBA 程序，用户可以编写出性能更好、运行效率更高的数据库应用程序。

习题

一、选择题

1. 有关信息与数据的概念，下面（　　　）说法是正确的。
　　A. 信息和数据是同义词　　　　　　　　B. 数据是承载信息的物理符号
　　C. 信息与数据毫不相关　　　　　　　　D. 固定不变的数据就是信息

2. 数据库系统的应用使数据与应用程序之间具有（　　　）。
　　A. 较高的独立性　　　　　　　　　　　B. 更强的依赖性
　　C. 数据与程序无关　　　　　　　　　　D. 程序调用数据更方便

3. 在关系数据库中，表是三级模式结构中的（　　　）。
　　A. 外模式　　　　　B. 模式　　　　　　C. 存储模式　　　　　D. 内模式

4. 在关系数据库系统中，当关系的模型改变时，用户程序也可以不变，这是（　　　）。
　　A. 数据的物理独立性　　　　　　　　　B. 数据的逻辑独立性
　　C. 数据的位置独立性　　　　　　　　　D. 数据的存储独立性

5. 下列实体的联系中，属于多对多联系的是（　　　）。
　　A. 住院的病人与病床　　　　　　　　　B. 学校与校长
　　C. 职工与工资　　　　　　　　　　　　D. 学生与教师

6. 在 E-R 图中，用来表示实体的图形是（　　　）。
　　A. 椭圆形　　　　　B. 菱形　　　　　　C. 矩形　　　　　　D. 三角形

< 32 >

7. 下列叙述中，不正确的是（　　　）。

　　A. 两个关系中元组的内容完全相同，但顺序不同，则它们是不同的关系

　　B. 两个关系的属性相同，但顺序不同，则两个关系的结构是相同的

　　C. 关系中的任意两个元组不能相同

　　D. 外键不是本关系的主键

8. 自然连接是构成新关系的有效方法。一般情况下，当对关系 R 和 S 使用自然连接时，要求 R 和 S 含有一个或多个共有的（　　　）。

　　A. 元组　　　　　　　B. 行　　　　　　　　C. 记录　　　　　　　D. 属性

9. 把 E-R 图中的实体和联系转换成关系模型中的关系，这属于数据库设计过程中（　　　）阶段的任务。

　　A. 需求分析　　　　　B. 概念设计　　　　　C. 逻辑设计　　　　　D. 物理设计

10. 在 Access 中，表是指（　　　）。

　　A. 关系　　　　　　　B. 报表　　　　　　　C. 表格　　　　　　　D. 表单

11. 在 Access 中，用来表示实体的是（　　　）。

　　A. 域　　　　　　　　B. 字段　　　　　　　C. 记录　　　　　　　D. 表

12. 以下不是 Access 2016 数据库对象的是（　　　）。

　　A. 查询　　　　　　　B. 窗体　　　　　　　C. 宏　　　　　　　　D. 工作簿

13. 在 Access 2016 主窗口中，随着打开数据库对象的不同而不同的操作区域称为（　　　）。

　　A. 命令选项卡　　　　B. 上下文选项卡　　　C. 导航窗格　　　　　D. 工具栏

14. 下列说法中正确的是（　　　）。

　　A. 在 Access 中，数据库中的数据存储在表和查询中

　　B. 在 Access 中，数据库中的数据存储在表和报表中

　　C. 在 Access 中，数据库中的数据存储在表、查询和报表中

　　D. 在 Access 中，数据库中的全部数据都存储在表中

15. 在 Access 2016 主窗口中，要设置数据库的默认文件夹，可以选择"文件"选项卡中的（　　　）命令。

　　A. "信息"　　　　　　B. "选项"　　　　　　C. "保存"　　　　　　D. "打开"

二、填空题

1. _____是在计算机系统中按照一定的方式组织、存储和应用的数据集合。支持数据库各种操作的软件系统叫作_____。由计算机、操作系统、数据库管理系统、数据库、应用程序及有关人员等组成的一个整体叫作_____。

2. 一个关系的行称为_____，列称为_____。

3. 在现实世界中，每个人都有自己的出生地，实体"人"与实体"出生地"之间的联系是_____。

4. 在"教师"表中，如果要找出职称为"教授"的教师，应该采用的关系运算是_____。

5. 在 Access 2016 主窗口中，从_____选项卡中选择"打开"命令可以打开一个数据库文件。

6. 在 Access 2016 中，数据库的核心对象是_____，用于与用户进行交互的数据库对象是_____。

< 33 >

三、问答题

1. 计算机数据管理技术经过了哪几个发展阶段？

2. 什么是数据独立性？在数据库系统中，如何保证数据的独立性？

3. 参考表 1-3 和表 1-4，按要求写出关系运算式。

表 1-3　医生关系

医生编号	姓名	职称
D_1	李一	主任医师
D_2	刘二	副主任医师
D_3	王三	副主任医师
D_4	张四	主任医师

表 1-4　患者关系

患者病历号	患者姓名	性别	年龄	医生编号
P_1	李东	男	36	D_1
P_2	张南	女	28	D_3
P_3	王西	男	12	D_4
P_4	刘北	女	40	D_4
P_5	谭中	女	45	D_2

（1）查找年龄在 35 岁以上的患者。

（2）查找所有的主任医师。

（3）查找王三医师的所有病人。

（4）查找患者刘北的主治医师的相关信息。

4. Access 2016 的启动和退出各有哪些方法？

5. Access 2016 的主窗口由哪几部分组成？

6. Access 2016 的导航窗格有何特点？

< 34 >

第 2 章　数据库与表

本章学习目标：

- 掌握创建 Access 数据库的方法和数据库的基本操作；
- 熟悉导航窗格的操作；
- 掌握创建表的方法；
- 掌握字段属性设置和建立表之间关系的方法；
- 掌握表结构和记录修改的方法，以及表中记录的排序、筛选和统计。

Access 数据库由表、查询、窗体、报表、宏和模块等对象构成，即数据库是数据库对象的容器。每一个数据库对象可以完成不同的功能。其中，表是 Access 数据库中最基本的对象，用于存储数据，这些数据是其他对象的操作依据。其他对象如查询、窗体和报表等，用于将表中的数据以各种形式表现出来，方便用户使用这些数据。在创建空数据库后，要先建立表对象，以提供数据的存储和管理，然后逐步创建其他 Access 对象，最终形成完整的数据库。

2.1　数据库的创建与操作

在 Access 2016 中，一个单独的数据库文件可存储一个数据库应用系统中包含的所有数据库对象。因此，开发一个 Access 数据库应用系统的过程几乎就是创建一个数据库文件，并在其中添加所需数据库对象的过程。

2.1.1　创建 Access 2016 数据库的方法

Access 2016 提供了两种创建数据库的方法：一种是先创建一个空数据库，然后向其中添加表、查询、窗体和报表等对象；另一种是利用系统提供的模板来创建数据库，用户只需要进行一些简单的选择操作，就可以为数据库创建相应的表、窗体、查询和报表等对象，从而建立一个完整的数据库。

创建数据库的结果是在磁盘上生成一个默认扩展名为.accdb 的数据库文件。第一种方法比较灵活，但是必须分别定义数据库的每一个对象；第二种方法可以一次性地在数据库中创建所需的数据库对象，这是创建数据库最简单的方法。无论采用哪一种方法，在数据库创建之后，都可以在任何时候修改或扩展数据库。

1．创建空数据库

在 Access 2016 中创建一个空数据库，此时只是建立一个数据库文件。该文件中不含任何数据库对象，以后可以根据需要在其中创建所需的数据库对象。

例 2-1 建立"教学管理"数据库，并将建好的数据库文件保存在"D:\DBAccess"文件夹中。操作步骤如下。

① 在 Access 2016 主窗口中选择"文件"→"新建"命令，在出现的 Access 2016 启动窗口中单击"空白数据库"按钮。

② 在空白数据库"文件名"文本框中输入数据库文件名，例如输入"教学管理"，再单击 按钮设置数据库的存放位置，如 D:\DBAccess，然后单击"创建"按钮，如图 2-1 所示。此时将创建新的数据库，并且在数据表视图中将打开一个新表。

图 2-1　设置空白数据库的名称和存放位置

> **注意**
>
> 此时在这个数据库中并没有任何数据库对象存在，用户可以根据需要在该数据库中创建所需的数据库对象。此外，在创建数据库之前，应先建立用于保存该数据库文件的文件夹。

2．通过模板创建数据库

Access 2016 附带有很多模板，用户也可以按照关键字搜索特定的联机模板。Access 模板是预先设计的数据库，它们含有设计专业的表、查询、窗体和报表。用户可以从 Access 2016 启动窗口选择所需模板并利用模板创建数据库，但这些模板不一定完全符合用户的要求。一般情况下，在使用模板之前，应先从 Access 2016 所提供的模板中找出与所建数据库相似的模板。如果所选模板不满足实际要求，用户可以在建立之后再对其进行修改。

2.1.2　更改默认的数据库文件夹

在创建数据库时，Access 会自动将数据库文件保存到默认的文件夹中。用户可以在保存新数据库文件时选择另一个位置，也可以选择一个新的默认文件夹位置来保存所有新数据库文件。

< 36 >

更改默认数据库文件夹的操作步骤如下。

① 在 Access 2016 主窗口中选择"文件"→"选项"命令，此时出现"Access 选项"对话框。

② 在"Access 选项"对话框的左侧窗格中单击"常规"选项，在右侧"创建数据库"区域，将新的文件夹位置输入到"默认数据库文件夹"文本框中（如输入 D:\DBAccess），如图 2-2 所示，或单击"浏览"按钮选择新的文件夹位置，然后单击"确定"按钮。

图 2-2　更改默认数据库文件夹的界面

在这里还可以对另外两个设置进行更改。在"空白数据库的默认文件格式"框中，默认的文件格式是"Access 2007 - 2016"格式，通过下拉选项可以将文件格式更改为"Access 2000"或"Access 2002 - 2003"格式；在"新建数据库排序次序"框中，默认的次序是"汉语拼音"，通过下拉选项也可以修改。

2.1.3　数据库的打开与关闭

数据库建好后，用户就可以对其进行各种操作了，例如在数据库中添加对象、修改其中某对象的内容、删除某对象等。在进行这些操作之前应先打开数据库，操作结束后要关闭数据库。

1. 数据库的打开

要打开现有的 Access 2016 数据库，可以从 Windows 资源管理器开始，也可以从 Access 2016 主窗口开始。

（1）从 Windows 资源管理器打开 Access 数据库

在 Windows 资源管理器中，进入需要打开的 Access 数据库文件的文件夹，双击该数据库文件图标，将启动 Access 并打开该数据库文件。

< 37 >

（2）从 Access 2016 主窗口中打开 Access 数据库

在 Access 2016 主窗口中选择"文件"→"打开"命令，在启动窗口单击最近打开过的数据库文件即可在 Access 主窗口中将其打开。如果想要打开的数据库文件不在其中，则单击界面中的"浏览"按钮，弹出图 2-3 所示的"打开"对话框，在其中找到包含所需数据库文件的文件夹并选中需要打开的数据库文件，然后单击"打开"按钮，即可打开该数据库文件。

单击"打开"按钮右边的下拉箭头，将显示 4 种打开数据库文件的方式，如图 2-4 所示。其含义如下。

① 若要打开数据库后希望在多用户环境中进行共享访问，以便其他用户都可以读/写数据库，此时可选择"打开"选项。

图 2-3　"打开"对话框　　　　　　　　　图 2-4　打开数据库文件的方式

② 若要打开数据库后希望进行只读访问，以便可查看数据库但不可编辑数据库，此时可选择"以只读方式打开"选项。如果一个用户以只读方式打开数据库，其他用户可以读/写该数据库。

③ 若要以独占访问方式打开数据库，此时可选择"以独占方式打开"选项。当以独占访问方式打开数据库时，试图打开该数据库的任何其他用户将收到消息"文件已在使用中"。

④ 若要以只读且独占的方式打开数据库，此时可选择"以独占只读方式打开"选项。此时，其他用户仍能打开该数据库，但是被限制为只读方式。

2．数据库的关闭

当完成数据库的操作后，在 Access 2016 主窗口中选择"文件"→"关闭"命令可以关闭当前数据库。

2.2　数据库对象的组织和管理

在创建或打开数据库后，可进入 Access 2016 主窗口。对数据库对象的操作都在该界面下进行，导航窗格就是组织和管理数据库对象的良好工具。

< 38 >

2.2.1 导航窗格的操作

1．导航窗格菜单

导航窗格菜单用于设置或更改对数据库对象分组所依据的类别。单击"所有 Access 对象"右侧的下拉箭头，将弹出导航窗格菜单，从中可以查看正在使用的类别以及展开的对象，如图 2-5 所示。用户可以按"对象类型""表和相关视图""创建日期""修改日期"来组织对象，或者将对象组织在创建的自定义组中。

导航窗格会以不同的类别作为数据库对象的分组方式。若要展开或关闭组，此时可单击 ❬ 按钮或 ❬ 按钮，如图 2-6 所示。当更改浏览类别时，组名会随着发生改变。在给定组中只会显示逻辑上属于该位置的对象，例如按"对象类型"分组时，"表"组仅显示表对象，"查询"组仅显示查询对象。

图 2-5 导航窗格菜单

图 2-6 展开或关闭数据库对象分组

2．导航窗格快捷菜单

右键单击导航窗格中"所有 Access 对象"栏，将弹出导航窗格快捷菜单，如图 2-7 所示。利用这些命令可以完成其他任务，如更改类别、对窗格中的项目进行排序、查看组中对象的详细信息、启动"导航选项"对话框等。在导航窗格底部的空白处用鼠标右键单击也可以弹出此菜单。

在导航窗格快捷菜单中选择"导航选项"命令，将弹出"导航选项"对话框，其中左侧显示类别，右侧显示类别所对应的组，如图 2-8 所示。选中组中的一项，将改变该组的显示情况。例如选中"对象类型"选项，并取消"报表"复选框，在导航窗格中将不再显示"报表"组。

图 2-7 导航窗格快捷菜单

图 2-8 "导航选项"对话框

< 39 >

在导航窗格快捷菜单中选择"搜索栏"命令，并通过输入部分或全部对象名称，即可在导航窗格将隐藏任何不包含与搜索文本匹配的对象的组，如图 2-9 所示。搜索栏命令可用于快速查找数据库对象。

所有 Access 对象

搜索...

表
查询
窗体
报表
宏
模块

图 2-9　导航窗格的搜索栏

2.2.2　对数据库对象的操作

创建一个数据库后，通常还需要对数据库中的对象进行操作，如数据库对象的打开、关闭、添加、复制、删除和重命名等。

右键单击导航窗格中的任何对象将弹出快捷菜单，然后可以进行一些相关操作。所选对象的类型不同，快捷菜单命令也会不同。例如右键单击导航窗格中的表对象，会出现图 2-10 所示的快捷菜单，其中的命令与表的操作有关。

打开(O)
设计视图(D)
导入(M)
导出(E)
重命名(M)
在此组中隐藏(H)
删除(L)
剪切(T)
复制(C)
粘贴(P)
链接表管理器(K)
刷新链接(R)
转换为本地表(V)
表属性(B)

1．打开与关闭数据库对象

当需要打开数据库对象时，可以在导航窗格中选择一种组织方式，然后双击对象将其直接打开。例如，在导航窗格中双击表，表即被打开。此外，也可以在对象的快捷菜单中选择"打开"命令打开相应的对象。

如果打开了多个对象，则这些对象都会出现在选项卡式文档窗口中，用户只要单击需要的文档选项卡就可以将对象的内容显示出来。

若要关闭数据库对象，用户可以单击相应对象文档窗口右端的"关闭"按钮，也可以右键单击相应对象的文档选项卡，在弹出的快捷菜单中选择"关闭"命令。

图 2-10　表操作的快捷菜单

2．添加数据库对象

如果需要在数据库中添加一个表或其他对象，此时可以采用新建对象的方法。在"创建"选项卡中按照数据库对象将功能区分成了不同的命令组，选择相应的命令按钮可以创建不同的数据库对象。创建数据库对象的方法将在后续章节详细介绍。

3．复制数据库对象

在修改某个数据库对象之前，可以创建一个副本，从而避免因操作失误而造成对象损失。一旦操作发生差错，可以使用对象副本还原对象。例如，要复制表对象，可以打开数据库，然后在导航窗格中的表对象中选中需要复制的表并单击鼠标右键，在弹出的快捷菜单中选择"复制"命令，再单击右键，在弹出的快捷菜单中选择"粘贴"命令。

4．数据库对象的其他操作

通过数据库对象快捷菜单，还可以对数据库对象实施其他操作，包括数据库对象的重命名、删除、查看数据库对象的属性等。删除数据库对象前必须先将此对象关闭。

2.2.3　数据库视图的切换

在创建和使用数据库对象的过程中，经常需要利用不同的视图方式来查看数据库对象，而且不同的数据库对象有不同的视图方式。以表对象为例，Access 2016 提供了数据表视图和设计视图

< 40 >

两种视图模式，前一种用于表中数据的显示，后一种用于表的设计。

　　根据数据库对象性质的不同，视图方式也有所不同，但有些视图方式是相同的。数据表视图用来显示数据工作表中的数据，也可用来查看查询的输出结果等。设计视图用于创建和自定义数据库对象，不同的数据库对象有不同的操作方法，这也是后续各章要进一步介绍的内容。

　　在进行视图切换之前，首先要打开一个数据库对象（例如打开一个表），然后可采用以下 3 种方法切换视图。

　　① 单击"开始"选项卡，在"视图"命令组中单击"视图"按钮，此时弹出图 2-11 所示的下拉菜单，选择不同的视图方式即可实现视图的切换。此外，在相应对象的上下文选项卡中也可以找到"视图"按钮。

图 2-11　表的视图方式

　　② 在选项卡式文档中右键单击相应对象的名称，然后在弹出的快捷菜单中选择不同的视图方式。

　　③ 单击状态栏右侧的视图切换按钮来选择不同的视图方式。

2.3　表的创建

　　在创建表时，往往是先创建表的结构，再往表中添加数据。创建表的结构就是输入字段名、字段类型、字段大小及其他字段属性，然后存盘形成一个空的表。创建了一个空的表之后，就可以往表中添加数据了。

2.3.1　设计表的结构

　　Access 表由表的结构和表的内容两部分构成。表的结构相当于表的框架或表头，表的内容相当于表中的数据（记录）。表结构的设计就是要确定表中有多少个字段，以及每个字段的名称、类型和字段大小等参数。

1．表中字段的参数

　　字段参数表示字段所具有的特性，它包括每个字段的名称、类型、大小、格式、输入掩码、验证规则等。例如，通过设置"短文本"字段的字段大小属性来控制允许输入的最多字符数；通过定义字段的"验证规则"属性来防止在该字段中输入非法数据，如果输入的数据违反了规则，将显示提示信息。字段名、字段类型和字段大小是最基本的参数。

（1）字段名

　　在 Access 2016 中，字段名最多可以包含 64 个字符，其中可以使用字母、汉字、数字、空格和其他字符，但不能以空格开头。字段名中不能包含点（.）、感叹号（!）、方括号（[]）和单引号（'）。

（2）字段类型

　　根据关系的基本性质，一个表中的同一列数据应具有相同的数据特征，称为字段的数据类型。数据类型决定了数据的存储方式和使用方式。例如，"数字"字段只能接收数值，而不能接收字符，它可以参与数值运算；而"短文本"字段能够接收任何形式的字符，代表的是一串字符，但不能进行数值运算。

< 41 >

Access 2016 提供了短文本、长文本、数字、日期/时间、货币、自动编号、是/否、OLE 对象、超链接、附件、计算和查阅向导等字段类型，以满足不同性质的数据定义需要。例如，"姓名"字段的数据类型可以定义为"短文本"，"基本工资"字段的数据类型可以定义为"数字"或"货币"。

（3）字段大小

通过"字段大小"属性可以控制字段使用的存储空间大小。该属性只适用于"短文本"字段或"数字"字段，其他类型的字段大小均由系统统一规定。

> **注意**
>
> 如果"短文本"字段中已经有数据，那么减小字段大小会丢失数据，将截去超长的字符。如果"数字"字段中包含小数，那么将字段大小设置为整数时，会自动将数据取整。因此，在改变字段大小时要非常谨慎。

2. 字段的数据类型

字段的数据类型是必须定义的字段参数。在设计表结构时，可以根据字段的性质、取值规则来确定表中各字段的类型。下面说明 Access 2016 中各种字段类型的含义与用途。

（1）"文本"数据类型

"文本"数据类型既可以用于存储字符数据，如姓名、籍贯等，也可以用于存储不需要计算的数字，如电话号码、邮政编码等。从 Access 2013 开始，"文本"数据类型分为"短文本"和"长文本"两种。对于"短文本"字段，通过设置"字段大小"属性可控制字段能输入的最大字符个数，最多为 255 个字符。如果取值的字符个数超过了 255，此时可使用"长文本"数据类型。"长文本"字段最多可存储 64 000 个字符，其大小受数据库大小限制。

"短文本"常量要用英文单引号（'）或英文双引号（"）括起来，例如'82656634'和"数字经济"等。

> **注意**
>
> 在 Access 中，每一个汉字和所有特殊字符（包括中文标点符号）都算为一个字符。例如，如果定义一个"短文本"字段的大小为 10，则在该字段最多可输入的汉字数和英文字符数都是 10 个。

（2）"数字"数据类型

"数字"数据类型用来存储进行算术运算的数值数据，一般可以通过设置"字段大小"属性定义一个特定的"数字"字段。"数字"数据类型通常按字段大小分为字节、整型、长整型、单精度型和双精度型，分别占 1、2、4、4 和 8 字节，其中单精度型的小数位精确到 7 位，双精度型的小数位精确到 15 位。

（3）"日期/时间"数据类型

"日期/时间"数据类型用来存储日期、时间或日期和时间的组合，占 8 字节。在 Access 2016 中，"日期/时间"字段附有内置日历控件。输入数据时，日历按钮会自动出现在字段的右侧，可供输入数据时查找和选择日期。

< 42 >

　　"日期/时间"常量要用"#"作为定界符，如 2022 年 5 月 23 日表示成"#2022-5-23#"。年、月、日之间也可用"/"来分隔，即"#2022/5/23#"。

　　（4）"货币"数据类型

　　"货币"数据类型是一种特殊的"数字"数据类型，所占字节数与具有双精度属性的"数字"数据类型所占字节数类似，占 8 字节，且可精确到小数点左边 15 位和小数点右边 4 位，在计算时禁止四舍五入。向"货币"字段输入数据时，不必输入货币符号和千位分隔符，Access 2016 会自动显示这些符号。

　　（5）"自动编号"数据类型

　　对于"自动编号"数据类型的字段，每向表中添加一条新记录时，Access 会自动插入一个唯一的顺序号。最常见的自动编号方式是每次增加 1 的顺序编号，也可以随机编号。"自动编号"字段不能更新，每个表只能包含一个"自动编号"字段。

　　（6）"是/否"数据类型

　　"是/否"数据类型是针对只包含两种取值的字段而设置的，如性别、有无奖学金等字段。"是/否"字段占 1 字节。通过设置它的格式特性，可以选择"是/否"字段的显示形式，使其显示为"真/假""是/否"或"开/关"。

　　（7）"OLE 对象"数据类型

　　"OLE 对象"数据类型是指字段允许单独链接或嵌入 OLE 对象。可链接或嵌入到表中的 OLE 对象是指其他使用 OLE 协议创建的对象，如 Word 文档、Excel 电子表格、图像、声音或其他二进制数据。"OLE 对象"字段最大为 1GB，受磁盘空间限制。

　　（8）"超链接"数据类型

　　"超链接"数据类型的字段用来保存超链接地址，最多存储 64KB 字符。超链接地址的一般格式为：

```
DisplayText#Address
```

其中，DisplayText 表示在字段中显示的文本；Address 表示链接地址。

　　例如，超链接字段的内容为"学校主页#http://www.csu.edu.cn"，表示链接的目标是"http://www.csu.edu.cn"，而字段中显示的内容是"学校主页"。

　　（9）"附件"数据类型

　　"附件"数据类型可以将整个文件嵌入到数据库当中，这是将图片、文档及其他文件和与之相关的记录存储在一起的重要方式。使用附件可以将多个文件存储在单个字段之中，甚至还可以将多种类型的文件存储在单个字段之中。例如在"学生"表中，可以将学生的一份或几份代表性作品附加到每位学生的记录中，还可以加上学生的照片。

　　"附件"字段与"OLE 对象"字段相比有着更大的灵活性，而且可以更高效地使用存储空间，这是因为"附件"字段不用创建原始文件的位图图像。

　　（10）"计算"数据类型

　　"计算"数据类型的字段是指该字段的值是通过一个表达式计算得到的。使用这种数据类型可以使原本必须通过查询完成的计算任务，在数据表中就可以完成。例如，"课程"表中的"学分"字段可以定义为"计算"数据类型。假设 16 学时定为 1 学分，则"学分"字段的值可通过表达式"学时/16"计算得到。

< 43 >

（11）"查阅向导"数据类型

"查阅向导"数据类型用于创建一个查阅列表字段，该字段可以通过组合框或列表框选择来自其他表或值列表的值。该字段实际的数据类型和大小取决于数据的来源。

例 2-2 设计"教学管理"数据库中"学生"表、"课程"表、"选课"表和"专业"表的结构。

参照有关字段参数的规定，确定"教学管理"数据库中"学生"表、"课程"表、"选课"表和"专业"表的结构如表 2-1～表 2-4 所示。

表 2-1 "学生"表的结构

字段名称	字段类型	字段大小	字段名称	字段类型	字段大小
学号	短文本	8	入学成绩	数字	单精度型
姓名	短文本	10	有否奖学金	是/否	有否奖学金
性别	短文本	2	专业名称	短文本	10
出生日期	日期/时间		主页	超链接	
民族	短文本	10	简历	长文本	
籍贯	短文本	20	吉祥物	OLE 对象	

表 2-2 "课程"表的结构

字段名称	字段类型	字段大小	字段名称	字段类型	字段大小
课程编号	短文本	6	学时	数字	整型
课程名称	短文本	20	学分	计算	

其中，"学分"是计算类型字段，它可以通过"学时"字段计算得到，且约定 16 学时为 1 学分。

表 2-3 "选课"表的结构

字段名称	字段类型	字段大小	字段名称	字段类型	字段大小
学号	短文本	8	成绩	数字	单精度型
课程编号	短文本	6			

表 2-4 "专业"表的结构

字段名称	字段类型	字段大小	字段名称	字段类型	字段大小
专业名称	短文本	10	专业简介	长文本	
成立年份	数字	整型			

需要说明的是，字段类型的定义不是绝对的。例如，将"学生"表中的"性别"字段定义为"是/否"型也未尝不可，但区别在于定义为"短文本"型时取值为"男"或"女"，定义为"是/否"型时取值为"是"或"否"，显然前者含义更直观；而且数据类型一个为"短文本"型，一个为"是/否"型，以后对它们进行引用时其运算规则是不同的。所以设置字段类型时应以字段的用途和取值规则以及方便今后对数据的使用为原则。

< 44 >

2.3.2　创建表的方法

通常，在 Access 2016 中创建表的方法有 5 种，即使用设计视图创建表、使用数据表视图创建表、使用表模板创建表、使用字段模板创建表和通过导入外部数据创建表。

1．使用设计视图创建表

使用设计视图创建表是一种比较常用的方法。对于较为复杂的表，通常都是在设计视图中创建的。

使用设计视图
创建表

例 2-3　在"教学管理"数据库中创建"学生"表，表的结构如表 2-1 所示。操作步骤如下。

（1）打开表的设计视图

打开"教学管理"数据库，单击"创建"选项卡，在"表格"命令组中单击"表设计"命令按钮，打开表的设计视图，如图 2-12 所示。

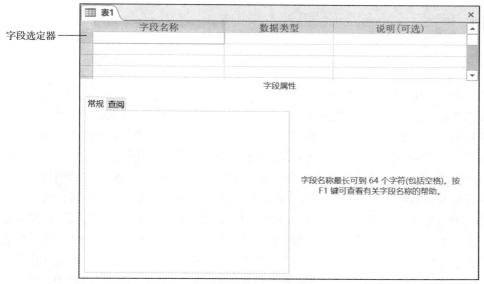

图 2-12　表的设计视图

表的设计视图分为上、下两部分，上半部分是字段输入区，下半部分是字段属性区。上半部分的字段输入区包括字段选定器、"字段名称"列、"数据类型"列和"说明（可选）"列。字段输入区的一行可用于定义一个字段。字段选定器用来选定某个字段（行），如果单击它则可选定该字段行；"字段名称"列用来对字段命名；"数据类型"列用来定义该字段的数据类型；"说明（可选）"列用来对字段进行必要的说明，起到提示和备忘的作用。下半部分的字段属性区用于设置字段的属性，在其左侧有"常规"和"查阅"两个选项卡。"常规"选项卡对每个字段的属性进行了详细的描述，属性内容会随着字段的数据类型发生变化。"查阅"选项卡定义了某些字段的显示属性，如文本和数字类型的字段。

（2）添加字段

按照表 2-1 的内容，在"字段名称"列中输入字段名称，在"数据类型"列中选择相应的数据类型，在"常规"选项卡中设置字段的大小。添加字段后"学生"表的设计视图如图 2-13 所示。

< 45 >

图 2-13　添加字段

（3）将"学号"字段设置为表的主键

右键单击"学号"字段，在出现的快捷菜单中选择"主键"命令；或先选中"学号"字段，再单击"表格工具/设计"上下文选项卡，在"工具"命令组中单击"主键"命令按钮。设置完成后，在"学号"字段的字段选定器上会出现钥匙图标 ，表示该字段是主键。

在 Access 2016 中，主键有 3 种类型，即自动编号、单字段和多字段。将"自动编号"字段指定为表的主键是最简单的定义主键的方法。如果在保存新建的表之前未设置主键，则 Access 2016 会询问是否要创建主键。如果单击"是"按钮，Access 2016 将创建"自动编号"数据类型的主键。如果表中某一字段的值可以唯一标志一条记录，例如"学生"表的"学号"字段，那么就可以将该字段指定为主键。如果表中没有一个字段的值可以唯一标志一条记录，那么就可以考虑选择多个字段组合在一起作为主键，来唯一标志记录。例如在"选课"表中，可以把"学号"和"课程编号"两个字段组合起来作为主键。

将多个字段同时设置为主键的方法是：先选中一个字段行，然后在按住 Ctrl 键的同时选择其他字段行，这时多个字段被选中；单击"表格工具/设计"上下文选项卡，在"工具"命令组中单击"主键"命令按钮；设置完成后，在各个字段的字段选定器上都会出现钥匙图标 ，表示这些字段的组合是该表的主键。

（4）保存表

选择"文件"→"保存"菜单命令或在快速访问工具栏中单击"保存"按钮，在打开的"另存为"对话框中输入表的名称"学生"，然后单击"确定"按钮，以"学生"为名称保存表。

2．使用数据表视图创建表

在数据表视图中，可以新创建一个空表，然后直接在新表中进行字段的添加、删除和编辑。新建一个数据库时，会创建一个名为"表 1"的新表，并自动进入数据表视图中。

< 46 >

例 2-4　在"教学管理"数据库中建立"课程"表，其结构如表 2-2 所示。

操作步骤如下。

① 打开"教学管理"数据库，单击"创建"选项卡，在"表格"命令组中单击"表"命令按钮，进入一个空表的数据表视图，如图 2-14 所示。

② 选中 ID 字段列，在"表格工具/字段"选项卡中的"属性"命令组中单击"名称和标题"命令按钮，打开"输入字段属性"对话框，如图 2-15 所示。

图 2-14　数据表视图

图 2-15　"输入字段属性"对话框

③ 在"输入字段属性"对话框的"名称"文本框中输入字段名"课程编号"，单击"确定"按钮；或双击 ID 字段列，使其处于可编辑状态，将其改为"课程编号"。

④ 选中"课程编号"字段列，在"表格工具/字段"选项卡中的"格式"命令组中把"数据类型"由"自动编号"改为"短文本"，在"属性"命令组中把"字段大小"设置为"6"。

⑤ 单击"单击以添加"列标题，选择字段类型，然后在其中输入新的字段名并修改字段大小。这时在右侧又添加了一个"单击以添加"列，用同样的方法输入"课程名称""学时"字段。

⑥ 输入"学分"字段时，选择"计算"字段类型，设置"结果类型"为"数字"型，这时会自动打开"表达式生成器"对话框。在该对话框的"表达式类别"区域双击"学时"字段，该字段就被添加到表达式编辑窗格中，接着输入"/16"（如图 2-16 所示），单击"确定"按钮，返回到数据表视图，输入字段名"学分"，如图 2-17 所示。

图 2-16　在"表达式生成器"对话框中输入计算表达式

< 47 >

图 2-17 输入字段名"学分"

⑦ 选择"文件"→"保存"菜单命令或在快速访问工具栏中单击"保存"按钮，以"课程"为名称保存表。

3．使用表模板创建表

对于一些常见的表，如"联系人""任务""问题"等，用户可以使用 Access 内置的关于这些主题的表模板来创建。操作步骤如下。

① 新建一个空数据库。

② 单击"创建"选项卡，在"模板"命令组中单击"应用程序部件"命令按钮，打开表模板列表。

③ 从中选择需要的表模板，如"联系人"模板，此时弹出对话框，提示"是否要 Microsoft Access 关闭所有打开的对象？"，单击"是"按钮，则基于该表模板所创建的表就被插入到当前数据库中。

利用表模板创建表会比手动方式创建表更方便、快捷。如果使用模板所创建的表不能完全满足需要，用户可以对表进行修改。

4．使用字段模板创建表

Access 自带的字段模板中已经设计好了各种字段属性，用户可以直接使用这些字段模板创建表。操作步骤如下。

① 打开数据库，单击"创建"选项卡，在"表格"命令组中单击"表"命令按钮，进入一个空表的数据表视图。

② 单击"表格工具/字段"选项卡，在"添加和删除"命令组中单击"其他字段"按钮右侧的下拉按钮，出现要建立的字段类型菜单。

③ 选择需要的字段类型，并在表中输入字段名即可。

5．通过导入外部数据创建表

在 Access 2016 中，可以直接从某个外部数据源获取数据来创建新表或将其追加到已有的表中，也可以将表或查询中的数据输出到其他格式的文件中。前者称为数据的导入，后者称为数据的导出。

外部数据源可以是一个文本文件、电子表格文件、其他数据库文件，也可以是另一个 Access 数据库文件等。将外部数据源的数据添加到 Access 2016 数据库中，有两种处理方法：从外部数据源导入数据和从外部数据源链接数据。

（1）从外部数据源导入数据

由于导入的外部数据类型不同，导入的操作步骤也会有所不同，但基本步骤是类似的。Excel 电子表格软件是 Microsoft Office 软件包的组件之一，它有着方便的表格计算和数据处理功能。在 Access 数据库与 Excel 电子表格之间相互导入和导出是非常常见的操作。下面以 Excel 电子表格

< 48 >

为例，说明导入外部数据的操作过程。

例 2-5　Excel 文件"选课.xlsx"的内容如图 2-18 所示。将"选课.xlsx"导入"教学管理"数据库中，生成"选课"表。操作步骤如下。

① 打开"教学管理"数据库，单击"外部数据"选项卡，在"导入并链接"命令组中单击"新数据源"命令按钮，并选择"从文件"→Excel 命令，弹出"获取外部数据"对话框。

② 在"获取外部数据"对话框中单击"浏览"按钮，并在"打开"对话框中找到需导入的数据源文件"选课.xlsx"，单击"打开"按钮，返回"获取外部数据"对话框中；选中"将源数据导入当前数据库的新表中"单选按钮，并单击"确定"按钮。

4	A	B	C
1	学号	课程编号	成绩
2	20210101	500201	89
3	20210101	700101	88
4	20210101	908001	90
5	20210102	500201	76
6	20210102	800101	78
7	20210211	500201	87
8	20210211	908001	67
9	20210212	500201	96
10	20210301	500201	75
11	20210301	800102	90
12	20210302	908002	79
13	20210401	500201	67
14	20210401	800102	76
15	20210401	908001	98
16	20210402	500201	65
17	20210509	500201	86
18	20210510	500201	90
19	20210510	700101	92
20	20210612	500201	78
21	20210612	800101	69

图 2-18　"选课.xlsx"的内容

③ 弹出"导入数据表向导"的第 1 个对话框，要求选择工作表或区域。这里选择"选课"工作表，然后单击"下一步"按钮。

④ 弹出"导入数据表向导"的第 2 个对话框，要求确定指定的第一行是否包含列标题。本例选中"第一行包含列标题"复选框，然后单击"下一步"按钮。

⑤ 弹出"导入数据表向导"的第 3 个对话框，要求指定字段信息，包括设置字段数据类型、索引等。这里选择默认选项，即"学号"字段和"课程编号"字段是短文本，"成绩"字段是单精度型，各字段均无索引，然后单击"下一步"按钮。

⑥ 弹出"导入数据表向导"的第 4 个对话框，要求对新表定义一个主键，如选中"我自己选择主键"单选按钮，则可以选定主键字段。由于选课表的主键是"学号"和"课程编号"字段的组合，这里选择"不要主键"，然后单击"下一步"按钮。

⑦ 弹出"导入数据表向导"的第 5 个对话框，在"导入到表"文本框中输入表的名称"选课"，然后单击"完成"按钮。至此，完成使用导入方法创建表的过程。

⑧ 在弹出的"保存导入步骤"对话框中选择"保存导入步骤"复选框，单击"保存导入"按钮。对于经常进行相同导入操作的用户而言，可以把导入步骤保存下来，以便下一次快速完成同样的导入。

从以上操作过程可以看出，导入数据的操作是在导入向导的提示下逐步完成的。从不同的数据源导入数据，Access 将启动与之对应的导入向导，其操作步骤基本相同。

（2）从外部数据源链接数据

从外部数据源链接数据是指在数据库中形成一个链接表对象，每次在 Access 中操作数据时都即时从外部数据源获取数据，这意味着链接的数据将随着外部数据源数据的变化而变化。

从外部数据源链接数据的操作与导入数据的操作非常相似。以链接 Excel 文件为例，操作方法如下。

① 打开数据库，单击"外部数据"选项卡，在"导入并链接"命令组中单击"Excel"命令按钮，弹出"获取外部数据"对话框。

② 在"获取外部数据"对话框中选中"通过创建链接表来链接到数据源"单选按钮并选择需要链接的外部文件，单击"确定"按钮。

< 49 >

③ 接下来的操作在"链接数据表向导"的引导下完成，最后就会在当前数据库中建立一个与外部数据源链接的表。若想取消链接的表，只需在导航窗格中将该链接表删除即可。

链接的表对象与导入的表对象是完全不同的。导入的表对象就如同在数据库中新建的表一样，是一个与外部数据源没有任何联系的 Access 表，即导入表的过程是从外部数据源获取数据的过程。而一旦导入操作完成，这个表就不再与外部数据源继续存在任何联系。而链接表则不同，它只是在 Access 数据库内创建了一个表链接对象，数据本身并不存在于 Access 数据库中，而是保存在外部数据源处。因此，在 Access 数据库中通过链接对象对数据所做的任何修改，实质上都是在修改外部数据源中的数据。同样，在外部数据源中对数据所做的任何改动也都会通过该链接对象直接反映到 Access 数据库中。若移动或删除了这些外部数据文件，将导致链接失败。

（3）表中数据的导出

将 Access 数据库中的数据导出到其他格式的文件中，其操作方法有如下两种。

① 在导航窗格中用鼠标右键单击要导出的表，并在弹出的快捷菜单中选择"导出"命令，在弹出的子菜单中选择文件的类型，在弹出的对话框中选择存储位置和文件名，最后单击"确定"按钮。

② 在导航窗格中选择要导出的表，单击"外部数据"选项卡，在"导出"命令组中选择文件的类型，在弹出的对话框中选择存储位置和文件名，最后单击"确定"按钮。

2.3.3 设置字段属性

表中的每一个字段都有一系列的属性描述，不同类型的字段有不同的属性。当选择某一字段时，表设计视图的字段属性区就会显示出该字段的相应属性，这时可以对该字段的属性进行设置和修改。

1．"格式"属性

"格式"属性只影响数据的显示格式，并不影响其在表中的存储格式。不同数据类型的字段，其显示格式各不相同。"数字""货币""自动编号"字段的显示格式如图 2-19 所示，其中，"固定"是指小数的位数不变，其长度由"小数位数"决定；"日期/时间"字段的显示格式如图 2-20 所示；"是/否"字段的显示格式如图 2-21 所示。

常规数字	3456.789
货币	¥3,456.79
欧元	€3,456.79
固定	3456.79
标准	3,456.79
百分比	123.00%
科学记数	3.46E+03

图 2-19 "数字""货币""自动编号"字段的显示格式

常规日期	2015/11/12 17:34:23
长日期	2015年11月12日
中日期	15-11-12
短日期	2015/11/12
长时间	17:34:23
中时间	5:34 下午
短时间	17:34

图 2-20 "日期/时间"字段的显示格式

真/假	True
是/否	Yes
开/关	On

图 2-21 "是/否"字段的显示格式

设置"格式"属性可以使数据的显示统一、美观。但应注意，显示格式只有在输入的数据被保存之后才能应用。如果需要控制数据的输入格式并按输入时的格式显示，则应设置"输入掩码"属性。

< 50 >

2．"输入掩码"属性

在输入数据时，有些数据有相对固定的书写格式。例如，电话号码的书写格式为"（0731）82656634"。如果手动重复输入这种固定格式的数据，显然非常麻烦。此时可以利用输入掩码（Input Mask）强制实现某种输入模式，使数据的输入更方便。在定义输入掩码时，可将格式中不变的符号定义为输入掩码的一部分，这样在输入数据时，只需输入变化的值即可。

为"短文本""数字""日期/时间""货币"等数据类型的字段都可以定义输入掩码。Access 2016为"短文本"字段和"日期/时间"字段提供了输入掩码的向导，而对于"数字"字段和"货币"字段只能使用字符直接定义"输入掩码"属性。当然，"短文本"字段和"日期/时间"字段的输入掩码也可以直接使用字符进行定义。"输入掩码"属性所用字符及含义如表 2-5 所示。

表 2-5　"输入掩码"属性所用字符及含义

字符	描述	输入掩码示例	示例数据
0	必须输入 0～9 的数字，不允许使用加号和减号	0000-0000000	0731-88830062
9	可以选择输入数字或空格，不允许使用加号和减号	(999)999-9999	(21)555-3002
#	可以选择输入数字或空格；在编辑状态时显示空格，但在保存时空格被删除；允许使用加号和减号	#999	−347
L	必须输入 A～Z 的大小写字母	L0L0L0	a2B8C4
?	可以选择输入 A～Z 的大小写字母	?????????	Jasmine
A	必须输入大小写字母或数字	(000)AAA-AAAA	(021)555-TELE
a	可以选择输入大小写字母或数字	(000)aaa-aaaa	(021)555-TEL2
&	必须输入任何字符或空格	&&&	3xy
C	可以选择输入任何字符或空格	CCC	3x
.，：；－、/	小数点占位符和千分位、日期与时间的分隔符。实际显示的字符根据 Windows 控制面板的"区域和语言选项"中的设置而定	000,000	123,456
<	使其后所有的字符转换成小写	>L<???????????	Maria
>	使其后所有的字符转换成大写	>L0L0L0	A2B8C4
!	使输入掩码从右到左显示。输入掩码中的字符都是从左向右输入的，感叹号可以出现在输入掩码的任何地方	!??????	ABC
\	使其后的字符原样显示	\T000	T123
密码	输入的字符以字面字符形式保存，但显示为星号（*）		

> **注意**
>
> 如果为字段定义了输入掩码，同时又设置了它的"格式"属性，显示数据时，"格式"属性将优先于输入掩码的设置。即使保存了输入掩码，在数据设置格式显示时，也会忽略输入掩码。

3．"标题"属性

字段标题（Caption）用于指定通过从字段列表中拖动字段而创建的控件所附标签上的文本，

< 51 >

并作为表或查询数据表视图中字段的列标题。如果没有为表字段指定标题，则用字段名作为控件附属标签的标题或作为数据表视图中的列标题。如果没有为查询字段指定标题，则使用基础表字段的标题。

4. "默认值" 属性

默认值（Default）是在输入新记录时自动取定的数据内容。在一个数据库中，往往会有一些字段的数据内容相同或者包含相同的部分。为减少数据输入量，我们可以将出现较多的值作为该字段的默认值。

例 2-6　将 "学生" 表中 "性别" 字段的默认值属性设置为 "男"。

操作步骤如下。

① 打开 "教学管理" 数据库，右键单击导航窗格中的 "学生" 表，在弹出的快捷菜单中选择 "设计视图" 命令，在设计视图中打开 "学生" 表。

② 选择 "性别" 字段，在 "字段属性" 区域的 "默认值" 属性框中输入 "男"，结果如图 2-22 所示。

输入文本值 "男" 时，也可以不加引号，系统会自动加上引号。设置默认值后，在生成新记录时会将这个默认值插入到相应的字段中。例如，此时单击 "开始" 选项卡中的 "视图" 按钮，切换到数据表视图，这时提示框中会提示 "是否立即保存表？"，单击 "是" 按钮保存表。可以看到，在新记录行的 "性别" 字段列上显示了该默认值。我们可以直接使用该值，也可以输入新值来取代这个默认值。

此外，也可以单击 "默认值" 文本框右侧的省略号按钮来启动 "表达式生成器" 对话框，利用表达式生成器输入默认值。例如，若要在输入某 "日期/时间" 型字段值时插入当前系统日期，我们可以在该字段的 "默认值" 文本框中输入表达式 "Date()"，如图 2-23 所示。

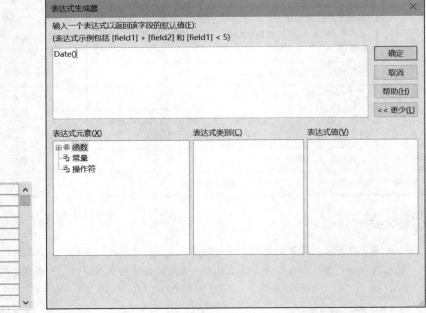

图 2-22　"默认值" 属性设置　　　　　　图 2-23　利用 "表达式生成器" 对话框设置默认值

< 52 >

> ⚠️ **注意**
>
> 设置"默认值"属性时，必须与字段中所设置的数据类型相匹配，否则会出现错误。

5."验证规则"和"验证文本"属性

验证规则（Validation Rule）是给字段输入数据时所设置的约束条件。在输入或修改字段数据时，将检查输入的值是否符合条件，从而防止将不合理的数据输入到表中。当输入的数据违反了验证规则时，可以通过定义"验证文本"属性来给出提示。

例 2-7　将"学生"表中"入学成绩"字段的取值范围设置为 0～750。如超过范围，系统将提示"请输入 0～750 的数据！"

操作步骤如下。

① 打开"教学管理"数据库，右键单击"导航窗格"中的"学生"表，在弹出的快捷菜单中选择"设计视图"命令，在设计视图中打开"学生"表。

② 选择"入学成绩"字段，在"字段属性"区域中的"验证规则"文本框中输入表达式">=0 And <=750"，在"验证文本"文本框中输入文本"请输入 0～750 的数据！"，如图 2-24 所示。

此外，也可以单击"验证规则"文本框右侧的省略号按钮来启动表达式生成器，利用表达式生成器输入验证规则表达式。

这里输入的表达式是一个逻辑表达式，表示入学成绩大于或等于 0 且小于或等于 750，即 0～750。验证规则的实质是一个限制条件，用于完成对输入数据的检查。条件的书写规则及方法将在第 3 章中详细介绍。

③ 保存"学生"表。属性设置完成后，可对其进行检验。方法是：单击"开始"选项卡，在"视图"命令组中单击"视图"按钮，切换到数据表视图；在任意一条记录的"入学成绩"列下输入一个不在合法范围内的数据，如输入 800，按 Enter 键，这时屏幕上会立即显示图 2-25 所示的提示框，说明输入的值与验证规则发生冲突，系统拒绝接收此数值。验证规则能够检查错误的输入或不符合逻辑的输入。

常规　查阅	
字段大小	单精度型
格式	固定
小数位数	自动
输入掩码	
标题	
默认值	
验证规则	>=0 And <=750
验证文本	请输入0～750的数据！
必需	否
索引	无
文本对齐	居中

图 2-24　"验证规则"和"验证文本"属性设置

图 2-25　测试"验证文本"设置

6."必需"属性

"必需"属性表示必须填写内容的重要字段。"必需"属性的取值有"是"和"否"两种。当取值为"是"时，表示该字段的内容不能为"空值"，必须填写。一般情况下，作为主键字段的"必需"属性为"是"，其他字段的"必需"属性为"否"。

< 53 >

7."索引"属性

当表中的数据量很大时，为了提高查找和排序的速度，可以设置"索引"属性。例如，如果想在"姓名"字段中搜索某一学生的姓名，此时可以创建该字段的索引，以加快搜索具体姓名的速度。此外，索引能对表中的记录实施唯一性控制。

在 Access 中，"索引"属性提供以下 3 种取值。

① 无：表示该字段不建立索引（默认值）。

② 有（有重复）：表示以该字段建立索引，且字段中的值可以重复。

③ 有（无重复）：表示以该字段建立索引，且字段中的值不能重复。当字段被设置为主键时，字段的"索引"属性被自动设置为"有（无重复）"。

例 2-8 为"学生"表创建索引，索引字段为"性别"。

操作步骤如下。

① 用设计视图打开"学生"表，选择"性别"字段。

② 在"常规"字段属性中选择"索引"属性框，然后单击右侧的向下箭头，从打开的下拉列表中选择"有（有重复）"选项。

如果经常需要同时搜索或排序两个或更多的字段，用户可以创建多字段索引。使用多个字段索引进行排序时，将首先用定义在索引中的第 1 个字段进行排序；如果第 1 个字段有重复值，再用索引中的第 2 个字段排序；依此类推。

例 2-9 为"学生"表创建多字段索引，索引字段包括"学号""姓名""性别"和"出生日期"。

操作步骤如下。

① 用设计视图打开"学生"表，单击"表格工具/设计"选项卡，在"显示/隐藏"命令组中单击"索引"命令按钮，打开"索引"对话框，如图 2-26 所示。

图 2-26 "索引"对话框

② 单击"字段名称"列的第 1 个空白行，然后单击右侧的向下箭头，从打开的下拉列表中选择"姓名"字段。将光标移到下一行，用同样的方法将"性别"字段、"出生日期"字段加入到"字段名称"列。"排序次序"列都沿用默认的"升序"排列方式，如图 2-27 所示。

8.计算型字段的"表达式"属性

计算型字段的"表达式"属性中显示输入的字段求值表达式。在设计视图下打开"课程"表，选中"学分"字段，其"表达式"属性如图 2-28 所示。选中"表达式"属性，单击右侧的省略号按钮，打开"表达式生成器"对话框，在此对话框中可对"表达式"属性进行修改。

< 54 >

图 2-27　设置多字段索引

图 2-28　计算型字段的"表达式"属性

除上面介绍的字段属性外，Access 还提供了很多其他字段属性，读者可以根据需要进行选择和设置。

2.3.4　向表中输入数据

在建立了表结构之后，就可以向表中输入数据了。

1. 使用数据表视图输入数据

表设计视图中显示的是表的结构属性，而数据表视图中显示的是表中的数据，因此针对表中数据的操作都在数据表视图中进行。同样，在 Access 2016 中，可以使用数据表视图向表中输入数据。

首先打开数据库，在导航窗格中双击要输入数据的表名，进入数据表视图，然后输入数据。例如，要将学生信息输入到"学生"表中，从第 1 个空记录的第 1 个字段开始输入"学号""姓名""性别"等字段的值，每输入完一个字段值后按 Enter 键或按 Tab 键转至下一个字段。输入"有否奖学金"字段值时，在提供的复选框内单击鼠标会显示出一个"√"符号，表示有奖学金；再次单击鼠标可以去掉"√"符号，表示没有奖学金。输入完一条记录后，按 Enter 键或 Tab 键转至下一条记录，继续输入第 2 条记录。输入所有记录后，"学生"表的数据表视图如图 2-29 所示。单击数据表视图右上角的"关闭"按钮，则会保存该表数据，并关闭该表的数据表视图。

< 55 >

学生												×
学号	姓名	性	出生日期	民族	籍贯	入学成绩	有否奖学金	专业名称	主页	简历	吉祥物	
⊞ 20210101	李镦辰	男	2001/5/30	汉族	河南	585.00		工商管理	主页	2021年	Bitmap Image	
⊞ 20210102	周益彤	女	2002/10/7	苗族	湖南	615.00	✓	工商管理			Bitmap Image	
⊞ 20210211	蔡莉莉	女	2004/5/15	汉族	江苏	598.00	✓	金融学			Bitmap Image	
⊞ 20210212	石佳	男	2003/7/10	汉族	贵州	632.00	✓	工商管理			Bitmap Image	
⊞ 20210301	谢宝骏	男	2002/6/23	苗族	云南	576.00		会计学				
⊞ 20210302	付伊宁	女	2003/8/30	土家族	云南	610.00	✓	工商管理				
⊞ 20210401	黄倩	女	2001/12/31	汉族	江苏	593.00		会计学				
⊞ 20210402	谢博晗	男	2003/8/23	土家族	湖南	605.00		会计学				
⊞ 20210509	李大维	男	2000/10/24	苗族	湖南	593.00	✓	会计学				
⊞ 20210510	周鹏程	男	2002/12/4	土家族	湖北	626.00	✓	金融学				
⊞ 20210612	谢妍妮	女	2003/1/31	汉族	广西	580.00		金融学				

记录: ◄ ◄ 第1项(共11项) ► ►► ▷ 无筛选器   搜索

图 2-29 在数据表视图输入表中的数据

当向表中输入数据而未对其中的某些字段指定值时，该字段将出现空值（用 Null 表示）。空值不同于空字符串或数值零，而是表示未输入、未知或不可用，它是需要在以后添加的数据。例如，某名学生进校时尚未确定专业，故在输入该生的信息时，"专业"字段不能输入，系统将用空值（Null）标识该学生记录的"专业"字段。

第一个字段列左侧的小方块是记录选定器，用于选定该记录。通常在输入一条记录的同时，Access 会自动添加一条新的空记录，并且该记录的选定器上显示一个星号 ✱，当前正在输入的记录选定器上则显示铅笔符号 🖉。当鼠标指针指向记录选定器时，会显示向右箭头 ➡。单击左键则可选中该记录，使该记录成为当前记录。

2．一些特殊数据类型的输入方法

有些类型的字段，例如"长文本"字段、"OLE 对象"字段、"附件"字段等，它们的输入方法有些特殊，下面逐一介绍。

（1）"长文本"字段的输入

"长文本"字段包含的数据量很大，而表中字段列的数据输入空间有限。此时可以使用 Shift+F2 键打开"缩放"窗口，在该窗口中输入和编辑"长文本"数据。该方法同样适用于短文本、数字等类型数据的输入。

（2）"OLE 对象"字段的输入

"学生"表有"吉祥物"字段，这是"OLE 对象"字段。输入时，在数据表视图下右键单击该记录的"吉祥物"字段列，在弹出的快捷菜单中选择"插入对象"命令，打开"Microsoft Access"对话框，如图 2-30 所示，在该对话框中选中"由文件创建"单选按钮，再单击"浏览"按钮，打开"浏览"对话框，找到并选中所需图片文件，然后单击"确定"按钮。

图 2-30 "Microsoft Access"对话框

< 56 >

> **！注意**
>
> "OLE 对象"字段只支持 Windows 位图文件（.bmp 文件），其他文件（如.jgp、.gif 文件等）在字段中显示为 Package（包），在窗体、报表中只能作为图标显示。非位图文件只有转换成位图文件才能在窗体、报表中显示。

（3）"附件"字段的输入

"附件"字段相应的列标题会显示曲别针图标 ，而不是字段名。右键单击"附件"字段，在弹出的快捷菜单中选择"管理附件"命令，弹出"附件"对话框，如图 2-31 所示。双击表中的"附件"字段也可以直接从该字段中打开此对话框。使用"附件"对话框可添加、编辑并管理附件。附件添加成功后，"附件"字段列中会显示附件的个数。

图 2-31 "附件"对话框

3. 创建查阅列表字段

在使用设计视图进行表的设计过程中，设置字段的数据类型时会发现数据类型的列表中还包含一种"查阅向导"数据类型。利用"查阅向导"数据类型可以方便地把字段定义为一个组合框，并定义列表中的选项，这样便于统一地向数据表中添加数据。

Access 2016 为具有"查阅向导"数据类型的字段建立了一个字段内容列表，用户可从列表中选择所需内容作为输入字段的内容。Access 2016 中可以显示两种列表：一是存储一组不可更改的固定值的列表；二是从已有的表或查询中查阅数据列表，表或查询的所有更新都将反映在列表中。

例 2-10 为"学生"表的"专业名称"字段创建查阅列表，列表中显示"工商管理""会计学"和"金融学"3 个值。

操作步骤如下。

① 用设计视图打开"学生"表，选择"专业名称"字段；在"数据类型"列中选择"查阅向导"选项，弹出"查阅向导"的第 1 个对话框；选中"自行键入所需的值"单选按钮，然后单击"下一步"按钮。

② 弹出"查阅向导"的第 2 个对话框，在"第 1 列"的每行中依次输入"工商管理""会计学""金融学"，每输入完一个值可按↓键或 Tab 键转至下一行，列表设置结果如图 2-32 所示，然后单击"下一步"按钮。

< 57 >

图 2-32 "查阅列表"设置结果

③ 弹出"查阅向导"的第 3 个对话框，在该对话框的"请为查阅列表指定标签"文本框中输入名称，本例使用默认值，单击"完成"按钮。

至此，"专业名称"的查阅列表设置完成。切换到"学生"表的数据表视图，可以看到"专业名称"字段值的右侧出现向下箭头。单击该箭头会弹出一个下拉列表，列表中列出了"工商管理""会计学""金融学" 3 个值，如图 2-33 所示。若要输入"专业名称"字段的值，此时可直接从列表中选择。

图 2-33 "专业名称"字段的设置效果

例 2-11 使用"查阅向导"字段类型将"选课"表中的"课程编号"字段设置为查阅"课程"表中的"课程编号"字段，即该字段组合框的下拉列表中仅出现"课程"表中已有的课程信息。

操作步骤如下。

① 用设计视图打开"选课"表，选择"课程编号"字段，在"数据类型"列的下拉列表中选择"查阅向导"选项，打开"查阅向导"的第 1 个对话框；选中"使用查阅字段获取其他表或查询中的值"单选按钮，然后单击"下一步"按钮。

< 58 >

② 弹出"查阅向导"的第 2 个对话框，该对话框中列出了可以选择的已有的表和查询，选定字段列表内容的来源"表:课程"，如图 2-34 所示，然后单击"下一步"按钮。

图 2-34 选择"表:课程"作为字段列表内容的来源

③ 弹出"查阅向导"的第 3 个对话框，该对话框中列出了"课程"表中所有的字段，双击左侧列表中的字段名，将"课程编号"和"课程名称"字段添加至右侧列表中，如图 2-35 所示，然后单击"下一步"按钮。

图 2-35 选择列表中的字段

④ 弹出"查阅向导"的第 4 个对话框，设置列表使用的排序次序，如图 2-36 所示，然后单击"下一步"按钮。

< 59 >

图 2-36　设置列表使用的排序次序

　　⑤ 弹出"查阅向导"的第 5 个对话框，该对话框中列出了"课程"表中的所有数据，因为要使用"课程编号"字段，所以取消"隐藏键列（建议）"复选框。在该对话框中还可以调整列的宽度，如图 2-37 所示，然后单击"下一步"按钮。

图 2-37　调整列的宽度

　　⑥ 弹出"查阅向导"的第 6 个对话框，确定"课程"表哪一列含有准备在"选课"表的"课程编号"字段中使用的数值，按照要求选择"课程编号"字段，如图 2-38 所示，然后单击"下一步"按钮。

　　⑦ 弹出"查阅向导"的第 7 个对话框，为查阅字段输入名称，单击"完成"按钮，此时"课程编号"字段的查阅列表设置完成。

< 60 >

图 2-38　按要求选择"课程编号"字段

切换到数据表视图，效果如图 2-39 所示。此时可以从下拉列表中选择有效的"课程编号"。"课程名称"列是对"课程编号"的说明提示，可辅助用户操作时选择。

图 2-39　"课程编号"字段的设置效果

2.4 表之间的关系

数据库中的表之间往往存在着相互联系。例如，"教学管理"数据库中的"学生"表与"选课"表之间、"课程"表与"选课"表之间均存在一对多联系。在 Access 2016 中，可以通过创建表之间的关系来表达这种联系。两个表之间一旦建立了关系，这样就可以很容易地从中找出所需要的数据，也可以为建立查询、窗体和报表打下基础。

2.4.1 创建表之间的关系

在创建表之间的关系时，先在至少一个表中定义一个主键，然后使该表的主键与另一表的对

< 61 >

应列（一般为外键）相联系。主键所在的表称为主表，外键所在的表称为相关表（也可称为子表）。两个表的联系就是通过主键和外键实现的。

> ⚠️ **注意**
>
> 在创建表之间的关系之前，应关闭所有需要定义关系的表。

例 2-12 创建"教学管理"数据库中表之间的关系。

操作步骤如下。

① 打开"教学管理"数据库，单击"数据库工具"选项卡，在"关系"命令组中单击"关系"命令按钮，打开"关系"窗口。此时将出现"关系工具/设计"上下文选项卡，在该选项卡的"关系"命令组中单击"添加表"命令按钮，打开"显示表"对话框，如图 2-40 所示。

图 2-40 "显示表"对话框

② 在"显示表"对话框中单击"学生"表，然后单击"添加"按钮，将"学生"表添加到"关系"窗口；同样将"课程"表和"选课"表添加到"关系"窗口中；单击"关闭"按钮，关闭"显示表"对话框。

③ "学号"字段在"学生"表中是主键，而在"选课"表中是外键，两个表的联系就是通过这个字段实现的。选中"学生"表中的"学号"字段，然后按下鼠标左键将其拖至"选课"表中的"学号"字段上，松开鼠标，会弹出图 2-41 所示的"编辑关系"对话框。

图 2-41 "编辑关系"对话框

< 62 >

"编辑关系"对话框的"表/查询"列表框中列出了"学生"表（主表）的相关字段"学号"，"相关表/查询"列表框中列出了"选课"表（相关表）的相关字段"学号"。

> **注意**
>
> 在建立两个表之间的关系时，相关联的两个字段必须具有相同的数据类型，但字段名不一定相同。

一般情况下，选中"编辑关系"对话框左下方的 3 个复选框，系统将自动识别关系类型，然后单击"创建"按钮，就完成了关系的创建。

④ 用同样的方法，可以建立"课程"表和"选课"表的关系。同样，"专业"表和"学生"表之间构成一对多关系，可以先创建"专业"表，再建立"专业"表和"学生"表之间的关系。建立的表之间关系如图 2-42 所示。

图 2-42　建立的表之间关系

⑤ 单击"关系"窗口中的"关闭"按钮，这时 Access 2016 会询问是否保存布局的更改，单击"是"按钮保存更改。

2.4.2　编辑表之间的关系

在定义了表之间的关系以后，有时还需要重新编辑已有的关系，其操作步骤如下。

① 单击"数据库工具"选项卡，在"关系"命令组中单击"关系"命令按钮，打开"关系"窗口。

② 如果要编辑修改已建立的两个表之间的关系，此时可以单击"关系工具/设计"上下文选项卡，在"工具"命令组中单击"编辑关系"命令按钮、双击两个表之间的连线，或者右键单击两个表之间的连线，在弹出的快捷菜单（如图 2-43 所示）中选择"编辑关系"命令，这时出现图 2-41 所示的"编辑关系"对话框，在该对话框中重新选择复选框，然后单击"创建"按钮。

图 2-43　编辑或删除表之间关系的快捷菜单

如果要删除已建立的两个表之间的关系，用户可以在图 2-43 所示的快捷菜单中选择"删除"命令。

< 63 >

2.4.3 设置参照完整性

参照完整性是指在输入或删除表的记录时，主表和相关表之间必须保持一种联动关系。因此，在定义表之间的关系时，应设立一些准则，从而保证各个表之间数据的一致性。

设置参照完整性

1. 实施参照完整性

在建立表之间的关系时，"编辑关系"对话框中有一个"实施参照完整性"复选框。选中它之后，表明主表和相关表中不能出现"学号"不相等的记录。如果设置了"实施参照完整性"，则会有如下关联规则。

① 主表中没有的记录就不能添加到相关表中。例如，"选课"表中的"学号"字段值必须存在于"学生"表中的"学号"字段中或为空值。

② 相关表中存在匹配的记录时，则不能从主表中删除该记录。例如，"选课"表中有某学生的选课记录，就不能在"学生"表中删除对应"学号"的记录。

③ 相关表中存在匹配的记录时，则不能更改主表中的主键值。例如，"选课"表中有某学生的选课记录，就不能在"学生"表中修改对应记录的"学号"字段值。

也就是说，实施了参照完整性后，对表中主键字段进行操作时系统会自动检查主键字段，看该字段是否被添加、修改或删除了。如果对主键的修改违背了参照完整性的要求，那么系统会自动强制执行参照完整性规则。

2. 级联更新相关字段

在"编辑关系"对话框中，有3个复选框可供使用，但必须在选中"实施参照完整性"复选框后，其他两个复选框才可使用。如果选中"级联更新相关字段"复选框，则当更新主表中记录的主键值时，Access 2016就会自动更新相关表所有相关记录的主键值。

3. 级联删除相关记录

在选中了"实施参照完整性"复选框后，如果选中了"级联删除相关记录"复选框，则当删除主表中的记录时，Access 2016将自动删除相关表中的相关记录。

2.4.4 在主表中显示子数据表

通常在建立表之间的关系以后，Access会自动在主表中插入子数据表，但这些子数据表一开始都是不显示出来的。在Access中，让子数据表显示出来称为展开子数据表，让子数据表隐藏称为折叠子数据表。展开的时候方便查阅子数据表信息，而折叠起来以后可以比较方便地管理主表。图2-44在"课程"表（主表）中显示了"选课"表（子表）。

在主表的数据表视图中，每条记录左侧

图2-44 子数据表的显示

都有一个关系标记。在未显示子数据表时，关系标记内为一个"+"；单击关系标记则"+"变成

< 64 >

了"–"，可以显示该记录对应的子数据表记录，如图 2-44 所示。如果再一次单击关系标记，就可以把这一格的子数据表记录折叠起来，"–"也变回到"+"。

如果一个表与两个以上的表建立了主-子关系，那么在主表中展开子数据表时，自然会出现展开哪个子数据表的问题。在实际操作中，会弹出"插入子数据表"对话框，以选择在主表中展开哪个子数据表。

2.5　表的编辑

在创建表之后，可能由于种种原因，如表的结构设计得不太合理或表的内容不能满足实际需要，因此需要对表的结构和表的内容进行编辑修改，从而更好地实现对表的操作。

2.5.1　修改表的结构

Access 数据库允许通过设计视图和数据表视图对表的结构进行修改，修改表的结构主要包括修改字段、添加字段、删除字段和移动字段等操作。对表结构的修改会影响与之相关的查询、窗体和报表等其他对象，因此用户一定要慎重，最好提前进行备份。

1．修改字段

修改字段包括修改字段的名称、数据类型、说明和字段属性等内容。Access 2016 允许通过设计视图和数据表视图对表的结构进行修改。

在设计视图中，如果要修改字段名，则单击该字段的"字段名称"列，然后修改字段名称；如果要修改字段的数据类型，则单击该字段"数据类型"列右侧的向下箭头，然后从打开的下拉列表中选择需要的数据类型；如果要修改字段属性，则选中该字段，在"字段属性"区域进行修改。

在数据表视图中，要修改字段名，其方法是：双击需要修改的字段名进入修改状态或右键单击需要修改的字段名，在弹出的快捷菜单中选择"重命名字段"命令。如果还要修改字段数据类型或定义字段的属性，此时可以选择"表格工具/字段"上下文选项卡中的有关命令。

2．添加字段

添加字段也通过设计视图和数据表视图进行。

用设计视图打开需要添加字段的表，然后将光标移动到要插入新字段的字段行，单击"表格工具/设计"上下文选项卡，在"工具"命令组中单击"插入行"命令按钮，或者右键单击某字段，在弹出的快捷菜单中选择"插入行"命令，则在当前字段的上面插入一个空行，在空行中依次输入字段名称、字段数据类型等。

用数据表视图打开需要添加字段的表，右键单击某一列标题，在弹出的快捷菜单中选择"插入字段"命令；双击新列中的字段名"字段 1"，为该列输入唯一的名称；选择"表格工具/字段"上下文选项卡中的相关命令修改字段的数据类型或定义字段的属性。

3．删除字段

与添加字段的操作相似，删除字段也有以下两种方法。

< 65 >

用设计视图打开需要删除字段的表，将光标移到要删除的字段行上（如果要选择一组连续的字段，单击字段选定器选中需要删除的字段行），然后单击"表格工具/设计"上下文选项卡，在"工具"命令组中单击"删除行"命令按钮，或者单击鼠标右键，在弹出的快捷菜单中选择"删除行"命令。

用数据表视图打开需要删除字段的表，选中要删除的字段列，然后单击鼠标右键，在弹出的快捷菜单中选择"删除字段"命令。

4．移动字段

移动字段可以在设计视图中进行。用设计视图打开需要移动字段的表，单击字段选定器选中需要移动的字段行，然后再次单击并按住鼠标左键不放，拖动鼠标即可将该字段移到新的位置。

2.5.2　修改表中内容

修改表中的内容是一项经常性的操作，主要包括定位记录、添加记录、删除记录、修改数据等操作。

1．定位记录

要修改表中数据，选择所需记录是首要操作。常用的定位记录方法有两种：一是使用记录号定位；二是使用全屏幕编辑的快捷键定位。

根据记录号定位所需记录，可以使用数据表视图窗口下端的记录定位器，如图 2-45 所示。例如，要将鼠标指针定位到"学生"表中的第 7 条记录上，可以使用数据表视图打开"学生"表，然后双击记录定位器中的"当前记录号"文本框，在该文本框中输入"7"并按 Enter 键。在"搜索"文本框中输入搜索的内容后按 Enter 键，即可在全部记录中查找该内容。此外，还可以使用记录定位器中的其他按钮实现快速记录定位。

图 2-45　记录定位器

使用全屏幕编辑的快捷键也可以快速定位记录或字段，其操作方法与一般全屏幕操作方法类似。快捷键及其定位功能如表 2-6 所示。

表 2-6　快捷键及其定位功能

快捷键	定位功能
Tab、Enter、右箭头	下一字段
Shift+Tab、左箭头	上一字段
Home	当前记录中的第一个字段
Ctrl+Home	第一条记录中的第一个字段

< 66 >

续表

快捷键	定位功能
End	当前记录中的最后一个字段
Ctrl+End	最后一条记录中的最后一个字段
上箭头	上一条记录中的当前字段
Ctrl+上箭头	第一条记录中的当前字段
下箭头	下一条记录中的当前字段
Ctrl+下箭头	最后一条记录中的当前字段
Page Down	下移一屏
Page Up	上移一屏
Ctrl+Page Down	右移一屏
Ctrl+Page Up	左移一屏

2．添加记录

添加记录时，使用数据表视图打开要编辑的表，可以将光标直接移动到表的最后一行，直接输入要添加的数据，也可以单击记录定位器中的"新（空白）记录"按钮，或者单击"开始"选项卡，在"记录"命令组中单击"新建"命令按钮，待光标移到表的最后一行后输入要添加的数据。

3．删除记录

删除记录时，使用数据表视图打开要编辑的表，选定要删除的记录，然后单击"开始"选项卡，在"记录"命令组中单击"删除"命令按钮，在弹出的删除记录提示框中，单击"是"按钮执行删除，单击"否"按钮取消删除。

在数据表中，可以一次删除多条相邻的记录。方法是：在选择记录时，先单击第一条记录的记录选定器，然后拖动鼠标经过要删除的每条记录，最后执行"删除"操作。

> **注意**
>
> 删除操作是不可恢复的操作，在删除记录前要确认该记录是否要删除。

4．修改数据

在数据表视图中修改数据的方法非常简单，只要将光标移到要修改数据的相应字段直接修改即可。其操作方法与一般字处理软件中的编辑修改操作方法类似。

在输入或编辑数据时，可以使用复制和粘贴操作将某字段中的数据复制到另一个字段中。操作步骤如下。

① 使用数据表视图打开要修改数据的表。

② 将鼠标指针指向要复制数据字段的最左侧，鼠标指针变为空心十字时，单击鼠标左键选中整个字段。如果要复制部分数据，将鼠标指针指向要复制数据的开始位置，然后拖动鼠标到结束位置，选中要复制的部分数据。

< 67 >

③ 单击"开始"选项卡，在"剪贴板"命令组中单击"复制"命令按钮；再选定目标字段，单击"开始"选项卡，然后在"剪贴板"命令组中单击"粘贴"命令按钮。

2.5.3 表中数据的查找与替换

在对表进行操作时，如果表中存放的数据非常多，则查找某一数据时就比较困难。Access 2016 提供了非常方便的查找和替换功能，可以快速地找到所需要的数据。必要时，还可以将找到的数据替换为新数据。

1. 查找指定数据

前面已经介绍了定位记录操作。实际上，查找数据的操作也是一种定位记录的方法。它能将光标快速地移到查找到的数据位置，从而可以对查找到的数据进行编辑修改。

例 2-13 查找"学生"表中"性别"为"男"的学生记录。

操作步骤如下。

① 用数据表视图打开"学生"表，将鼠标指针定位在"性别"字段列的字段名上，鼠标指针会变成一个粗体黑色向下箭头↓，单击鼠标左键，此时"性别"字段列被选中。

② 单击"开始"选项卡，在"查找"命令组中单击"查找"命令按钮，弹出"查找和替换"对话框，如图 2-46 所示。

图 2-46 "查找和替换"对话框

③ 在该对话框的"查找内容"下拉列表框中自动显示第一条记录"性别"字段的值，即"男"；当然也可以输入要查找的内容。如果需要，可进一步设置其他选项。例如，可以在"查找范围"下拉列表中选择"当前文档"选项，将整个表作为查找的范围。"查找范围"下拉列表中所包括的字段是在进行查找之前光标所在位置的字段。在查找之前最好将光标移到所要查找的字段上，这样比对整个表进行查找效率更高。在"匹配"下拉列表中，除"字段任何部分"匹配范围外，也可以选择其他的匹配范围，如"整个字段""字段开头"等。

④ 单击"查找下一个"按钮，这时将查找下一个指定的内容，Access 将反相显示找到的数据。连续单击"查找下一个"按钮，可以将全部指定的内容查找出来。

⑤ 单击"取消"按钮或对话框"关闭"按钮，结束查找。

在指定查找内容时，如果希望在只知道部分内容的情况下对表中数据进行查找或按照特定的要求查找记录，我们可以使用通配符作为其他字符的占位符。在"查找和替换"对话框中，可以使用表 2-7 所示的通配符。

< 68 >

表 2-7　通配符的使用

字符	说明	示例
*	与任意个数的字符匹配	A*B 可以找到以 A 开头、以 B 结尾的任意长度的字符串
?	与任何单个字符匹配	A?B 可以找到以 A 开头、以 B 结尾的任意 3 个字符组成的字符串
[]	与方括号内的任何单个字符匹配	A[XYZ]B 可以找到以 A 开头、以 B 结尾，且中间包含 X、Y、Z 之一的 3 个字符组成的字符串
!	匹配任何不在方括号之内的字符	A[!XYZ]B 可以找到以 A 开头、以 B 结尾，且中间包含除 X、Y、Z 之外的任意一个字符的 3 个字符组成的字符串
-	与某个范围内的任意一个字符匹配。必须从 A 到 Z 按升序指定范围	A[X-Z]B 可以找到以 A 开头、以 B 结尾，且中间包含 X～Z 任意一个字符的 3 个字符组成的字符串
#	与任何单个数字字符匹配	A#B 可以找到以 A 开头、以 B 结尾，且中间为数字字符的任意 3 个字符组成的字符串

！注意

　　当*、？、#、[或-等通配符当普通字符时，必须将搜索的符号放在方括号内。例如，若要搜索问号，在"查找内容"下拉列表框中输入"[?]"；若要搜索连字号，在"查找内容"下拉列表框中输入"[-]"。如果搜索惊叹号或右方括号（]），则不需要将其放在方括号内。要特别注意方括号的使用方法，虽然比较实用，但是有时候也会使得查找发生歧义。例如，要搜索"[text]"字符串，查找内容就不能写成"[text]"，这样它会搜索所有包含 t、e 或 x 的字符串，必须写成"[[]text]"才行。

2．替换指定数据

　　在对表进行修改时，如果多处相同的数据要做相同的修改，则可以使用 Access 2016 的替换功能，自动将查找到的数据更新为新数据。

　　例 2-14　将"学生"表中"籍贯"字段值"湖南"改为"湖南省"。

　　操作步骤如下。

　　① 用数据表视图打开"学生"表，选中"籍贯"字段列。

　　② 单击"开始"选项卡，在"查找"命令组中单击"替换"命令按钮，弹出"查找和替换"对话框。

　　③ 在"查找内容"下拉列表框中输入"湖南"，在"替换为"下拉列表框中输入"湖南省"，在"查找范围"下拉列表中选中"当前字段"选项，在"匹配"下拉列表中选中"字段任何部分"选项，如图 2-47 所示。

图 2-47　"查找和替换"操作

< 69 >

④ 如果一次替换一个，单击"查找下一个"按钮，找到后，单击"替换"按钮。如果不替换当前找到的内容，则继续单击"查找下一个"按钮。如果要一次替换出现的全部指定内容，则单击"全部替换"按钮。如果单击"全部替换"按钮，屏幕将显示一个提示框，提示将不能撤销该替换操作，询问是否继续，单击"是"按钮，进行替换操作。

2.5.4 调整表的外观

在操作数据时，有时需要重新设置数据在表中的显示形式，使表看上去更加清楚、美观。调整表的外观包括调整行高与列宽、改变字段的显示顺序、隐藏与显示列、冻结列、设置数据表格式等操作。

1．调整行高与列宽

调整行显示高度有两种方法：使用鼠标和菜单命令。

使用鼠标调整行高的操作方法是：使用数据表视图打开要调整的表，然后将鼠标指针放在表中任意两个记录选定器之间；当鼠标指针变为双箭头时，按住鼠标左键不放；拖动鼠标上下移动，调整到所需高度后，松开鼠标左键。改变行高后，整个表的行高都得到了调整。

使用菜单命令调整行高的操作方法是：使用数据表视图打开要调整的表，单击表中任意单元格；然后单击"开始"选项卡，在"记录"命令组中单击"其他"命令按钮，在弹出的下拉菜单中选择"行高"命令；最后在弹出图 2-48 所示的"行高"对话框中输入所需的行高值，单击"确定"按钮。

与调整行高的操作一样，调整列宽也有两种方法，即鼠标和菜单命令。

使用鼠标调整列宽的操作方法是：首先将鼠标指针放在要改变宽度的两列字段名中间；当鼠标指针变为双箭头时，按住鼠标左键不放，并拖动鼠标左右移动；当调整到所需宽度时，松开鼠标左键。在拖动字段列中间的分隔线时，如果将分隔线往左拖动超过上一个字段列的右边界时，将会隐藏该列。

使用菜单命令调整列宽的操作方法是：先选择要改变宽度的字段列；然后单击"开始"选项卡，在"记录"命令组中单击"其他"命令按钮，在弹出的下拉菜单中选择"字段宽度"命令；最后在弹出图 2-49 所示的"列宽"对话框中输入所需的列宽值，单击"确定"按钮。如果在"列宽"对话框中输入的值为"0"，则隐藏该字段列。

图 2-48 "行高"对话框

图 2-49 "列宽"对话框

!注意

重新设置列宽不会改变表中字段的"字段大小"属性所允许的字符数，它只是简单地改变字段列所包含数据的显示空间。

< 70 >

2．改变字段的显示顺序

在默认情况下，表中字段的显示顺序与创建表时的输入顺序相同。但是，在使用数据表视图时，往往需要移动某些列来满足用户查看数据的要求。此时，可以改变字段的显示顺序。

假定要将"学生"表中的"姓名"字段和"学号"字段互换位置，其操作方法是：使用数据表视图打开"学生"表，将鼠标指针定位在"姓名"字段列的字段名上，鼠标指针会变成一个粗体黑色下箭头↓；单击鼠标左键，此时"姓名"字段列被选中；将鼠标指针放在"姓名"字段列的字段名上，然后按下鼠标左键并拖动鼠标到"学号"字段前，释放鼠标左键。

> ⚠️ **注意**
>
> 　　使用此方法，可以移动任何单独的字段或所选的多个字段。移动数据表视图中的字段，不会改变表设计视图中字段的排列顺序，而只是改变在数据表视图中字段的显示顺序。

3．隐藏与显示列

为了便于查看表中的主要数据，我们可以在数据表视图中将某些字段列暂时隐藏起来，需要时再将其显示出来。

假设要将"学生"表中的"性别"字段列隐藏起来，其操作方法是：用数据表视图打开"学生"表，选中"性别"字段列，如果要一次隐藏多列，单击要隐藏的第 1 列字段选定器，然后按住鼠标左键不放，拖动鼠标到最后一个需要选择的列，单击"开始"选项卡，在"记录"命令组中单击"其他"命令按钮，在弹出的下拉菜单中选择"隐藏字段"命令，将选定的列隐藏起来。

如果希望将隐藏的列重新显示出来，可以在数据表视图中打开"学生"表，单击"开始"选项卡，在"记录"命令组中单击"其他"命令按钮，在弹出的下拉菜单中选择"取消隐藏字段"命令，弹出"取消隐藏列"对话框，在"列"列表中选中要显示列的复选框，单击"关闭"按钮。

4．冻结列

当表的字段较多时，在数据表视图中有些字段水平滚动后无法看到，这样就影响了数据的查看。此时，可以利用 Access 提供的冻结列功能，冻结某字段列或某几个字段列。此后，无论用户怎样水平滚动窗口，这些字段总是可见的，并且总是显示在窗口的最左侧。

例如要冻结"学生"表中的"姓名"列，具体操作方法是：用数据表视图打开"学生"表，选中"姓名"字段列，然后单击"开始"选项卡，在"记录"命令组中单击"其他"命令按钮，在弹出的下拉菜单中选择"冻结字段"命令。此时水平滚动窗口时，可以看到"姓名"字段列始终显示在窗口的最左侧。要取消冻结列，可以在弹出的下拉菜单中选择"取消冻结所有字段"命令。

5．设置数据表格式

在数据表视图中，一般在水平方向和垂直方向都显示网格线，并且网格线、背景色均采用系统默认的颜色。如果需要，我们可以改变单元格的显示效果，也可以选择网格线的显示方式、颜色和表格的背景颜色等。设置数据表格式的操作方法是：用数据表视图打开要设置格式的表，根

< 71 >

据需要设置的项目单击"开始"选项卡，在"文本格式"命令组中单击相应的命令按钮。例如，如果要去掉水平方向的网格线，在这里可以单击"网格线"命令按钮，并选择"网格线：纵向"命令；如果要将表格的背景颜色设置为其他颜色，在这里可以单击"背景色"下拉列表框中的向下箭头，并从打开的列表中选择所需颜色；如果要设置字体，在这里可以单击"字体"下拉列表框中的向下箭头，并从打开的列表中选择所需字体。

2.6 表的操作

创建表以后，常常需要对表中数据进行各种操作，主要包括按升序或降序排列记录以及对表中数据进行筛选。

2.6.1 对表中的记录进行排序

在数据库中，当打开一个表时，表中的记录默认按主键字段升序排列。若表中未定义主键，则按输入数据的先后顺序排列记录。有时为了方便数据的查找和操作，需要重新整理数据，为此可对数据进行排序。

1．排序规则

排序是指根据当前表中的一个或多个字段的值对整个表中的所有记录进行重新排列，可按升序或降序排列。对记录进行排序时，不同的字段类型排序规则有所不同，具体规则如下。

① 对于"短文本"字段，英文字母按 A 到 Z 的顺序从小到大，且同一字母的大小写视为相同；中文按拼音字母的顺序排列，靠后的为大；文本中出现的其他字符（如数字字符）按照 ASCII（American Standard Code for Information Interchange，美国信息交换标准代码）码值的大小进行比较排列；西文字符比中文字符要小。

② 对于"数字"字段、"货币"字段，按数值的大小排序。

③ 对于"日期/时间"字段，按日期的先后顺序排序，靠后的日期为大，如"#2022-5-15#"比"#2022-1-15#"要大。

④ 数据类型为"长文本""超链接""OLE 对象""附件"的字段不能排序。

⑤ 按升序排列字段时，如果字段的值为"空值"，则将包含"空值"的记录排列在最前面。

2．按一个字段排序

按一个字段排序可以在数据表视图中进行，操作简单。例如，对"学生"表按"姓名"字段升序排列记录，操作方法是：用数据表视图打开"学生"表，选中"姓名"字段列，再单击"开始"选项卡，在"排序和筛选"命令组中单击"升序"命令按钮。执行上述操作步骤后，就可以改变表中原有的排列次序，而变为新的次序。保存表时，将同时保存排序结果。

当然，还可以利用"降序"命令按钮实现降序排列，利用"取消排序"命令按钮取消所有排序。

3．按多个字段排序

按多个字段进行排序时，首先根据第 1 个字段按照指定的顺序进行排序；当第 1 个字段具有

< 72 >

相同值时，再按照第 2 个字段进行排序；依此类推，直到按全部指定的字段排好序为止。例如，在"学生"表中首先按"性别"字段升序排列，性别相同时再按"出生日期"字段降序排列，操作步骤是：用数据表视图打开"学生"表，设置按"出生日期"字段降序排列，再设置按"性别"字段升序排列，排序结果如图 2-50 所示。

学号	姓名	性别	出生日期	民族	籍贯	入学成绩	有否奖学金	专业名称	主页	简历
20210402	谢博晗	男	2003/8/23	土家族	湖南	605.00	☐	会计学		
20210212	石佳	男	2003/7/10	汉族	贵州	632.00	☑	工商管理		
20210510	周鹏程	男	2002/12/4	土家族	湖北	626.00	☑	金融学		
20210301	谢宝骏	男	2002/6/23	苗族	云南	576.00	☐	会计学		
20210101	李晨辰	男	2001/5/30	汉族	河南	585.00	☐	工商管理	主页	2021年
20210509	李大维	男	2000/10/24	苗族	湖南	593.00	☑	会计学		
20210211	蔡莉莉	女	2004/5/15	汉族	江苏	598.00	☐	金融学		
20210302	付伊宁	女	2003/8/30	土家族	云南	610.00	☑	工商管理		
20210612	谢妍妮	女	2003/1/31	苗族	广西	580.00	☐	金融学		
20210102	周益彤	女	2002/10/7	汉族	湖南	615.00	☑	工商管理		
20210401	黄倩	女	2001/12/31	汉族	江苏	593.00	☐	会计学		

记录: ◄ ◄ 第 1 项(共 11 项) ► ►► ►☆ 无筛选器　搜索

图 2-50　按多个字段排序的结果

从结果可以看出，Access 2016 先按性别升序排列，在性别相同的情况下再按出生日期从大到小排序。因此，按多个字段进行排序时，必须注意字段的先后顺序。

2.6.2　对表中的记录进行筛选

从表中挑选出满足某种条件的记录称为记录的筛选。经过筛选后的表，只显示满足条件的记录，而那些不满足条件的记录将被隐藏起来。Access 2016 提供了 4 种筛选记录的方法，分别是按内容筛选、按条件筛选、按窗体筛选以及高级筛选。

1. 按内容筛选

按内容筛选是一种最简单的筛选方法，使用它可以很容易地找到包含某字段值的记录。

例 2-15　在"学生"表中筛选出非 2001 年出生的男生的记录。

操作步骤如下。

① 用数据表视图打开"学生"表，选中"性别"字段列，然后单击"开始"选项卡，在"排序和筛选"命令组中单击"筛选器"命令按钮或直接单击"性别"字段列标题右侧的下拉按钮，都将弹出图 2-51 所示的筛选器菜单。

② 仅选中"男"复选框，然后单击"确定"按钮，则表中仅保留男生记录。

③ 继续选中"出生日期"字段列，用同样的方法对其进行筛选。这一次在筛选器菜单中要取消所有的"2001 年"的日期数据，然后单击"确定"按钮。这时，Access 2016 将根据所选的内容筛选出相应的记录，结果如图 2-52 所示。

图 2-51　筛选器菜单

< 73 >

图 2-52　按内容筛选的结果

如果要取消筛选效果，恢复被隐藏的记录，只需在"排序和筛选"命令组中单击"切换筛选"命令按钮。

按内容筛选时，首先要在表中找到一个在筛选产生的记录中必须包含的值。如果这个值不容易找，最好不使用这种方法。

2．按条件筛选

按条件筛选是一种较灵活的方法，根据输入的条件进行筛选。

例 2-16　在"学生"表中筛选"入学成绩"在 600 分以上的记录。

操作步骤如下。

① 用数据表视图打开"学生"表，选中"入学成绩"字段列，然后打开筛选器菜单。

② 选择"数字筛选器"→"大于"命令，弹出"自定义筛选"对话框，如图 2-53 所示。

③ 在对话框中输入"600"，单击"确定"按钮，筛选结果如图 2-54 所示。

图 2-53　"自定义筛选器"对话框

图 2-54　按条件筛选的结果

3．按窗体筛选

按窗体筛选是一种快速的筛选方法，使用它不用浏览整个表中的记录，还可以同时对两个以上的字段值进行筛选。

例 2-17　使用按窗体筛选方法在"学生"表中筛选出非 2001 年出生的男生的记录。

操作步骤如下。

① 用数据表视图打开"学生"表，单击"开始"选项卡，在"排序和筛选"命令组中单击"高级"命令按钮，将弹出图 2-55 所示的高级筛选菜单。

② 选择"按窗体筛选"命令，此时数据表视图变成"学生：按窗体筛选"窗口，在该窗口中为字段设定条件。

③ 单击要进行筛选的字段，这里选择"性别"字段，然后单击右侧的下拉按钮，在弹出的下拉列表中选择"男"，再选择"出生日期"字段，在其中

图 2-55　高级筛选菜单

< 74 >

输入"<#2001/1/1# Or >#2001/12/31#",如图 2-56 所示。这是一个逻辑表达式,表示出生日期小于 2001/1/1 或大于 2001/12/31,即非 2001 年出生的学生记录。

图 2-56　"学生:按窗体筛选"窗口

④ 在高级筛选菜单中选择"应用筛选/排序"命令,筛选出的记录结果与图 2-52 中的相同。单击"切换筛选"命令按钮,则取消筛选效果。

如果选择两个以上的值,还可以通过"学生:按窗体筛选"窗口底部的"或"标签来确定两个字段值之间的关系。例如,保持上述筛选条件设置不变,选择"学生:按窗体筛选"窗口底部的"或"标签,选择"籍贯"字段,然后单击右侧的下拉按钮,在弹出的下拉列表中选择"湖南",则筛选结果如图 2-57 所示,即筛选出非 2001 年出生的男生或湖南籍的所有学生的记录。

学号	姓名	性别	出生日期	民族	籍贯
20210102	周益彤	女	2002/10/7	苗族	湖南
20210212	石佳	男	2003/7/10	汉族	贵州
20210301	谢宝骏	男	2002/6/23	苗族	云南
20210402	谢博晗	男	2003/8/23	土家族	湖南
20210509	李大维	男	2000/10/24	苗族	湖南
20210510	周鹏程	男	2002/12/4	土家族	湖北

记录:第 1 项(共 6 项) 已筛选 搜索

图 2-57　设置"或"条件的筛选结果

此外,还可以把筛选作为查询对象存放起来,以备今后使用。操作方法是:在"学生:按窗体筛选"窗口中,单击快速访问工具栏上的"保存"按钮,弹出"另存为查询"对话框,输入查询名后单击"确定"按钮,以后需要查询记录时只需在导航窗格中找到该查询并打开即可。

4.高级筛选

前面介绍的 3 种筛选方法能设置的筛选条件单一,但在实际应用中,常常涉及更复杂的筛选条件,此时使用高级筛选可以更容易地达成筛选目标。使用高级筛选不仅可以筛选出满足复杂条件的记录,还可以对筛选的结果进行排序。

例 2-18　使用高级筛选方法在"学生"表中筛选出非 2001 年出生的男生的记录,并将记录按"出生日期"降序排列。

操作步骤如下。

① 用数据表视图打开"学生"表,单击"开始"选项卡,在"排序和筛选"命令组中单击"高级"命令按钮,在弹出的高级筛选菜单中选择"高级筛选/排序"命令;此时出现"学生筛选1"窗口,在该窗口中为字段设置条件。

② 单击设计网格中第 1 列的"字段"行,并单击右侧的下拉按钮,从打开的列表中选择"性别"字段;然后用同样的方法在第 2 列的"字段"行选择"出生日期"字段。

③ 在"性别"列的"条件"行中输入"男",在"出生日期"列的"条件"行中输入"<#2001/1/1# Or >#2001/12/31#",在"出生日期"列的"排序"行选择"降序"选项,如图 2-58 所示。

< 75 >

图 2-58　高级筛选窗口

④ 单击"开始"选项卡，在"排序和筛选"命令组中单击"高级"命令按钮，在弹出的高级筛选菜单中选择"应用筛选/排序"命令，筛选的记录结果如图 2-59 所示。此时可以图 2-59 与图 2-52 进行比较，看看筛选结果的差异。

图 2-59　高级筛选结果

2.6.3　对表中的行进行汇总统计

对表中的行进行汇总统计是一项经常性而又非常有用的操作。例如，在"学生"表中求全体学生的平均入学成绩、平均年龄等。Access 2016 通过向表中添加汇总行来实现表中项目的统计。显示汇总行时，可以从下拉列表中选择汇总函数来实现相关统计。

1．向表中添加汇总行

在 Access 2016 中，针对表中不同类型字段给出的汇总选项有所不同，如对"短文本"字段可以计数，对"数字"字段可以实现最大值、最小值、合计、计数、平均值、标准偏差和方差等统计计算。

例 2-19　求"学生"表中全体学生的平均入学成绩。

操作步骤如下。

① 用数据表视图打开"学生"表，单击"开始"选项卡，在"记录"命令组中单击"合计"命令按钮，这时在"学生"表的最后一条记录下添加一个汇总行。

② 单击汇总行中"入学成绩"字段列，出现一个下拉按钮；单击下拉按钮，在出现的汇总函数列表中选择"平均值"选项，如图 2-60 所示，这时

图 2-60　汇总函数列表

< 76 >

平均入学成绩显示在单元格中。

2. 隐藏汇总行

如果暂时不需要显示汇总行，但又不想从表中删除汇总行，则可隐藏汇总行。当再次显示汇总行时，会显示原来的汇总结果。

隐藏汇总行的操作步骤是：在数据表视图中打开表，单击"开始"选项卡，在"记录"命令组中单击"合计"命令按钮，Access 2016 隐藏汇总行。

汇总行简化了对表中行的统计计算过程，使原来在查询中才能实现的计算，现在表的数据表视图中就可以轻松实现。

习题

一、选择题

1. 在 Access 2016 的数据类型中，不能建立索引的数据类型是（　　　）。

　　A. 短文本型　　　　B. 长文本型　　　　C. OLE 对象型　　　D. 超链接型

2. 设置主关键字是在（　　　）中完成的。

　　A. 表的设计视图　　　　　　　　　　B. 表的数据表视图

　　C. 数据透视表视图　　　　　　　　　D. 数据透视图视图

3. 在数据表视图中，不可以（　　　）。

　　A. 设置表的主键　　B. 修改字段的名称　　C. 删除一个字段　　D. 删除一条记录

4. 输入掩码是给字段输入数据时设置的（　　　）。

　　A. 初值　　　　　　B. 当前值　　　　　　C. 输出格式　　　　D. 输入格式

5. 将表中的字段定义为（　　　），可使字段中的每一条记录都必须是唯一的。

　　A. 索引　　　　　　B. 主键　　　　　　　C. 必需　　　　　　D. 验证规则

6. 如果想对字段的数据输入范围施加一定的限制，我们可以通过设置（　　　）字段属性来完成。

　　A. 字段大小　　　　B. 格式　　　　　　　C. 验证规则　　　　D. 验证文本

7. 定义字段默认值的作用是（　　　）。

　　A. 在未输入数据之前，系统自动提供数值

　　B. 不允许字段的值超出某个范围

　　C. 不得使字段为空

　　D. 系统自动把小写字母转换为大写字母

8. 为加快对某字段的查找速度，应该（　　　）。

　　A. 防止在该字段中输入重复值　　　　　B. 使该字段成为必填字段

　　C. 对该字段进行索引　　　　　　　　　D. 使该字段数据格式一致

9. 有关空值（Null），以下叙述正确的是（　　　）。

　　A. 空值等同于空字符串　　　　　　　　B. 空值表示字段还没有确定值

　　C. 空值等同于数值 0　　　　　　　　　D. Access 不支持空值

< 77 >

10. 若在两个表之间的关系连线上标记了 1 : 1 或 1 : ∞，表示启动了（   ）。

    A. 实施参照完整性　　　　　　　　B. 级联更新相关记录

    C. 级联删除相关记录　　　　　　　　D. 不需要启动任何设置

二、填空题

1. Access 在同一时间可打开_____个数据库。

2. 在 Access 2016 中，所有对象都存放在一个扩展名为_____的数据库文件中。

3. 空数据库是指该文件中_____。

4. 表的设计视图包括两部分：字段输入区和_____，前者用于定义_____、字段类型，后者用于设置字段的_____。

5. Access 表由_____和_____两部分组成。

6. 假设在"学生"表中有"助学金"字段，其数据类型可以是数字型或_____。

7. 如果某一字段没有设置显示标题，则系统将_____设置为字段的显示标题。

8. 学生的学号由 9 位数字组成，其中不能包含空格，则为"学号"字段设置的正确的输入掩码是_____。

9. 用于建立两表之间关系的两个字段必须具有相同的_____。

10. 要在表中使某些字段不移动显示位置，可用_____字段的方法；要在表中不显示某些字段，可用_____字段的方法。

三、问答题

1. Access 2016 中建立数据库的方法有哪些？

2. Access 2016 中创建表的方法有哪些？

3. 举例说明字段的验证规则属性和验证文本属性的意义与使用方法。

4. 在导航窗格中对数据库对象的操作有哪些？

5. 记录的排序和筛选各有什么作用？如何取消对记录的筛选/排序？

< 78 >

第 *3* 章　查询

本章学习目标：

- 了解查询的概念与类型；
- 掌握查询条件的表示方法；
- 掌握使用向导及设计视图创建选择查询的方法；
- 掌握创建交叉表查询、参数查询和操作查询的方法。

在 Access 2016 中，查询是一个重要的数据库操作。利用查询可以从表中按照一定的条件取出特定的数据，在取出数据的同时可以对数据进行统计、分析和计算，还可以根据需要对数据进行排序并显示出来。查询的结果可以作为窗体、报表等其他数据库对象的数据来源，也可以通过查询向多个表中添加和编辑数据。

3.1　查询概述

查询就是以数据表中的数据为数据源，根据给定的条件从指定的表中找出用户需要的数据，从而形成一个新的数据集合。创建查询后，保存的是查询的操作，只有在运行查询时才会从查询数据源中抽取数据，并创建动态的记录集合。只要关闭查询，查询的动态数据集就会自动消失。所以我们可以将查询的运行结果看作一个虚表，它被称为动态数据集。

3.1.1　查询的功能

查询最直接的目的是从表中找出符合条件的记录，但在 Access 中，利用查询可以实现多种功能。

1．选择字段

在查询中，可以只选择表中的部分字段。例如，建立一个查询，只显示"学生"表中每名学生的姓名、性别、入学成绩和专业。利用此功能，可以选择一个表中的不同字段来生成所需的其他表。

2．选择记录

在查询中，可以根据指定的条件查找所需的记录，并显示找到的记录。例如，建立一个查询，只显示"学生"表中 2001 年出生的学生的记录。

3．编辑记录

编辑记录包括添加、修改和删除记录等操作。在 Access 中，可以利用查询来添加、修改和删除表中的记录。例如，删除"学生"表中"姓名"为空（Null）的记录。

4．实现计算

利用查询不仅可以找到满足条件的记录，而且可以在建立查询的过程中进行各种统计计算，例如计算每门课程的平均成绩。另外，利用查询还可以建立一个计算字段，以利用计算字段保存计算的结果。例如，根据"学生"表的"出生日期"字段计算每名学生的年龄。

5．建立新表

利用查询得到的结果可以建立一个新表。例如，查询 2001 年出生的学生的记录并将查询到的记录存放在一个新表中。

6．作为其他数据库对象的数据来源

查询可以作为窗体、报表的数据源。为了从一个或多个表中选择合适的数据显示在窗体或报表中，我们可以先建立一个查询，然后将该查询的结果作为数据源。这样，每次打开窗体或打印报表时，该查询就从它的基表中检索出符合条件的最新记录。

3.1.2　查询的类型

在 Access 2016 中，根据对数据源操作方式和操作结果的不同，查询可以分为 5 种类型，分别是选择查询、交叉表查询、参数查询、操作查询和 SQL（Structured Query Language，结构化查询语言）查询。

1．选择查询

选择查询是指根据用户指定的查询条件，从一个或多个数据源中获取数据并显示结果。通过选择查询可以对记录进行分组、总计、计数、求平均值及其他计算。选择查询是最常用的一种查询类型，其运行结果是一组数据记录，即动态数据集。

2．交叉表查询

交叉表查询实际上是一种对数据字段进行汇总计算的方法，计算的结果显示在一个行列交叉的表中。这类查询将表中的字段进行分类，一类放在交叉表的左侧，另一类放在交叉表的上部，然后在行与列的交叉处显示表中某个字段的统计值。例如，要统计每个专业男女学生的人数，可以将"专业名称"作为交叉表的行标题，将"性别"作为交叉表的列标题，统计的人数显示在交叉表行与列的交叉位置。

3．参数查询

参数查询利用对话框来提示用户输入查询数据，然后根据所输入的数据来检索记录。它是一种交互式查询，提高了查询的灵活性。

将参数查询作为窗体和报表的数据源，可以方便地显示和打印所需要的信息。例如，可以以参数查询为基础来创建某个专业的成绩统计报表。打印报表时，Access 会弹出对话框来询问报表所需显示的专业，在输入专业后，Access 便打印该专业的成绩报表。

< 80 >

4．操作查询

操作查询与选择查询相似，都需要指定查找记录的条件。但选择查询是检索符合条件的一组记录，而操作查询是在一次查询操作中对检索出的记录进行操作。

操作查询共有 4 种类型：生成表查询、删除查询、更新查询和追加查询。生成表查询是利用一个或多个表中的数据建立一个新表；删除查询用来从一个或多个表中删除记录；更新查询可以对一个或多个表中的记录进行更新和修改；追加查询是将一个或多个表中符合特定条件的记录添加到另一个表的末尾。

5．SQL 查询

SQL 查询是使用 SQL 语句创建的查询。有一些特定的 SQL 查询无法使用查询设计视图进行创建，而必须使用 SQL 语句创建。这类查询将在第 4 章介绍。

3.1.3　查询视图

在 Access 2016 中，查询有 3 种视图，分别为数据表视图、SQL 视图和设计视图。打开一个查询以后，单击"开始"选项卡，在"视图"命令组中单击"视图"下拉按钮，在其下拉菜单中可以看到图 3-1 所示的查询视图命令。选择不同的命令，可以在不同的查询视图间相互切换。

1．数据表视图

数据表视图是查询的"浏览器"，通过该视图可以查看查询的运行结果。

图 3-1　查询视图命令

查询的数据表视图看起来很像表，但它们之间是有本质区别的。在查询数据表中无法添加或删除列，而且不能修改查询字段的字段名。这是因为由查询所生成的数据值并不是真正存在的值，而是动态地从表中调来的，是表中数据的一个镜像。查询只是告诉 Access 需要什么样的数据，而 Access 就会从表中查出这些数据的值，并将它们反映到查询数据表中。也就是说，这些值只是查询的结果。

在查询数据表中虽然不能插入列，但是可以移动列，移动的方法与在数据表中移动列的方法是相同的。在查询数据表中也可以改变列宽和行高，还可以隐藏和冻结列。

2．SQL 视图

通过 SQL 视图可以编写 SQL 语句完成一些特殊的查询，这些查询是用各种查询向导和查询设计器都无法设计出来的。

3．设计视图

查询设计视图就是查询设计器，通过该视图可以设计除 SQL 查询之外的任何类型的查询。打开查询设计器窗口后，Access 2016 主窗口的功能区会发生变化，功能区上添加了"查询工具/设计"上下文选项卡，其中包含一些查询操作专用的命令，如"运行""查询类型"和"查询设置"等。

在导航窗格中，每单击一种数据库对象都会对功能区做一些相应调整，以求在使用这种对象时能更加方便、快捷。在查询设计视图下的功能区就比较适合进行查询操作。

< 81 >

3.2 查询条件的设置

在实际的查询操作中，往往需要设置查询条件。例如查找 2001 年出生的男生的记录，"2001 年出生的男生"就是一个条件。如何在 Access 2016 中表达这个条件是需要读者了解和学习的问题。问题是时代的声音，回答并指导解决问题是理论的根本任务。

查询条件是用各种运算符把常量、字段名、函数等运算对象连接起来的一个表达式，在创建带条件的查询时经常用到。因此，掌握查询条件的书写规则非常重要。

3.2.1 Access 2016 中的常量

在 Access 2016 中，常量有"数字"常量、"短文本"常量、"日期/时间"常量、"是/否"常量。不同类型的常量有不同的表示方法。

1. "数字"常量

"数字"常量分为整型常量和实型常量，其表示方法和数学中整数、实数的表示方法类似。例如，120、0、−374 为整型常量。实型常量有小数和指数两种表示形式。小数形式的实数由数字和小数点组成，例如 3.23、34.0、0.0 等。指数形式的实数用字母 e（或 E）表示以 10 为底的指数，e 之前为数字部分，之后为指数部分，且两部分必须同时出现。指数必须为整数，例如 45e-4、9.34e2 等是合法的实型常量，分别代表 45×10^{-4}、9.34×10^2，而 e4、3.4e4.5、34e 等是非法的实型常量。

2. "短文本"常量

"短文本"常量也称字符型常量或字符串常量，是用英文单引号"'"或双引号"""括起来的一串字符，例如'Central South University'、"数据库应用技术"等。

3. "日期/时间"常量

"日期/时间"常量是用英文井号"#"括起来的一个日期和时间。例如，2021 年 12 月 10 日晚上 10 点 30 分可以表示成"#2021-12-10 22:30#"或"#2021-12-10 10:30pm#"。其中，日期和时间之间要留一个空格。也可以单独表示日期或时间，如"#2021-12-10#""#12/10/2021#""#22:30#""#10:30pm#"都是合法的表示方法。

4. "是/否"常量

"是/否"常量也称逻辑常量，在 Access 2016 中用 True、Yes 或-1 表示"是"（逻辑真），用 False、No 或 0 表示"否"（逻辑假）。

3.2.2 Access 2016 中的常用函数

Access 提供了大量的标准函数。这些函数为更好地表示查询条件提供了方便，也为进行数据的统计、计算和处理提供了有效的方法。下面列举一些常用函数的用法，函数详细的用法可以查阅相关帮助文档。

< 82 >

1．常用的算术函数

算术函数的参数和返回的值都是数值数据，用于实现有关的算术运算。常用算术函数的调用格式和功能如下。

① Abs(<数值表达式>)：返回"数值表达式"的绝对值。

② Sqr(<数值表达式>)：返回"数值表达式"的平方根值。

③ Sin(<数值表达式>)：返回"数值表达式"的正弦值。

④ Cos(<数值表达式>)：返回"数值表达式"的余弦值。

⑤ Tan(<数值表达式>)：返回"数值表达式"的正切值。

⑥ Atn(<数值表达式>)：返回"数值表达式"的反正切值。

⑦ Exp(<数值表达式>)：将"数值表达式"的值作为指数 x，返回 e^x 的值。

⑧ Log(<数值表达式>)：返回"数值表达式"的自然对数值。

⑨ Fix(<数值表达式>)：返回"数值表达式"的整数部分，即截掉小数部分。

⑩ Int(<数值表达式>)：返回不大于"数值表达式"的最大整数。

⑪ Rnd(<数值表达式>)：返回一个 0～1 的随机数。

⑫ Round(<数值表达式>,n)：对"数值表达式"求值并保留 n 位小数，从 $n+1$ 位小数起进行四舍五入。例如，Round(3.1415,3)输出的函数值为 3.142。

2．常用的日期/时间函数

日期/时间函数的参数和返回的值至少有一个是日期/时间型数据，用于实现日期/时间的运算。常用日期/时间函数的调用格式和功能如下。

① Date()：返回系统日期。

② Time()：返回系统时间。

③ Now()：返回系统日期和时间。

④ DateDiff(<间隔方式>,<日期表达式 1>,<日期表达式 2>)：返回"日期表达式 2"与"日期表达式 1"之间的间隔。例如，DateDiff("d","2022-3-1","2022-4-1")返回两个日期之间相差的天数31。其中，d 可以换为 yyyy、m、w 等，分别返回两个日期之间相差的年数、月数和周数。

⑤ Year(<日期表达式>)：返回"日期表达式"的年份。

⑥ Month(<日期表达式>)：返回"日期表达式"的月份。

⑦ Day(<日期表达式>)：返回"日期表达式"所对应月份的日期，即该月的第几天。

⑧ Hour(<日期/时间表达式>)：返回"日期/时间表达式"的小时（按 24 小时制）。

⑨ Minute(<日期/时间表达式>)：返回"日期/时间表达式"的分钟部分。

⑩ Second(<日期/时间表达式>)：返回"日期/时间表达式"的秒数部分。

⑪ Weekday(<日期表达式>)：返回"日期表达式"的当前星期（星期日为 1，星期一为 2，星期二为 3，……）。

3．常用的字符函数

字符函数的参数和返回的值至少有一个是字符数据，用于实现字符运算。常用字符函数的调用格式和功能如下。

① Asc(<字符串表达式>)：返回"字符串表达式"首字符的 ASCII 码值。例如，Asc("A")返回 65。

< 83 >

② Chr(<字符的 ASCII 码值>)：将 ASCII 码值转换成字符。例如，Chr(65)返回字符 A。

③ Len(<字符串表达式>)：返回"字符串表达式"的字符个数。例如，Len("中南大学")返回 4。

④ Left(<字符串表达式>,<数值表达式>)：从"字符串表达式"的左边截取若干个字符，字符的个数由"数值表达式"的值确定。例如，Left("中南大学",2)返回"中南"。

⑤ Right(<字符串表达式>,<数值表达式>)：从"字符串表达式"的右边截取若干个字符，字符的个数由"数值表达式"的值确定。例如，Right("中南大学",2)返回"大学"。

⑥ Mid(<字符串表达式>,<数值表达式 1>,<数值表达式 2>)：从"字符串表达式"的某个字符开始截取若干个字符，起始字符的位置由"数值表达式 1"的值确定，字符的个数由"数值表达式 2"的值确定。例如，Mid("ABCDEFG",3,2)返回"CD"。

⑦ Space(<数值表达式>)：产生空字符串，空格的个数由"数值表达式"的值确定。例如，Space(5)返回 5 个空格。

⑧ Ucase(<字符串表达式>)：将字符串中的小写字母转换为相应的大写字母。

⑨ Lcase(<字符串表达式>)：将字符串中的大写字母转换为相应的小写字母。

⑩ Format(<表达式>[,<格式串>])：对"表达式"的值进行格式化。例如，Format(5/3,"0.0000")返回 1.6667，Format(#05/04/2013#, 'yyyy-mm-dd')返回"2013-05-04"。

⑪ InStr(<字符串表达式 1>,<字符串表达式 2>)：查询"字符串表达式 2"在"字符串表达式 1"中的位置。例如，InStr("数据库 abc","a")返回 4，InStr("abc","f")返回 0。

⑫ Ltrim(<字符串表达式>)：删除字符串的前导空格。

⑬ Rtrim(<字符串表达式>)：删除字符串的尾部空格。

⑭ Trim(<字符串表达式>)：删除字符串的前导和尾部空格。

4．条件函数

条件函数有 3 个参数，用于实现逻辑判断运算，其调用格式如下：

```
IIf(逻辑表达式,表达式 1,表达式 2)
```

如果"逻辑表达式"的值为真，取"表达式 1"的值为函数值，否则取"表达式 2"的值为函数值。例如，IIf(x>y,x,y)将返回 x 和 y 中的较大数。

3.2.3 Access 2016 中的运算

Access 2016 提供了算术运算、字符串运算、日期运算、关系运算和逻辑运算，每种运算有各自不同的运算符，这些运算符遵循相应的运算规则。

1．算术运算

Access 2016 中的算术运算符有：^（乘方）、*（乘）、/（除）、\（整除）、Mod（求余）、+（加）、-（减）。各运算符的运算规则和数学中的算术运算规则相同，其中，求余运算符 Mod 的作用是求两个数相除的余数，如 5 Mod 3 的结果为 2。"/"与"\"的运算含义不同，前者是进行除法运算，后者是进行除法运算后将结果取整，如 5/2 的结果为 2.5，而 5\2 的结果为 2。

各运算符运算的优先顺序也与数学中算术运算的优先顺序完全相同，即乘方运算的优先级最高，接下来是乘、除，最后是加、减。同级运算按自左向右的方向进行。

< 84 >

2．字符串运算

Access 2016 中的字符串运算符可以将两个字符串连接起来得到一个新的字符串。Access 中的字符串运算符有"+"和"&"两个。

① "+"运算的功能是将两个字符串连接起来形成一个新的字符串，要求连接的两个量必须是字符串。例如，"Access"+"数据库"的结果是"Access 数据库"。

② "&"连接的两个量可以是字符串、数值、日期/时间或逻辑型数据。当要连接的量不是字符串时，Access 先把它们转换成字符串，再进行连接运算。例如，"ABC"&"XYZ"的结果是"ABCXYZ"，123 & 456 的结果是"123456"，True & False 的结果是"−10"，"总计："& 5*6 的结果是"总计：30"。

3．日期运算

Access 2016 中的日期运算符有"+"和"−"两种。具体的运算如下。

① 一个日期型数据加上或减去一个整数（代表天数）将得到将来或过去的某个日期。例如，#2022-3-21#+10 的结果是"2022-3-31"。

② 一个日期型数据减去另一个日期型数据将得到两个日期之间相差的天数。例如，#2022-3-21#-#2021-3-21#的结果是"365"。

4．关系运算

关系运算符表示两个量之间的比较，其值是逻辑量。关系运算符包括<（小于）、<=（小于或等于）、>（大于）、>=（大于或等于）、=（等于）、<>（不等于）等。例如，"助教"<"教授"的结果为 True，"abc"<"a"的结果为 False，#2021-2-22#>=#2021-9-22#的结果为 False。

在数据库操作中，经常还需用到一组特殊的关系运算符，包括如下 4 种。

① Between A And B：判断左侧表达式的值是否介于 A 和 B 两值之间（包括 A 和 B、A≤B）。如果是，结果为 True，否则为 False。例如，Between 10 And 20 判断左侧表达式的值是否在[10,20]区间范围内。

② In：判断左侧表达式的值是否在右侧的各个值中。如果在，结果为 True，否则为 False。例如，In("优","良","中","及格") 判断左侧表达式的值是否等于"优""良""中"和"及格"中的一个。

③ Like：判断左侧表达式的值是否符合右侧指定的模式。如果符合，结果为 True，否则为 False。例如，Like "Ma*"表示以"Ma"开头的字符串。

④ Is Null：判断字段是否为空，而"Is Not Null"则判断字段是否非空。

> ⚠️ 注意
>
> "空值"（Null）表示未定义值，而不是空格或0。

5．逻辑运算

逻辑运算符可以将逻辑型数据连接起来，以表示更复杂的条件，其值仍是逻辑量。常用的逻辑运算符有 Not（逻辑非）、And（逻辑与）、Or（逻辑或）。

① 逻辑非运算符是单目运算符，只作用于后面的一个逻辑操作数。若操作数为 True，则返回

< 85 >

False；若操作数为 False，则返回 True。例如，Not Like "Ma*"表示不是以 "Ma" 开头的字符串。

② 逻辑与运算符用于将两个逻辑量连接起来。只有两个逻辑量同时为 True 时，结果才为 True；只要其中有一个为 False，结果即为 False。例如，">=10 And <=20" 与 "Between 10 And 20" 等价。

③ 逻辑或运算符用于将两个逻辑量连接起来。两个逻辑量中只要有一个为 True，结果即为 True；只有两个逻辑量均为 False 时，结果才为 False。例如，"<10 Or >20" 表示小于 10 或者大于 20。

3.2.4 查询条件举例

只有把理论知识同具体实际相结合，才能正确回答实践提出的问题，扎实提升读者的理论水平与实战能力。

在对表进行查询时，常常要表达各种条件，即对满足条件的记录进行操作，此时就要综合运用 Access 2016 各种数据对象的表示方法，写出条件表达式。表 3-1 列举了一些查询条件示例。

表 3-1　查询条件示例

字段名	条件	功能
籍贯	"湖南" Or "湖北"	查询 "湖南" 或 "湖北" 学生的记录
	In("湖南","湖北")	
姓名	Like "刘*"	查询姓 "刘" 学生的记录
	Left([姓名],1)="刘"	
	Mid([姓名],1,1)="刘"	
	InStr([姓名],"刘")=1	
出生日期	DATE()−[出生日期]<=20*365	查询 20 岁以下学生的记录
	YEAR(DATE())−YEAR([出生日期])<=20	
出生日期	YEAR([出生日期])=2001	查询 2001 年出生的学生的记录
	Between #2001-1-1# And #2001-12-31#	
有否奖学金	Not [有否奖学金]	查询没有获得奖学金的学生的记录
入学成绩	>=560 And <=650	查询入学成绩在[560,650]之间的记录
	Between 560 And 650	

其中，查询 "籍贯" 为湖南或湖北的学生记录的查询条件可以表示为 "="湖南" Or ="湖北""。但为了输入方便，Access 允许在表达式中省略 "="，所以直接表示为 ""湖南" Or "湖北""。在查询条件中，字段名要用方括号括起来，表示是字段名而非字符串。而输入字符串时，如果没有加双引号，Access 2016 会为其自动加上。

3.3　创建选择查询

创建选择查询有两种方法：一是使用 "查询向导" 命令；二是使用 "查询设计" 命令。"查询向导" 命令能提示并引导用户快速创建查询。而在 "查询设计" 命令中，不仅可以完成新建查

< 86 >

询的设计，而且可以修改已有查询。两种方法各具特点，"查询向导"操作简单、方便，而"查询设计"功能丰富、灵活，用户可以根据实际需要进行选择。

使用查询向导创建选择查询

Access 2016 提供了简单查询向导、交叉表查询向导、查找重复项查询向导和查找不匹配项查询向导来创建查询。其中，交叉表查询向导用于创建交叉表查询，而其他查询向导创建的都是选择查询。

1. 简单查询向导

简单查询向导可以从一个或多个表中检索数据，并可对记录进行计算。创建查询时，先要确定数据源，即确定创建查询所需要的字段由哪些表或查询提供，然后确定查询中要使用的字段。

例 3-1　查找"学生"表中的记录，并显示"姓名""性别""出生日期"和"专业名称"4个字段。

操作步骤如下。

① 打开"教学管理"数据库，单击"创建"选项卡，在"查询"命令组中单击"查询向导"命令按钮，弹出"新建查询"对话框（如图 3-2 所示），选择"简单查询向导"选项，单击"确定"按钮。

图 3-2　"新建查询"对话框

② 弹出"简单查询向导"的第 1 个对话框，在其"表/查询"下拉列表中选择"表:学生"作为选择查询的数据源。这时，"可用字段"列表框中会显示"学生"表中包含的所有字段。双击"姓名"字段，将该字段添加至"选定字段"列表框中。使用同样的方法将"性别""出生日期"和"专业名称"字段添加到"选定字段"列表框中，结果如图 3-3 所示，然后单击"下一步"按钮。

在选择字段时，也可以使用 > 按钮和 >> 按钮。使用 > 按钮一次选择一个字段，使用 >> 按钮一次选择全部字段。若对已选择的字段不满意，用户可以使用 < 按钮和 << 按钮删除所选字段。

< 87 >

图 3-3　字段选定结果

③ 弹出"简单查询向导"的第 2 个对话框，在"请为查询指定标题"文本框中输入查询名称，也可以使用默认标题，本例使用默认名称。如果要修改查询设计，则选中"修改查询设计"单选按钮。本例选中"打开查询查看信息"单选按钮，最后单击"完成"按钮。此时完成查询设置，并同时显示查询结果，如图 3-4 所示。

学生 查询1				
姓名	性别	出生日期	专业名称	
李晨辰	男	2001/5/30	工商管理	
周益彤	女	2002/10/7	工商管理	
蔡莉莉	女	2004/5/15	金融学	
石佳	男	2003/7/10	工商管理	
谢宝骏	男	2002/6/23	会计学	
付伊宁	女	2003/8/30	工商管理	
黄倩	女	2001/12/31	会计学	
谢博晗	男	2003/8/23	会计学	
李大维	男	2000/10/24	会计学	
周鹏程	男	2002/12/4	金融学	
谢妍妮	女	2003/1/31	金融学	

记录: ◄ 第 1 项(共 11 项) ► ►► ▼ 无筛选器 搜索

图 3-4　学生信息查询结果

在例 3-1 中，查询的内容来自一个表。但有时需要查询的记录可能不在一个表中，因此必须建立多表查询才能找出满足要求的记录。

例 3-2　查询学生所选课程的成绩，并显示"学号""姓名""课程名称"和"成绩"字段。

这个查询涉及"学生""课程""选课" 3 个表，要求必须已建立好 3 个表之间的关联。操作步骤如下。

① 打开"教学管理"数据库，单击"创建"选项卡，在"查询"命令组中单击"查询向导"命令按钮，弹出"新建查询"对话框，选择"简单查询向导"选项，单击"确定"按钮。

< 88 >

② 弹出"简单查询向导"的第 1 个对话框，在"表/查询"下拉列表中选择"表:学生"；然后分别双击"可用字段"列表框中的"学号"和"姓名"字段，将它们添加到"选定字段"列表框中；使用相同的方法，将"课程"表中的"课程名称"字段和"选课"表中的"成绩"字段添加到"选定字段"列表框中，然后单击"下一步"按钮。

③ 弹出"简单查询向导"的第 2 个对话框，用户需要确定是建立明细查询还是建立汇总查询。选中"明细"单选按钮，则查看详细信息；选中"汇总"单选按钮，则对一组或全部记录进行各种统计。本例选中"明细"单选按钮，然后单击"下一步"按钮。

④ 弹出"简单查询向导"的第 3 个对话框，在该对话框的"请为查询指定标题"文本框中输入"学生选课成绩"；选中"打开查询查看信息"单选按钮，然后单击"完成"按钮，查询结果显示如图 3-5 所示。

图 3-5 "学生选课成绩"查询

2．查找重复项查询向导

查找重复项是指查找一个或多个字段的值相同的记录，其数据源只能有一个。

例 3-3 查找学时相同的课程，要求显示课程名称和学时。

课程名称和学时都包含在"课程"表中，因此"课程"表就是该查询的数据源。操作步骤如下。

① 参考简单查询向导的操作步骤，在"新建查询"对话框中双击"查找重复项查询向导"选项，在弹出的对话框中选择"表:课程"，单击"下一步"按钮。

② 确定可能包含重复信息的字段，即要求哪些字段取值相同。这里将"学时"字段添加到"重复值字段"列表框中，然后单击"下一步"按钮。

③ 确定在查询结果中除了显示上一步选择的带有重复值的字段外，还需要显示哪些字段。按要求将"课程名称"字段添加到"另外的查询字段"列表框中，然后单击"下一步"按钮。

④ 在出现的对话框中输入查询的名称，单击"完成"按钮，即可看到图 3-6 所示的结果。

< 89 >

图 3-6　查找重复项查询结果

3．查找不匹配项查询向导

查找不匹配项是指查找一个表和另一个表不匹配的记录，其数据源必须是两个。

例 3-4　查找没有考试成绩的课程信息，即没有在"选课"表中出现的课程，要求显示课程编号和课程名称。

操作步骤如下。

① 参考简单查询向导的操作步骤，在"新建查询"对话框中双击"查找不匹配项查询向导"选项，在弹出的对话框中确定包含在查询结果中的表或查询。这里选择"表:课程"，然后单击"下一步"按钮。

② 确定查询结果中的哪些记录在所选的表中没有相关记录。这里选择"选课"表，然后单击"下一步"按钮。

③ 确定在两个表中都有的信息，在两个列表框中分别单击"课程编号"，然后单击<=>按钮，再单击"下一步"按钮。

④ 确定在查询结果中要显示的字段，它们只能来源于"课程"表。按要求选择"课程编号"字段和"课程名称"字段，然后单击"下一步"按钮。

⑤ 输入查询名称，然后单击"完成"按钮，查询结果如图 3-7 所示。

图 3-7　查找不匹配项查询结果

3.3.2　使用查询设计视图创建选择查询

使用"查询设计"命令是建立和修改查询最主要的方法。在查询设计视图中，既可以创建不带条件的查询，也可以创建带条件的查询，还可以对已创建的查询进行修改。这种由用户自主设计查询的方法比采用"查询向导"命令创建查询更加灵活。

1．查询设计视图窗口

打开"教学管理"数据库，单击"创建"选项卡，在"查询"命令组中单击"查询设计"命令按钮，打开查询设计视图窗口，并弹出"显示表"对话框。关闭"显示表"对话框可以得到空白的查询设计视图窗口，如图 3-8 所示。

查询设计视图窗口分为上、下两部分。上半部分是字段列表区，其中显示所选表的所有字段；下半部分是设计网格，其中的每一列对应查询动态集中的一个字段，每一行代表查询所需要的一个参数。其中，"字段"行设置查询要选择的字段，"表"行设置字段所在的表或查询的名称，"排序"行定义字段的排序方式，"显示"行定义选择的字段是否在数据表视图（查询结果）中显示出来，"条件"行设置字段限制条件，"或"行设置"或"条件来限制记录的选择。汇总时还会出现"总计"行，用于定义字段在查询中的计算方法。

< 90 >

图 3-8　查询设计视图窗口

打开查询设计视图窗口后，会自动显示"查询工具/设计"上下文选项卡，利用其中的命令按钮可以实现查询过程中的相关操作。

2．创建不带条件的查询

创建不带条件的查询就是确定查询的数据源，并将查询字段添加到查询设计视图窗口，但不需要设置查询条件。

例 3-5　使用查询设计视图创建例 3-2 的"学生选课成绩"查询。

操作步骤如下。

创建查询

① 打开"教学管理"数据库，单击"创建"选项卡，在"查询"命令组中单击"查询设计"命令按钮，打开查询设计视图窗口，并显示"显示表"对话框。

② 双击"学生"表，将"学生"表的字段列表添加到查询设计视图上半部分的字段列表区中；同样，分别双击"课程"表和"选课"表，也将它们的字段列表添加到查询设计视图的字段列表区中；然后单击"关闭"按钮关闭"显示表"对话框。

③ 在表的字段列表中选择字段并添加到设计网格的"字段"行上，其方法有以下 3 种。

- 单击某字段，按住鼠标左键不放，将其拖到设计网格中的"字段"行上。
- 双击选中的字段。
- 单击设计网格中"字段"行上要放置字段的列，然后单击右侧的下拉按钮，并从下拉列表中选择所需的字段。

这里分别双击"学生"表中的"学号"字段和"姓名"字段、"课程"表中的"课程名称"字段和"选课"表中的"成绩"字段，将它们添加到"字段"行的第 1～4 列上。这时"表"行上显示了这些字段所在表的名称，同时设置需要显示的字段，如图 3-9 所示。

④ 选择"文件"→"保存"命令或在快速访问工具栏中单击"保存"按钮，打开"另存为"对话框，在"查询名称"文本框中输入"学生选课成绩 1"，单击"确定"按钮。

⑤ 在"查询工具/设计"上下文选项卡的"结果"命令组中单击"视图"下拉按钮，在下拉菜单中选择"数据表视图"命令，或者在"结果"命令组中单击"运行"命令按钮，可以看到"学生选课成绩 1"查询的运行结果，结果与图 3-5 中的结果相同。

< 91 >

图 3-9　设置查询字段

3．创建带条件的查询

在查询操作中，带条件的查询是大量存在的，这时可以在查询设计视图中设置条件来创建带条件的查询。

例 3-6　查找 2001 年出生的男生信息，要求显示"学号""姓名""性别""有否奖学金"等字段内容。

操作步骤如下。

查询条件设置

① 打开"教学管理"数据库，单击"创建"选项卡，在"查询"命令组中单击"查询设计"命令按钮，打开查询设计视图窗口，在弹出的"显示表"对话框中将"学生"表添加到字段列表区中。

② 查询结果没有要求显示"出生日期"字段，但由于查询条件需要使用这个字段，因此，在确定查询所需的字段时必须选择该字段。分别双击"学号""姓名""性别""有否奖学金""出生日期"字段，将它们添加到设计网格"字段"行的第 1～5 列中。

③ 按要求，"出生日期"字段只作为查询条件，不显示其内容，因此应该取消"出生日期"字段的显示。单击"出生日期"字段"显示"行上的复选框，这时复选框内变为空白。

④ 在"性别"字段列的"条件"行中输入条件"男"，在"出生日期"字段列的"条件"行中输入条件"Year([出生日期])=2001"。

⑤ 保存查询，查询名称为"2001 年出生的男生信息"，然后单击"确定"按钮。设置的查询条件如图 3-10 所示。

"出生日期"字段的条件还有多种描述方法，如 Between #2001-1-1# And #2001-12-31#、>=#2001-1-1# And <=#2001-12-31#、Like "2001*"等。

⑥ 运行该查询或切换到数据表视图，查询结果如图 3-11 所示。

在例 3-6 所建查询中，查询条件涉及"性别"和"出生日期"两个字段，要求两个字段值均等于条件给定值，此时，应将两个条件同时写在"条件"行上。若两个条件是"或"关系，应将其中一个条件放在"或"行。例如要求查找获奖学金的学生，对于成绩大于或等于 90 分的女生，显示"姓名""性别"和"成绩"字段，则设置的查询条件如图 3-12 所示。

< 92 >

图 3-10　设置查询条件

图 3-11　带查询条件的查询结果

图 3-12　使用"或"行设置查询条件

3.3.3　在查询中进行计算

在查询中还可以对数据进行计算，从而生成新的查询数据。常用的计算方法有求和、计数、求最大值、求最小值和求平均值等。在查询时可以利用查询设计视图中设计网格的"总计"行进行各种统计，还可以通过创建计算字段进行任意类型的计算。

< 93 >

1．Access 2016 中的查询计算功能

在 Access 2016 的查询中，可以执行两种类型的计算：预定义计算和自定义计算。

预定义计算是系统提供的用于对查询结果中的记录组或全部记录进行的计算。单击"查询工具/设计"上下文选项卡，在"显示/隐藏"命令组中单击"汇总"命令按钮，可以在设计网格中显示出"总计"行。设计网格中的每个字段都可在"总计"行中选择所需选项来对查询中的全部记录、一条记录或多条记录组进行计算。"总计"行中有 12 个选项，其名称与作用如表 3-2 所示。

表 3-2 "总计"行中各选项的名称及作用

选项名称		作用
函数	合计（Sum）	计算字段中所有记录值的总和
	平均值（Avg）	计算字段中所有记录值的平均值
	最小值（Min）	取字段中所有记录值的最小值
	最大值（Max）	取字段中所有记录值的最大值
	计数（Count）	计算字段中非空记录值的个数
	标准差（StDev）	计算字段记录值的标准偏差
	变量（Var）	计算字段记录值的方差
其他选项	分组（Group By）	将当前字段设置为分组字段
	第一条记录（First）	找出表或查询中第一个记录的字段值
	最后一条记录（Last）	找出表或查询中最后一个记录的字段值
	表达式（Expression）	创建一个用表达式产生的计算字段
	条件（Where）	设置分组条件以便选择记录

自定义计算是指直接在设计网格的空字段行中输入表达式，从而创建一个新的计算字段，以所输入表达式的值作为新字段的值。

2．创建计算查询

使用查询设计视图中的"总计"行，可以对查询中全部记录或记录组计算一个或多个字段的统计值。

例 3-7 统计学生人数。

操作步骤如下。

① 打开"教学管理"数据库，单击"创建"选项卡，在"查询"命令组中单击"查询设计"命令按钮，打开查询设计视图窗口，在弹出的"显示表"对话框中将"学生"表添加到其字段列表区中。

在查询中进行
计算

② 双击"学生"表字段列表中的"学号"字段，将其添加到"字段"行的第 1 列。

③ 在"显示/隐藏"命令组中单击"汇总"命令按钮，在设计网格中插入一个"总计"行，并自动将"学号"字段的"总计"行设置成 Group By。

④ 单击"学号"字段的"总计"行，并单击其右侧的下拉按钮，从打开的下拉列表中选择"计数"函数。

⑤ 保存查询，查询名称为"学生人数"，然后单击"确定"按钮。查询设置如图 3-13 所示。

⑥ 运行查询或切换到数据表视图，查询结果如图 3-14 所示。

< 94 >

图 3-13　查询设置　　　　　　　　　　　图 3-14　"总计"查询结果

此例完成的是最基本的统计计算，不带有任何条件。在实际应用中，往往需要对符合某个条件的记录进行统计计算。

例 3-8　统计 2001 年出生的男生人数。

该查询的数据源是"学生"表，要实施的总计方式是计数，应选择"学号"字段作为计数对象。由于"出生日期"字段和"性别"字段只能作为条件，因此在两个字段的"总计"行选择 Where 选项。Access 2016 规定，在"总计"行指定条件选项的字段不能出现在查询结果中，因此，查询结果中只显示学生人数。将查询设计存盘，查询条件及总计项设置和运行结果分别如图 3-15 和图 3-16 所示。

图 3-15　设置查询条件及总计项　　　　　　图 3-16　带条件的总计查询结果

3．创建分组统计查询

在查询中，如果需要对记录进行分类统计，用户可以使用分组统计功能。分组统计时，只需在查询设计视图中将用于分组字段的"总计"行设置成 Group By 即可。

< 95 >

例 3-9 统计男女学生入学成绩的最高分、最低分和平均分。

该查询的数据源是"学生"表，分组字段是"性别"（性别相同的是一组），应选择"入学成绩"字段作为计算对象。将查询设计存盘，分组总计项设置和运行结果分别如图 3-17 和图 3-18 所示。

图 3-17　设置分组总计项

图 3-18　分组总计查询结果

4．创建计算字段

有时候，如果在查询结果中直接显示字段名作为每一列的标题或在统计时默认显示字段标题，往往不太直观。例如，例 3-6 中直接显示"有否奖学金"字段名，显然含义不清晰；在图 3-18 所示的查询结果中，统计字段标题显示为"入学成绩之最大值""入学成绩之最小值""入学成绩之平均值"，也不符合习惯的表达方式。此时，可以增加一个新字段，使其显示更加清楚明了，而且还可以进行相应的计算。另外，在有些统计中，需要统计的内容并未出现在表中或用于计算的数值来源于多个字段。例如，要显示学生的年龄，就只能显示年龄表达式的值，此时也需要在设计网格中添加一个新字段。新字段的值使用表达式计算得到，称为计算字段。

例 3-10 修改例 3-6 中显示的"有否奖学金"字段名，使显示结果更清晰。

操作步骤如下。

① 打开"教学管理"数据库，单击"创建"选项卡，在"查询"命令组中单击"查询设计"命令按钮，打开查询设计视图窗口，在弹出的"显示表"对话框中的"查询"选项卡中选中"2001年出生的男生信息"查询，然后单击"添加"按钮，最后单击"关闭"按钮。

② 在设计网格的前 3 列添加"学号""姓名""性别"字段，在第 4 列"字段"行中添加一

< 96 >

个计算字段，显示的字段标题为"奖学金情况"，表达式为"IIf([有否奖学金],"有","没有")"，即输入"奖学金情况：IIf([有否奖学金],"有","没有")"。保存查询，结果如图 3-19 所示。

图 3-19 新增计算字段

③ 运行查询或切换到数据表视图，查询结果如图 3-20 所示。

图 3-20 新增计算字段的查询结果

例 3-11 显示学生的姓名、出生日期和年龄。

查询中的年龄并未直接包含在"学生"表中，只能根据"出生日期"字段用一个表达式来计算。对此，可在查询设计视图"字段"行的第 3 列中添加一个计算字段，字段标题为"年龄"，表达式为"Year(Date())-Year([出生日期])"，即输入"年龄：Year(Date())-Year([出生日期])"。将查询设计存盘，"年龄"计算字段的设置和运行结果分别如图 3-21 和图 3-22 所示。

图 3-21 设置"年龄"计算字段 图 3-22 "年龄"计算字段的查询结果

< 97 >

3.4 创建交叉表查询

交叉表查询是一种常用的统计表格，用于显示来自表中某个字段的计算值（包括总计、平均值、计数或其他类型的计算）。查询设计时可将它们分组，一组为行标题，显示在数据表的左侧；另一组为列标题，显示在数据表的顶端，在表格行和列的交叉位置显示表中某个字段的各种计算值。

创建交叉表查询可以使用"交叉表查询向导"命令和查询设计视图两种方法。在创建过程中，需要指定 3 种字段：作为列标题的字段、作为行标题的字段及放在交叉表行与列交叉位置的字段，并为该字段指定一个总计项。

3.4.1 使用交叉表查询向导创建交叉表查询

使用交叉表查询向导创建交叉表查询时，数据源只能来自一个表或一个查询结果。如果要包含多个表中的字段，就需要首先创建一个含有全部所需字段的查询对象，然后将这个查询结果作为数据源创建交叉表查询。

例 3-12 计算不同籍贯男女生的平均入学成绩。

查询中要显示学生的籍贯和性别，它们均来源于"学生"表。作为行标题的是"籍贯"字段的取值，而作为列标题的是"性别"字段的取值。行和列的交叉点采用"总计"方式计算"入学成绩"字段的平均值。操作步骤如下。

① 打开"教学管理"数据库，单击"创建"选项卡，在"查询"命令组中单击"查询向导"命令按钮，打开"新建查询"对话框，选择"交叉表查询向导"选项，然后单击"确定"按钮。

② 弹出"交叉表查询向导"的第 1 个对话框，在该对话框中选择数据源。交叉表查询的数据源可以是表，也可以是查询。这里选择"学生"表，然后单击"下一步"按钮。

③ 弹出"交叉表查询向导"的第 2 个对话框，在该对话框中确定交叉表的行标题。行标题最多可以选择 3 个字段，这里只需要一个行标题字段。为了在交叉表第 1 列的每一行上显示籍贯，这里双击"可用字段"列表框中的"籍贯"字段，将它添加到"选定字段"列表框中，然后单击"下一步"按钮。

④ 弹出"交叉表查询向导"的第 3 个对话框，在该对话框中确定交叉表的列标题。列标题最多只能选择一个字段。为了在交叉表的每一列最上端显示性别，这里选择"性别"字段，然后单击"下一步"按钮。

⑤ 弹出"交叉表查询向导"的第 4 个对话框，在该对话框中确定计算字段和计算函数。为了使交叉表显示不同籍贯男女生的平均入学成绩，这里在"字段"列表框中选择"入学成绩"字段，在"函数"列表框中选择"平均"选项。若不在交叉表的每行前面显示总计数，应取消"是，包括各行小计"复选框（如图 3-23 所示），然后单击"下一步"按钮。

⑥ 弹出"交叉表查询向导"的最后一个对话框，输入"不同籍贯男女生的平均入学成绩"作为查询的名称，然后选中"查看查询"单选按钮，单击"完成"按钮，系统将以数据表视图方式显示查询结果，如图 3-24 所示。

< 98 >

图 3-23 选择交叉表的计算字段和计算函数　　　　图 3-24 交叉表查询的结果

3.4.2 使用查询设计视图创建交叉表查询

使用查询向导创建交叉表查询需要先将所需的数据放在一个表或查询里，然后才能创建此查询。有时查询所需数据来自多个表，这时可以使用查询设计视图来创建交叉表查询。

例 3-13 使用查询设计视图创建交叉表查询，用于统计各专业男女生的平均成绩。

查询所需数据来自"学生"表和"选课"表，可以使用查询设计视图来创建交叉表查询。操作步骤如下。

① 打开"教学管理"数据库，单击"创建"选项卡，在"查询"命令组中单击"查询设计"命令按钮，打开查询设计视图窗口，在弹出的"显示表"对话框中将"学生"表和"选课"表添加到查询设计视图上半部分的字段列表区中。

② 双击"学生"表中的"专业名称"字段和"性别"字段，将其放到"字段"行的第 1 列和第 2 列；双击"选课"表中的"成绩"字段，将其放到"字段"行的第 3 列。

③ 在"查询类型"命令组中单击"交叉表"命令按钮。

④ 为了将"专业名称"放在第 1 列，应单击"专业名称"字段的"交叉表"行，然后单击其右侧的下拉按钮，从打开的下拉列表中选择"行标题"选项；为了将"性别"放在第 1 行，应单击"性别"字段的"交叉表"行，然后单击其右侧的下拉按钮，从打开的下拉列表中选择"列标题"选项；为了在行和列交叉处显示成绩的平均值，应单击"成绩"字段的"交叉表"行，然后单击其右侧的下拉按钮，从打开的下拉列表中选择"值"；单击"成绩"字段的"总计"行，然后单击其右侧的下拉按钮，从打开的下拉列表中选择"平均值"选项。

⑤ 以"各专业男女生平均成绩"为"查询名称"保存查询，单击"确定"按钮。设置的条件如图 3-25 所示。

⑥ 运行查询或切换到数据表视图，查询结果如图 3-26 所示。

显然，如果所用数据源来自一个表或查询，使用交叉表查询向导比较简单；如果所用数据源来自几个表或几个查询，使用设计视图则更方便。另外，如果"行标题"或"列标题"需要通过建立新字段得到，那么使用查询设计视图建立查询是最好的选择。

< 99 >

图 3-25　设置交叉表中的字段

图 3-26　统计各专业男女生平均成绩的查询结果

3.5 创建参数查询

参数查询就是在运行查询时要求输入查询参数，在同一个查询中输入不同的参数可以获得不同的查询结果。使用参数查询时，因为可以改变其查询条件，所以具有较大的灵活性。将参数查询作为窗体、报表的数据源是非常方便的。

设置参数查询在很多方面类似于设置选择查询。用户可以使用"简单查询向导"命令，先从要包括的表和字段开始设置，然后在设计视图中添加查询条件，也可以直接在设计视图中设置表、字段和查询条件。

对于参数查询，可以创建一个参数提示的单参数查询，也可以创建多个参数提示的多参数查询。

3.5.1 单参数查询

创建单参数查询就是在字段中指定一个参数。在执行单参数查询时，输入一个参数值。

例 3-14　以创建的"学生选课成绩 1"查询为基础建立一个参数查询，按照学生姓名查看某学生的成绩，并显示"学号""姓名""课程名称"和"成绩"等字段。

操作步骤如下。

< 100 >

① 打开"教学管理"数据库，在导航窗格的"查询"对象中右键单击"学生选课成绩 1"查询，在弹出的快捷菜单中选择"设计视图"命令，打开"学生选课成绩 1"的查询设计视图。

② 在"姓名"字段的"条件"行中输入"[请输入学生姓名]"，然后选择"文件"→"另存为"命令，将查询另存为"按姓名查找学生成绩"，单击"确定"按钮，设置的条件如图 3-27 所示。

图 3-27　设置单参数查询

方括号中的内容即查询运行时出现在"输入参数值"对话框中的提示文本，提示文本不能与字段名完全相同。

③ 在"查询工具/设计"上下文选项卡的"结果"命令组中单击"运行"命令按钮，显示"输入参数值"对话框，在"请输入学生姓名"文本框中输入"黄倩"，如图 3-28 所示。

④ 单击"确定"按钮，这时就可以看到所建参数查询的查询结果，如图 3-29 所示。

图 3-28　运行查询时输入参数值

图 3-29　所建参数查询的查询结果

⚠ 注意

如果在一个已建的查询中创建参数查询，则直接在查询设计视图中打开该查询，然后在其基础上输入参数条件即可。存盘时，应选择"文件"→"另存为"命令，以保留原查询。

3.5.2　多参数查询

创建多参数查询即指定多个参数。在执行多参数查询时，需要依次输入多个参数值。

例 3-15　建立一个多参数查询，用于显示指定范围的学生成绩，要求显示"姓名"和"成绩"字段的值。

< 101 >

这里选择"学生选课成绩"查询作为数据源，需要输入成绩下限和上限两个参数。操作步骤如下。

① 打开"教学管理"数据库，单击"创建"选项卡，在"查询"命令组中单击"查询设计"命令按钮，打开查询设计视图窗口，在弹出的"显示表"对话框中选择"查询"选项卡，并将"学生选课成绩"查询添加到查询设计视图的字段列表区中。

② 双击字段列表区中的"姓名""成绩"字段，将它们添加到设计网格中"字段"行的第 1 列和第 2 列中。

③ 在"成绩"字段的"条件"行中输入"Between [请输入成绩下限：] And [请输入成绩上限：]"。运行查询时，系统将提示用户按照从左至右的顺序逐个输入参数。

④ 保存查询，将"查询名称"设置为"查找指定范围的学生成绩"，单击"确定"按钮完成保存。查询设计视图如图 3-30 所示。

图 3-30　多参数查询的设计视图

⑤ 在"查询工具/设计"选项卡的"结果"命令组中单击"运行"命令按钮，这时屏幕会先提示输入成绩下限。输入"80"后单击"确定"按钮（如图 3-31 所示），在下一个对话框中输入成绩上限"100"，单击"确定"按钮，运行结果如图 3-32 所示。

图 3-31　"输入参数值"对话框

图 3-32　多参数查询的运行结果

< 102 >

3.6　创建操作查询

操作查询用于对数据库进行复杂的数据管理操作。用户可以根据需要使用操作查询在数据库中增加一个新的表，并对数据库中的数据进行增加、删除和修改等操作。也就是说，操作查询不像选择查询那样只是查看、浏览满足检索条件的记录，而是可以对满足条件的记录进行更改。

操作查询包括生成表查询、追加查询、更新查询和删除查询 4 种。操作查询会引起数据库中数据的变化，因此，一般先对数据库进行备份后再运行操作查询。

3.6.1　生成表查询

生成表查询就是从一个或多个表中检索数据，然后将结果添加到一个新表中。用户既可以在当前数据库中创建新表，也可以在另外的数据库中生成该表。这种由表产生查询再由查询来生成表的方法，使得数据的组织更加灵活、方便。生成表查询所创建的表继承源表的字段数据类型，但并不继承源表的字段属性及主键设置。

在 Access 中，从表中访问数据要比从查询中访问数据快得多。因此，如果经常要从几个表中提取数据，最好的方法是使用生成表查询，将从多个表中提取的数据组合起来生成一个新表。

例 3-16　将成绩在 90 分以上的学生的"学号""姓名""成绩"字段存储到"优秀成绩"表中。

操作步骤如下。

① 打开"教学管理"数据库，单击"创建"选项卡，在"查询"命令组中单击"查询设计"命令按钮，打开查询设计视图窗口，在弹出的"显示表"对话框中将"学生"表和"选课"表添加到查询设计视图上半部分的窗口中。

② 双击"学生"表中的"学号""姓名"字段，将它们添加到设计网格的第 1 列和第 2 列中；双击"选课"表中的"成绩"字段，将该字段添加到设计网格中的第 3 列中；在"成绩"字段的"条件"行中输入条件">=90"，如图 3-33 所示。

图 3-33　生成表查询的设置

< 103 >

③ 在"查询工具/设计"选项卡的"查询类型"命令组中单击"生成表"命令按钮，打开"生成表"对话框。

④ 在"表名称"文本框中输入要创建的表名称"优秀成绩"，选中"当前数据库"单选按钮，将新表放入当前打开的"教学管理"数据库中，如图 3-34 所示，单击"确定"按钮。

图 3-34　输入表名"优秀成绩"

⑤ 切换到查询的数据表视图，预览利用生成表查询新建的表。如果需要修改，则可在"视图"命令组中单击"视图"下拉按钮，在弹出的下拉菜单中选择"设计视图"命令，对查询进行修改。

⑥ 单击"查询工具/设计"选项卡，在"结果"命令组中单击"运行"命令按钮，这时屏幕上显示一个提示框，如图 3-35 所示。单击"是"按钮，开始建立"优秀成绩"表，生成新表后不能撤销所做的更改；单击"否"按钮，不建立新表。本例中单击"是"按钮。

⑦ 在导航窗格中选择"表"对象，可以看到新建的"优秀成绩"表如图 3-36 所示。

图 3-35　"生成表"提示框

图 3-36　生成的"优秀成绩"表

3.6.2　追加查询

在维护数据库时，常常需要将某个表中符合一定条件的记录添加到另一个表中。用人工操作较麻烦，且无法在一次操作中实现一组记录的添加。Access 提供的追加查询能够很容易实现这类操作。

追加查询可将一组记录从一个或多个数据源表及查询添加到目标表中。通常，源表和目标表在同一个数据库中，但也并非必须如此。例如，假设数据库中一个表中有 11 个字段，而另一个数据库中的一个表中有 9 个与之匹配的字段，此时可以使用追加查询只添加匹配字段中的数据，并忽略其他字段。

例 3-17　建立一个追加查询，将选课成绩在 80～89 分的学生添加到已建立的"优秀成绩"表中。

操作步骤如下。

< 104 >

① 打开"教学管理"数据库，单击"创建"选项卡，在"查询"命令组中单击"查询设计"命令按钮，打开查询设计视图窗口，在弹出的"显示表"对话框中将"学生"表和"选课"表添加到查询设计视图上半部分的窗口中。

② 在"查询工具/设计"选项卡的"查询类型"命令组中单击"追加"命令按钮，这时屏幕上显示"追加"对话框。

③ 在"表名称"下拉列表框中输入"优秀成绩"或单击其右侧的向下箭头，在弹出的下拉列表中选择"优秀成绩"表，表示将查询的记录追加到"优秀成绩"表中。选中"当前数据库"单选按钮，如图 3-37 所示。

图 3-37　将查询的记录追加到"优秀成绩"表中

④ 单击"确定"按钮，这时设计网格中显示一个"追加到"行；双击"学生"表中的"学号""姓名"字段，将它们添加到设计网格中"字段"行的第 1 列和第 2 列；双击"选课"表中的"成绩"字段，将该字段添加到设计网格中"字段"行的第 3 列；在"追加到"行中自动填上"学号""姓名"和"成绩"。

⑤ 在"成绩"字段的"条件"行中输入条件">=80 And <90"。

⑥ 保存查询，在"另存为"对话框中输入查询名"追加查询"，单击"确定"按钮完成保存，此时的设计视图如图 3-38 所示。

图 3-38　追加查询的条件设置

< 105 >

⑦ 在"查询工具/设计"选项卡的"结果"命令组中单击"视图"下拉按钮，在弹出的下拉菜单中选择"数据表视图"命令，能够预览到要追加的一组记录。再次单击"视图"按钮，可返回设计视图。

⑧ 在"查询工具/设计"选项卡的"结果"命令组中单击"运行"命令按钮，这时将弹出提示准备运行追加查询的对话框。单击"是"按钮，Access 将开始追加符合条件的所有记录。

⑨ 打开"优秀成绩"表就可以看到增加了 80~89 分学生的情况，如图 3-39 所示。

学号	姓名	成绩
20210101	李晨辰	90
20210212	石佳	96
20210301	谢宝骏	90
20210401	黄倩	98
20210510	周鹏程	90
20210510	周鹏程	92
20210101	李晨辰	89
20210101	李晨辰	88
20210211	蔡莉莉	87
20210509	李大维	86

图 3-39　追加记录后的"优秀成绩"表

3.6.3　更新查询

在对数据库的操作中，如果只对其中少量数据进行修改，通常可在数据表视图中通过人工完成。但如果有大量数据需要进行修改，利用人工编辑就比较麻烦，且效率低。针对这种情况，使用更新查询是更有效的方法，它能对一个或多个表中的一组记录全部进行修改。如果建立表间联系时设置了级联更新，那么运行更新查询也会引起多个表的变化。

例 3-18　创建更新查询，将获得奖学金的学生的入学成绩增加 20 分。

操作步骤如下。

① 打开"教学管理"数据库，单击"创建"选项卡，在"查询"命令组中单击"查询设计"命令按钮，打开查询设计视图窗口，在弹出的"显示表"对话框中将"学生"表添加到查询设计视图上半部分的窗口中。

② 在"查询工具/设计"选项卡的"查询类型"命令组中单击"更新"命令按钮，这时设计网格中显示一个"更新到"行。

③ 双击"学生"表字段列表中的"入学成绩"字段和"有否奖学金"字段，将它们添加到设计网格中"字段"行的第 1 列和第 2 列中。

④ 在"入学成绩"字段的"更新到"行中输入要更新的内容"[入学成绩]+20"，在"有否奖学金"字段的"条件"行中输入条件"True"。

⑤ 保存查询，在"另存为"对话框中输入查询名"更新查询"，单击"确定"按钮完成保存。此时的条件设置如图 3-40 所示。

⑥ 在"查询工具/设计"选项卡的"结果"命令组中单击"视图"下拉按钮，在弹出的下拉菜单中选择"数据表视图"命令，能够预览到要更新的一组记录。再次单击"视图"按钮，可返回到设计视图。

< 106 >

图 3-40　更新查询的条件设置

⑦ 在"查询工具/设计"选项卡的"结果"命令组中单击"运行"命令按钮，将弹出提示准备运行更新查询的对话框。单击"是"按钮，Access 将开始更新属于同一组的所有记录。

⑧ 打开"学生"表可以看到入学成绩发生了变化。

Access 除了可以更新一个字段的值外，还可以更新多个字段的值，用户只要在设计网格中指定要修改字段的内容即可。

3.6.4　删除查询

如果要成批删除记录，使用删除查询比在表中删除记录效率更高。删除查询可以从一个或多个表中删除符合条件的记录。如果删除的记录来自多个表，必须已经定义了相关表之间的关联，并且要在"关系"窗口中选中"实施参照完整性"复选框和"级联删除相关记录"复选框，这样就可以在相关联的表中删除记录了。

例 3-19　创建删除查询，将"学生"表中姓"李"学生的记录删除。

删除查询将永久删除指定表中的记录，并且无法恢复。因此，在运行删除查询时要十分慎重，最好对要删除记录所在的表进行备份，以防由于误操作而引起数据丢失。本例查询的数据源是"学生"表，先来对其进行备份。在 Access 2016 主窗口中选中"学生"表，用鼠标右键单击"学生"表，在弹出的快捷菜单中选择"复制"命令，再一次单击鼠标右键，在弹出的快捷菜单中选择"粘贴"命令，并在弹出的对话框中输入新的表名，如"学生的副本"，之后就可对该新表进行删除查询操作了。

操作步骤如下。

① 打开"教学管理"数据库，单击"创建"选项卡，在"查询"命令组中单击"查询设计"命令按钮，打开查询设计视图窗口，在弹出的"显示表"对话框中将"学生的副本"表添加到查询设计视图上半部分的窗口中。

② 在"查询工具/设计"选项卡的"查询类型"命令组中单击"删除"命令按钮，这时设计网格中显示一个"删除"行。

< 107 >

③ 双击"学生的副本"表字段列表中的"*"，这时第 1 列上显示"学生的副本.*"，表示已将该表中的所有字段放在了设计网格中；同时在"删除"行中显示"From"，表示从何处删除记录。

④ 双击字段列表中的"姓名"字段，这时"学生的副本"表中的"姓名"字段被放到了设计网格中"字段"行的第 2 列；同时在该字段的"删除"行中显示"Where"，表示要删除哪些记录。

⑤ 在"姓名"字段的"条件"行中输入条件"Left([姓名],1)='李'"。

⑥ 保存查询，在"另存为"对话框中输入查询名"删除查询"，单击"确定"按钮完成保存。此时的设计视图如图 3-41 所示。

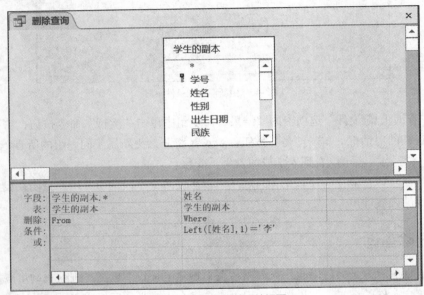

图 3-41 删除查询的设计视图

⑦ 在"查询工具/设计"选项卡的"结果"命令组中单击"视图"下拉按钮，在弹出的下拉菜单中选择"数据表视图"命令，能够预览删除查询检索到的一组记录，如图 3-42 所示。如果预览到的记录不是要删除的，此时可以单击"视图"命令组中的"视图"命令按钮，返回设计视图，对查询进行修改。

图 3-42 预览删除查询检索到的记录

⑧ 在"查询工具/设计"选项卡的"结果"命令组中单击"运行"命令按钮，将弹出提示准备运行删除查询的对话框，单击"是"按钮完成删除查询的运行。

⑨ 打开"学生的副本"表查看其变化。如果有级联删除的关系，相关表中也会有记录被删除。

< 108 >

　　删除查询每次删除整条记录，而不是指定字段中的数据。如果只删除指定字段中的数据，此时可以使用更新查询将该值改为"空值"。

　　操作查询不仅检索表中的数据，而且对表中数据进行修改。由于运行一个操作查询时，可能会对数据库中的表进行许多修改，并且这种修改不能恢复，因此，在执行操作查询之前，先要预览即将更改的记录，以避免因误操作引起不必要的改变。另外，在使用操作查询之前，应该备份数据。由于操作查询具有一定的危险性，在导航窗格中的每个操作查询图标之后都会显示一个感叹号，以引起注意。

习题

一、选择题

1. Access 查询的结果总是与数据源中的数据保持（　　　）。

    A. 不一致　　　　　　B. 同步　　　　　　　C. 无关　　　　　　　D. 不同步

2. 在 Access 查询准则中，日期值要用（　　　）括起来。

    A. %　　　　　　　　B. \$　　　　　　　　C. #　　　　　　　　D. &

3. 特殊运算符"Is Null"用于判断一个字段是否为（　　　）。

    A. 0　　　　　　　　B. 空格　　　　　　　C. 空值　　　　　　　D. False

4. 数据表中有一个"姓名"字段，查找姓名为"刘义"或"李四"的记录的条件是（　　　）。

    A. Like("刘义","李四")　　　　　　　　B. Like("刘义和李四")

    C. In("刘义和李四")　　　　　　　　　D. In("刘义","李四")

5. 查询设计视图窗口中通过设置（　　　）行，可以让某个字段只用于设定条件，而不出现在查询结果中。

    A. 排序　　　　　　　B. 显示　　　　　　　C. 字段　　　　　　　D. 条件

6. 若统计"学生"表中各专业学生的人数，应在查询设计视图中将"学号"字段"总计"单元格设置为（　　　）。

    A. Sum　　　　　　　B. Count　　　　　　C. Where　　　　　　D. Total

7. 在查询设计视图中，如果要使表中所有记录的"价格"字段的值增加 10%，应使用（　　　）表达式。

    A. [价格]+10%　　　　　　　　　　　B. [价格]*10/100

    C. [价格]*(1+10/100)　　　　　　　　D. [价格]*(1+10%)

8. 若用"学生"表中的"出生日期"字段计算每名学生的年龄（取整），那么正确的计算公式为（　　　）。

    A. Year(Date())−Year([出生日期])　　　B. (Date()−[出生日期])/365

    C. Date()−[出生日期]/365　　　　　　D. Year([出生日期])/365

9. 如果用户希望根据某个可以临时变化的值来查找记录，则最好使用的查询是（　　　）。

    A. 选择查询　　　　B. 交叉表查询　　　　C. 参数查询　　　　D. 操作查询

10. 对表中原有内容可以进行修改的查询类型是（　　　）。

    A. 选择查询　　　　B. 交叉表查询　　　　C. 参数查询　　　　D. 操作查询

< 109 >

二、填空题

1. 若要查找最近20天内参加工作的职工记录，查询条件为_____。

2. 若要查询"教师"表中"职称"为"教授"或"副教授"的记录，查询条件为_____。

3. 创建交叉表查询，必须对行标题和行标题进行_____操作。

4. 设计查询时，设置在同一行的条件之间是_____的关系，设置在不同行的条件之间是_____的关系。

5. 如果在"教师"表中按"年龄"生成"青年教师"表，可以采用_____查询。

三、问答题

1. 查询有几种类型？创建查询的方法有几种？

2. 查询和表有什么区别？

3. 什么是计算字段？如何创建计算字段？

4. 对"教学管理"数据库完成以下查询操作。

（1）显示全体学生的平均年龄。

（2）查询湖南籍或湖北籍学生的选课情况。

（3）创建统计各专业男女生人数的交叉表查询。

（4）将近5年来成立的专业信息存入到"新专业"表中。

< 110 >

第 *4* 章　SQL 查询

本章学习目标：

- 了解 SQL 的基本概念；
- 熟悉 Access 中 SQL 视图的作用与切换方法；
- 掌握 SELECT 查询语句的格式及应用；
- 了解数据定义语句、数据操纵语句的格式及应用。

结构化查询语言（Structured Query Language，SQL）是通用的关系数据库标准语言，可以用来执行数据查询、数据定义、数据操纵和数据控制等操作。SQL 结构简洁，功能强大，在关系数据库中得到了广泛的应用。目前流行的关系数据库管理系统都支持 SQL。在 Access 中，也可以使用 SQL 语句进行数据查询与管理。

4.1　SQL 在 Access 中的应用

在 Access 数据库中，查询对象本质上是一个用 SQL 编写的语句。当使用查询设计视图可视化的方式创建一个查询对象后，系统便自动把它转换成相应的 SQL 语句保存起来。运行一个查询对象实质上就是执行该查询中的 SQL 语句。

4.1.1　SQL 概述

SQL 是 20 世纪 70 年代由 IBM 公司开发出来的，并被应用在 DB2 关系数据库系统中，主要用于关系数据库中的信息检索。

由于具有功能丰富、使用灵活、语言简洁易学等突出优点，SQL 在计算机领域和计算机用户中备受欢迎。1986 年 10 月，美国国家标准协会的数据库委员会批准将 SQL 作为关系数据库语言的美国标准。1987 年 6 月，国际标准化组织（International Organization for Standardization，ISO）将其采纳为国际标准，并将该标准称为 SQL86。该标准的出台让 SQL 作为标准关系数据库语言的地位得到了加强。随后，该标准几经修改和完善，每个新版本都较之前面的版本有重大改进。

目前流行的关系数据库管理系统，如 Access、SQL Server、Oracle、Sybase 等都采用了该标准，而且很多数据库都对 SQL 语句进行了再开发和扩展。

尽管设计 SQL 的最初目的是查询，数据查询也是其极为重要的功能之一，但 SQL 绝不仅仅是一个查询工具，它可以独立完成数据库的全部操作。按照其实现的功能，SQL

语句可以划分为 4 类。

① 数据查询语言（Data Query Language，DQL）：按一定的查询条件从数据库对象中检索符合条件的数据，如 SELECT 语句等。

② 数据定义语言（Data Definition Language，DDL）：用于定义数据的逻辑结构及数据项之间的关系，如 CREATE、DROP、ALTER 语句等。

③ 数据操纵语言（Data Manipulation Language，DML）：用于增加、修改、删除数据等，如 INSERT、UPDATE、DELETE 语句等。

④ 数据控制语言（Data Control Language，DCL）：用于设置或更改用户的数据库操作权限，如 GRANT、REVOKE 语句等。在数据库系统中，不同角色的用户执行不同的任务，应该给予不同的权限。

可见，SQL 是一种关系数据库操纵语言，但 SQL 并不是一种像 Visual Basic、C、C++、Java 等语言那样完整的程序设计语言，它没有用于程序流程控制的语句。不过，SQL 可以嵌入 Visual Basic、C、C++、Java 等语言中使用，为数据库应用开发提供了方便。

Access 支持 SQL 的数据定义、数据查询和数据操纵功能，但在具体实现上也存在一些差异。另外，由于 Access 自身在安全控制方面存在缺陷，因此它没有提供数据控制功能。

4.1.2　SQL 视图与 SQL 查询

SQL 查询就是使用 SQL 语句创建的查询。用户可以在 Access 的 SQL 视图窗口中查看和编辑当前查询对应的 SQL 语句，也可以直接输入 SQL 语句创建查询。从 SQL 的通用性和在数据库中的核心地位上讲，学习 SQL 是学习其他大型数据库的基础。

1．SQL 视图

实际上，在使用查询设计视图创建查询时，Access 会自动将操作步骤转换为一条条等价的 SQL 语句。只要打开查询，并进入该查询的 SQL 视图就可以看到系统生成的 SQL 语句。

查询男生信息的查询设计视图窗口如图 4-1 所示。在该查询设计视图窗口中，单击"查询工具/设计"选项卡，在"结果"命令组中单击"视图"命令按钮，在下拉菜单中选择"SQL 视图"命令，即可进入该查询的 SQL 视图窗口，从中可以看到相应的 SQL 语句，如图 4-2 所示。其中显示了男生信息查询的 SQL 语句，这是一条 SELECT 语句，该语句给出了查询所需要显示的字段、数据源及查询条件。两种视图设置的内容是等价的。

图 4-1　查询男生信息的查询设计视图窗口

< 112 >

图 4-2　在 SQL 视图窗口中查看和修改查询

如果想修改该查询，如将查询条件由性别为"男"改为性别为"女"，只要在 SQL 视图的语句中将"男"改为"女"即可。相应地，查询设计视图中的"条件"行会发生改变，运行查询后的结果也会改变。所有的 SQL 语句都可以在 SQL 视图中输入、编辑和运行。

2．SQL 查询

SQL 查询包括联合查询、传递查询和数据定义查询。

联合查询用于将两个或多个表（或查询）中的字段合并到查询结果的一个字段中。使用联合查询可以合并两个表中的数据，并可以根据联合查询创建生成表查询，以生成一个新表。

当不使用 Access 数据库引擎时，可利用传递查询将未编译的 SQL 语句发送给后端数据库系统，由后端数据库系统对 SQL 语句进行编译、执行并返回查询结果。在传递查询中，Access 数据库引擎不对 SQL 语句进行任何语法检查和分析，也不编译 SQL 语句，而是直接发送给后端数据库系统在后端执行。

利用数据定义查询可以创建、删除或更改表，也可以在数据库表中创建索引。在数据定义查询中要输入 SQL 语句，每个数据定义查询只能由一个数据定义语句组成。

创建 SQL 查询的步骤如下。

① 打开"教学管理"数据库，单击"创建"选项卡，在"查询"命令组中单击"查询设计"命令按钮，打开查询设计视图窗口；在"显示表"对话框中单击"关闭"按钮，不添加任何表或查询，进入空白的查询设计视图。

创建 SQL 查询

② 在"查询工具/设计"选项卡的"结果"命令组中单击"视图"命令按钮，在下拉菜单中选择"SQL 视图"命令，进入 SQL 视图并输入 SQL 语句。此外，也可以在"查询工具/设计"选项卡的"查询类型"命令组中单击"联合""传递"或"数据定义"命令按钮，打开相应的特定查询窗口，在窗口中输入合适的 SQL 语句。

③ 将创建的查询存盘并运行查询。

4.2　数据查询

数据查询通过 SELECT 语句实现。SELECT 语句中包含的子句很多，其语法格式为：

```
SELECT [ALL|DISTINCT|TOP n]
[<别名1>.]<选项1>[AS <显示列名1>][,[<别名2>.]<选项2>[AS <显示列名2>……]]
FROM <表名1> [<别名1>][,<表名2> [<别名2>……]]
[WHERE <条件>]
[GROUP BY <分组选项1>[,<分组选项2>……]][HAVING <分组条件>]
[UNION[ALL] SELECT 语句]
[ORDER BY <排序选项1>[ASC|DESC][,<排序选项2>[ASC|DESC]……]]
```

< 113 >

以上格式中"<>"中的内容是必选的，"[]"中的内容是可选的，"|"表示多个选项中只能选择其中之一。为了更好地理解 SELECT 语句的含义，下面按照先简单后复杂、逐步细化的原则介绍 SELECT 语句的用法。

4.2.1 基本查询

SELECT 语句的基本框架是 SELECT…FROM…WHERE，各子句分别指定输出字段、数据来源和查询条件。在这种固定格式中，可以不要 WHERE 子句，但 SELECT 子句和 FROM 子句是必需的。

1. 简单的查询语句

简单的 SELECT 语句只包含 SELECT 子句和 FROM 子句，其语法格式为：

简单的查询语句

```
SELECT [ALL|DISTINCT|TOP n]
[<别名1>.]<选项1>[AS <显示列名1>][,[<别名2>.]<选项2>[AS <显示列名2>……]]
FROM <表名1> [<别名1>][,<表名2> [<别名2>……]]
```

各选项的含义如下。

① ALL 表示输出所有记录，包括重复记录；DISTINCT 表示输出无重复结果的记录；TOP n 表示输出前 n 条记录。

② <选项>表示输出的内容，可以是字段名、函数或表达式。当选择多个表中的字段时，可使用别名来区分不同的表。如果要输出全部字段，选项用"*"表示。在输出的结果中，如果不希望显示字段名，我们可以使用 AS 后面的<显示列名>设置一个显示名称。

③ FROM 子句用于指定要查询的表，且可以同时指定表的别名。

例 4-1 对"学生"表进行如下操作，写出操作步骤和 SQL 语句。

① 列出全部学生的信息。

② 列出前 5 名学生的姓名和年龄。

操作①的操作步骤如下。

a. 打开"教学管理"数据库，单击"创建"选项卡，在"查询"命令组中单击"查询设计"命令按钮，打开查询设计视图窗口；在"显示表"对话框中单击"关闭"按钮，不添加任何表或查询，进入空白的查询设计视图。

b. 在"查询工具/设计"选项卡的"结果"命令组中单击"视图"命令按钮，在其下拉菜单中选择"SQL 视图"选项，进入 SQL 视图。

c. 在 SQL 视图中输入如下 SELECT 语句：

```
SELECT * FROM 学生
```

d. 在"查询工具/设计"选项卡的"结果"命令组中单击"运行"命令按钮，进入该查询的数据表视图，显示查询结果。

e. 将查询存盘。

操作②的操作步骤与操作①类似，SELECT 语句如下：

```
SELECT TOP 5 姓名,Year(Date())-Year(出生日期) AS 年龄 FROM 学生
```

< 114 >

"学生"表中没有"年龄"字段，要显示年龄，只能通过"出生日期"字段来求年龄，查询结果如图 4-3 所示。

图 4-3　显示前 5 名学生的姓名和年龄

SELECT 语句中的选项可以是字段名，也可以是表达式，还可以是一些函数。有一类函数可以针对几个或全部记录进行数据汇总，它常用来计算 SELECT 语句查询结果集的统计值。例如，求一个结果集的平均值、最大值、最小值或求全部元素之和等。这些函数称为统计函数，也称集合函数或聚集函数。表 4-1 中列出了 SELECT 语句中常用的统计函数。除 Count(*)函数外，其他函数在计算过程中均忽略"空值"。

表 4-1　SELECT 语句中常用的统计函数

函数	功能	函数	功能
Avg(<字段名>)	求该字段的平均值	Min(<字段名>)	求该字段的最小值
Sum(<字段名>)	求该字段的和	Count(<字段名>)	统计该字段值的个数
Max(<字段名>)	求该字段的最大值	Count(*)	统计记录的个数

例 4-2　求出所有学生的平均入学成绩。

SELECT 语句如下：

```
SELECT Avg(入学成绩) AS 入学成绩平均分 FROM 学生
```

语句中使用 Avg()函数求入学成绩的平均值，其作用范围是全部记录，即求所有学生的入学成绩平均值，查询结果如图 4-4 所示。

图 4-4　所有学生的入学成绩平均值

2．带条件查询

WHERE 子句用于指定查询条件，其语法格式为：

```
WHERE <条件表达式>
```

其中，"条件表达式"是指查询的结果集合应满足的条件，如果某行条件为真就包括该行记录。

例 4-3　写出对"教学管理"数据库进行如下操作的语句。

① 列出入学成绩在 580 分以上的学生的记录。

② 求出湖南学生入学成绩的平均值。

操作①的语句如下：

```
SELECT * FROM 学生 WHERE 入学成绩>580
```

该语句的执行过程是：从"学生"表中取出一条记录，测试该记录"入学成绩"字段的值是否大于 580；如果大于，就取出该记录的全部字段值，即在查询结果中产生一条输出记录，否则

< 115 >

跳过该记录。

操作②的语句如下：

```
SELECT Avg(入学成绩) AS 入学成绩平均分 FROM 学生 WHERE 籍贯="湖南"
```

相对于例 4-2 而言，例 4-3 的语句中增加了 WHERE 子句，限制了查询操作的范围。Avg()函数只作用于湖南学生的记录，即求湖南学生的入学成绩平均值。

在 3.2 节中曾介绍过条件表达式中几个特殊运算符的使用方法，如 Between A And B、In、Like、Is Null 等。这类条件运算的基本使用要领是：左边是一个字段名，右边是一个特殊的条件运算符，语句执行时判定字段值是否满足条件。

例 4-4　写出对"教学管理"数据库进行如下操作的语句。

① 列出江苏籍和贵州籍学生的名单。

② 列出入学成绩在 560～650 分的学生的名单。

③ 列出所有姓"李"的学生的名单。

④ 列出所有成绩为"空值"的学生的学号和课程编号。

操作①的语句如下：

```
SELECT 学号,姓名,籍贯 FROM 学生 WHERE 籍贯 In("江苏","贵州")
```

语句中的 WHERE 子句还有如下等价的形式：

```
WHERE 籍贯="江苏" Or 籍贯="贵州"
```

操作②的语句如下：

```
SELECT 学号,姓名,入学成绩 FROM 学生 WHERE 入学成绩 Between 560 And 650
```

语句中的 WHERE 子句还有如下等价的形式：

```
WHERE 入学成绩>=560 And 入学成绩<=650
```

操作③的语句如下：

```
SELECT 学号,姓名 FROM 学生 WHERE 姓名 Like "李*"
```

查询结果如图 4-5 所示。

图 4-5　姓"李"学生的名单

语句中的 WHERE 子句还有如下等价的形式：

```
WHERE Left(姓名,1)="李"
```

或：

```
WHERE Mid(姓名,1,1)="李"
```

或：

< 116 >

```
WHERE InStr(姓名,"李")=1
```

操作④的语句如下：

```
SELECT 学号,课程编号 FROM 选课 WHERE 成绩 Is Null
```

语句中使用了运算符"Is Null"，该运算符用于测试字段值是否为"空值"。

注意

> 在查询时用"字段名 Is Null"的形式，而不能写成"字段名=Null"。

3．查询结果处理

使用 SELECT 语句完成查询工作后，所查询的结果默认显示在屏幕上。若要对这些查询结果进行处理，则需要用到 SELECT 语句的其他子句。

（1）排序输出（ORDER BY）

SELECT 语句的查询结果是按查询过程中的自然顺序排序输出的，因此查询结果通常无序。如果希望查询结果有序输出，需要配合使用 ORDER BY 子句，其格式为：

```
ORDER BY <排序选项 1> [ASC|DESC][,<排序选项 2>[ASC|DESC]……]
```

其中，<排序选项 1>、<排序选项 2>可以是字段名，也可以是数字。字段名必须是 SELECT 语句的输出选项，即所操作的表中的字段；数字是排序选项在 SELECT 语句输出选项中的序号。ASC 指定的排序项按升序排列，DESC 指定的排序项按降序排列。

例 4-5　对"教学管理"数据库按性别顺序列出学生的学号、姓名、性别、年龄及籍贯，性别相同的再按年龄由大到小排序。

排序输出的语句如下：

```
SELECT 学号, 姓名, 性别, Year(Date())-Year(出生日期) AS 年龄, 籍贯 FROM 学生
  ORDER BY 性别,Year(Date())-Year(出生日期) DESC
```

上述语句的执行结果如图 4-6 所示。

学号	姓名	性别	年龄	籍贯
20210509	李大维	男	22	湖南
20210101	李晨辰	男	21	河南
20210510	周鹏程	男	20	湖北
20210301	谢宝骏	男	20	云南
20210402	谢博晗	男	19	湖南
20210212	石佳	男	19	贵州
20210401	黄倩	女	21	江苏
20210102	周益彤	女	20	湖南
20210612	谢妍妮	女	19	广西
20210302	付伊宁	女	19	云南
20210211	蔡莉莉	女	18	江苏

记录: ◄ 第 1 项(共 11 项) ► ►I ►※ 无筛选器 搜索

图 4-6　学生信息查询结果的排序输出

注意语句中"年龄"的表达方法。在该语句中，由于两个排序选项是第 3 个和第 4 个输出选

< 117 >

项，所以 ORDER BY 子句也可以写成：

```
ORDER BY 3,4 DESC
```

（2）分组统计（GROUP BY）与筛选（HAVING）

使用 GROUP BY 子句可以对查询结果进行分组，其语法格式为：

```
GROUP BY <分组选项1>[,<分组选项2>…]
```

其中，<分组选项1>、<分组选项2>是作为分组依据的字段名。

GROUP BY 子句可以将查询结果按指定列进行分组，每组在列上具有相同的值。要注意的是，如果使用了 GROUP BY 子句，则查询输出选项要么是分组选项，要么是统计函数，因为分组后每个组只返回一行结果。

若在分组后还要按照一定的条件进行筛选，则需要使用 HAVING 子句，其语法格式为：

```
HAVING <分组条件>
```

HAVING 子句与 WHERE 子句一样，可以起到按条件选择记录的功能，但两个子句作用的对象不同。WHERE 子句作用于表；而 HAVING 子句作用于组，必须与 GROUP BY 子句连用，用来指定每一分组内应满足的条件。HAVING 子句与 WHERE 子句不矛盾，在查询中先用 WHERE 子句选择记录，然后进行分组，最后用 HAVING 子句选择记录。当然，GROUP BY 子句也可单独出现。

例 4-6 写出对"教学管理"数据库进行如下操作的语句。

① 分别统计男女生人数。

② 分别统计男女生中少数民族学生的人数。

③ 列出平均成绩大于 80 分的课程编号，并按平均成绩升序排列。

④ 统计每名学生选修课程的门数（超过 1 门的学生才统计），要求输出学生学号和选修门数，查询结果按选修门数降序排列；若选修门数相同，则按学号升序排列。

操作①的语句如下：

```
SELECT 性别,Count(*) AS 人数 FROM 学生 GROUP BY 性别
```

上述语句将查询结果按"性别"字段进行分组，性别相同的为一组；对每一组应用 Count(*) 函数求该组的记录个数，即该组学生的人数；每一组在查询结果中产生一条记录。查询结果如图 4-7 所示。

操作②的语句如下：

```
SELECT 性别,Count(*) AS 人数 FROM 学生 WHERE 民族<>"汉族" GROUP BY 性别
```

上述语句是对少数民族学生按"性别"字段进行分组统计，所以相对于操作①而言，增加了 WHERE 子句，限定了查询操作的记录范围。查询结果如图 4-8 所示。

图 4-7　统计男女生人数

图 4-8　统计少数民族学生的人数

< 118 >

操作③的语句如下：

```
SELECT 课程编号,Avg(成绩) AS 平均成绩 FROM 选课
 GROUP BY 课程编号 HAVING Avg(成绩)>=80 ORDER BY Avg(成绩) ASC
```

上述语句先用 GROUP BY 子句按"课程编号"字段进行分组，然后计算出每一组的平均成绩；用 HAVING 子句指定选择组的条件，满足条件 Avg(成绩)>=80 的组作为最终输出结果被输出，输出时按平均成绩升序排列。语句执行结果如图 4-9 所示。

图 4-9　输出平均分大于 80 分的课程编号

操作④的语句如下：

```
SELECT 学号,Count(课程编号) AS 选课门数 FROM 选课
 GROUP BY 学号 HAVING Count(课程编号)>1 ORDER BY 2 DESC, 1
```

语句执行结果如图 4-10 所示。

图 4-10　统计每名学生选修课程的门数

4.2.2　嵌套查询

有时仅用一个 SELECT 语句无法完成查询任务，需要用一个子 SELECT 语句的结果作为查询的条件，即要在一个 SELECT 语句的 WHERE 子句中出现另一个 SELECT 语句，这种查询称为嵌套查询。

1．返回单值的子查询

例 4-7　列出"教学管理"数据库中选修"宏观经济学"的所有学生的学号。

```
SELECT 学号 FROM 选课 WHERE 课程编号=
 (SELECT 课程编号 FROM 课程 WHERE 课程名称="宏观经济学")
```

上述语句的执行分两个阶段，首先在"课程"表中找出"宏观经济学"的课程编号（"800101"），然后在"选课"表中找出课程编号等于"800101"的记录，并列出这些记录的学号。

< 119 >

2. 返回一组值的子查询

若某个子查询的返回值不止一个，则必须指明在 WHERE 子句中应怎样使用这些返回值。通常使用条件运算符 Any（或 Some）、All 和 In。

（1）Any 运算符的用法

Any 运算符可以找出满足子查询中任意一个值的记录，使用格式为：

```
<字段> <比较符> Any(<子查询>)
```

例 4-8   列出"教学管理"数据库中选修"800101"课的学生中成绩比选修"800102"课的最低成绩高的学生的学号和成绩。

```
SELECT 学号,成绩 FROM 选课 WHERE 课程编号="800101" And 成绩>Any
  (SELECT 成绩 FROM 选课 WHERE 课程编号="800102")
```

该查询必须做两件事，首先找出选修"800102"课的所有学生的成绩，然后在选修"800101"课的学生中选出其成绩高于选修"800102"课的任何一名学生的成绩的那些学生。

（2）All 运算符的用法

All 运算符可以找出满足子查询中所有值的记录，使用格式为：

```
<字段> <比较符> All(<子查询>)
```

例 4-9   列出"教学管理"数据库中选修"800101"课的学生中成绩比选修"800102"课的最高成绩还要高的学生的学号和成绩。

```
SELECT 学号,成绩 FROM 选课 WHERE 课程编号="800101" And 成绩>All
  (SELECT 成绩 FROM 选课 WHERE 课程编号="800102")
```

该查询的含义是：首先找出选修"800102"课的所有学生的成绩，然后在选修"800101"课的学生中选出其成绩中高于选修"800102"课的所有成绩的那些学生。

（3）In 运算符的用法

In 是属于的意思，等价于"=Any"，即等于子查询中任何一个值。

例 4-10   写出对"教学管理"数据库进行如下操作的语句。

① 列出选修"宏观经济学"或"微积分"的所有学生的学号。

② 显示"选课"表的第 6～10 号记录。

操作①的语句如下：

```
SELECT 学号 FROM 选课 WHERE 课程编号 In
  (SELECT 课程编号 FROM 课程 WHERE 课程名称="宏观经济学" Or 课程名称="微积分")
```

该查询首先在"课程"表中找出"宏观经济学"或"微积分"的课程编号，然后在"选课"表中查找课程编号属于所指两门课程的那些记录。

操作②的语句如下：

```
SELECT TOP 5 * FROM 选课 WHERE 学号 Not In
  (SELECT TOP 5 学号 FROM 选课)
```

该查询首先找到"选课"表中第 1～5 号记录的"学号"字段的值，然后列出"选课"表的 5 条记录，要求这些记录的"学号"字段不属于第 1～5 号记录的"学号"，也就是第 6～10 号记录。查询结果如图 4-11 所示。

< 120 >

图 4-11　选课表的第 6~10 号记录

4.2.3　多表查询

前面所述查询的数据源均来自一个表，而在实际应用中，许多查询是要将多个表的数据组合起来。也就是说，查询的数据源来自多个表，使用 SELECT 语句能够完成此类查询操作。

例 4-11　写出对"教学管理"数据库进行如下操作的语句。

① 输出所有学生的成绩单，要求列出学号、姓名、课程编号、课程名称和成绩。

② 输出少数民族学生的选课情况，要求列出学号、姓名、课程编号、课程名称和成绩。

③ 求选修"800101"课的女生的平均年龄。

操作①的语句如下：

```
SELECT a.学号,姓名,b.课程编号,课程名称,成绩 FROM 学生 a,选课 b,课程 c
  WHERE a.学号=b.学号 And b.课程编号=c.课程编号
```

上述语句的执行结果如图 4-12 所示。由于此查询的数据源来自 3 个表，因此，在 FROM 子句中列出了 3 个表，同时使用 WHERE 子句指定连接表的条件。这里还应注意，在涉及多表查询时，如果字段名在两个表中出现，应在所用字段的字段名前加上表名（如果字段名是唯一的，此时可以不加表名），但表名一般输入时比较麻烦，所以在 FROM 子句中给相关表定义了别名，以便于在查询语句的其他部分中使用。

图 4-12　学生成绩的查询结果

< 121 >

操作②的语句如下：

```
SELECT a.学号,a.姓名,b.课程编号,课程名称,成绩 FROM 学生 a,选课 b,课程 c
  WHERE a.学号=b.学号 And b.课程编号=c.课程编号 And 民族<>"汉族"
```

上述语句的执行结果如图 4-13 所示。

少数民族学生的选课情况				×
学号 ▼	姓名 ▼	课程编号 ▼	课程名称 ▼	成绩 ▼
20210102	周益彤	500201	基础英语	76
20210102	周益彤	800101	宏观经济学	78
20210301	谢宝骏	500201	基础英语	75
20210301	谢宝骏	800102	企业战略管理	90
20210302	付伊宁	908002	数据库技术与应用	79
20210402	谢博晗	500201	基础英语	65
20210509	李大维	500201	基础英语	86
20210510	周鹏程	500201	基础英语	90
20210510	周鹏程	700101	微积分	92
20210612	谢妍妮	700101	微积分	78
20210612	谢妍妮	800101	宏观经济学	69

记录：Ⅰ◀ 第 1 项(共 11 项) ▶ ▶Ⅰ ▶✱ 🗑 无筛选器 搜索

图 4-13 少数民族学生的选课情况查询结果

操作③的语句如下：

```
SELECT Avg(Year(Date())-Year(出生日期)) AS 平均年龄 FROM 学生, 选课
  WHERE 学生.学号=选课.学号 And 课程编号="800101" And 性别="女"
```

4.2.4 联合查询

联合查询实际上是将两个或多个表及查询中的记录纵向合并成为一个查询结果。数据合并（UNION）子句的语法格式为：

```
[UNION [ALL] <SELECT 语句>]
```

其中，ALL 表示结果全部合并。若没有 ALL，则重复的记录将被自动去掉。合并的规则如下。

① 不能合并子查询的结果。

② 两个 SELECT 语句必须输出同样的列数。

③ 两个表各相应列的数据类型必须相同，数字和字符不能合并。

④ 仅最后一个 SELECT 语句中可以用 ORDER BY 子句，且排序选项必须用数字说明。

例 4-12 列出"教学管理"数据库中选修"800101"课或"800102"课的所有学生的学号和姓名，要求建立联合查询。

操作步骤如下。

① 打开"教学管理"数据库，单击"创建"选项卡，在"查询"命令组中单击"查询设计"命令按钮，打开查询设计视图窗口；在"显示表"对话框中单击"关闭"按钮，不添加任何表或查询，进入空白的查询设计视图。

② 在"查询工具/设计"选项卡的"查询类型"命令组中单击"联合"命令按钮，在"联合查询"窗口中输入如下 SQL 语句：

< 122 >

```
SELECT 学生.学号, 学生.姓名 FROM 选课,学生
  WHERE 课程编号="800101" And 选课.学号=学生.学号
UNION SELECT 学生.学号, 学生.姓名 FROM 选课,学生
  WHERE 课程编号="800102" And 选课.学号=学生.学号
```

③ 在"查询工具/设计"选项卡的"结果"命令组中单击"运行"命令按钮并保存查询,查询结果如图 4-14 所示。

图 4-14 联合查询的运行结果

4.3 数据定义

有关数据定义的 SQL 语句分为 3 组,分别是建立(CREATE)数据库对象、修改(ALTER)数据库对象和删除(DROP)数据库对象。每组语句针对不同的数据库对象分别有不同的语句。例如,针对表对象的 3 条语句是建立表结构语句 CREATE TABLE、修改表结构语句 ALTER TABLE 和删除表语句 DROP TABLE。本节以表对象为例介绍 SQL 语句的数据定义功能。

4.3.1 建立表结构

在 SQL 中可以通过 CREATE TABLE 语句建立表结构,其语法格式为:

```
CREATE TABLE <表名>
( <字段名 1> <数据类型 1> [字段级完整性约束 1]
  [,<字段名 2> <数据类型 2> [字段级完整性约束 2]]
  [,……]
  [,<字段名 n> <数据类型 n> [字段级完整性约束 n]]
  [,<表级完整性约束>]
)
```

上述语句中各参数说明如下。

① <表名>是要建立的表的名称。

② <字段名 1>、<字段名 2>……<字段名 n>是要建立的表的字段名。在其语法格式中,每个字段名后的语法成分都是对该字段的属性说明,其中字段的数据类型是必需的。表 4-2 列出了 Microsoft Access SQL 中支持的主要数据类型。注意:不同系统所支持的数据类型并不完全相同,用户在使用时可查阅系统说明。

表 4-2 Microsoft Access SQL 中支持的主要数据类型

数据类型	字段宽度	说明
Smallint		整型
Integer		长整型

< 123 >

续表

数据类型	字段宽度	说明
Real		单精度型
Float		双精度型
Money		货币型
Char(n)	*n*	短文本型
Text(n)	*n*	短文本型
Bit		是/否型
Datetime		日期/时间型
Image		用于 OLE 对象

③ 定义表时还可以根据需要定义字段的完整性约束，用以在输入数据时对字段进行有效性检查。当多个字段需要设置相同的约束条件时，可以使用"表级完整性约束"。关于约束的选项有很多，最常用的有如下 3 种。

- 空值约束（Null 或 Not Null）：指定该字段是否允许"空值"，其默认值为 Null，即允许"空值"。
- 主键约束（PRIMARY KEY）：指定该字段为主键。
- 唯一性约束（UNIQUE）：指定该字段的取值唯一，即每条记录在此字段上的值不能重复。

例 4-13　在"教学管理"数据库中建立"教师"表：教师(编号, 姓名, 性别, 基本工资, 出生年月, 研究方向)。其中，允许"出生年月"字段为"空值"。

操作步骤如下。

① 打开"教学管理"数据库，单击"创建"选项卡，在"查询"命令组中单击"查询设计"命令按钮，打开查询设计视图窗口；在"显示表"对话框中单击"关闭"按钮，不添加任何表或查询，进入空白的查询设计视图。

② 在"查询工具/设计"选项卡的"查询类型"命令组中单击"数据定义"命令按钮，在"数据定义查询"窗口中输入如下 SQL 语句：

```
CREATE TABLE 教师
( 编号 Char(7),
  姓名 Char(8),
  性别 Char(2),
  基本工资 Money,
  出生年月 Datetime Null,
  研究方向 Text(50)
)
```

③ 在"查询工具/设计"选项卡的"结果"命令组中单击"运行"命令按钮，将在"教学管理"数据库中创建"教师"表。在导航窗格中双击"教师"表，得到的结果如图 4-15 所示。

图 4-15　利用数据定义查询创建的表

④ 保存该数据定义查询。

< 124 >

4.3.2　修改表结构

如果创建的表不能满足用户的要求，用户可以对其进行修改。使用 ALTER TABLE 语句可修改已创建表的结构，其语法格式为：

```
ALTER TABLE <表名>
[ADD <字段名> <数据类型> [字段级完整性约束条件]]
[DROP [<字段名>]……]
[ALTER <字段名> <数据类型>]
```

上述语句可以添加（ADD）新的字段、删除（DROP）指定字段或修改（ALTER）已有字段，各选项的用法基本可以与 CREATE TABLE 的用法相对应。

例 4-14　对"课程"表的结构进行以下修改，写出操作语句。

① 为"课程"表增加一个整数类型的"学时 1"字段。

② 删除"课程"表中的"学时 1"字段。

操作①的语句如下：

```
ALTER TABLE 课程 ADD 学时 1 Smallint
```

操作②的语句如下：

```
ALTER TABLE 课程 DROP 学时 1
```

4.3.3　删除表

如果希望删除某个不需要的表，用户可以使用 DROP TABLE 语句，其语法格式为：

```
DROP TABLE <表名>
```

其中，<表名>是指要删除的表的名称。

例 4-15　在"教学管理"数据库中删除已建立的"教师"表。

语句如下：

```
DROP TABLE 教师
```

> ⊘ 注意
>
> 表一旦被删除，表中数据将自动被删除，并且无法恢复。因此，用户在执行删除表的操作时一定要慎重。

4.4　数据操纵

数据操纵是完成数据操作的语句，它由 INSERT（插入）、UPDATE（更新）和 DELETE（删除）3 种语句组成。

< 125 >

4.4.1 插入记录

INSERT 语句用于实现数据的插入功能，可以将一条新记录插入到指定表中，其语法格式为：

```
INSERT INTO <表名> [(<字段名 1>[,<字段名 2>……])]
VALUES(<字段值 1>[,<字段值 2>……])
```

其中，<表名>指定要插入记录的表的名称，<字段名 1>、<字段名 2>指定要添加字段值的字段名称，<字段值 1>、<字段值 2>指定具体的字段值。当需要插入表中所有字段的值时，表名后面的字段名可以缺省，但插入数据的格式及顺序必须与表的结构完全一致。若只需插入表中某些字段的值，就需要列出插入数据的字段名，当然相应字段值的数据类型应与之对应。

例 4-16 向"学生"表中添加记录。

添加记录的语句如下：

```
INSERT INTO 学生(学号,姓名,出生日期) VALUES("231109","周一泰",#1991-09-10#)
```

> **注意**
>
> 文本数据应用单引号或双引号括起来，日期数据应用"#"括起来。

4.4.2 更新记录

UPDATE 语句用于对表中某些记录的某些字段进行修改，实现记录的更新，其语法格式为：

```
UPDATE <表名>
  SET <字段名 1>=<表达式 1>[,<字段名 2>=<表达式 2>……] [WHERE <条件表达式>]
```

其中，<表名>指定要更新数据的表的名称；<字段名 1>=<表达式 1>是用表达式的值替代对应字段的值，并且一次可以修改多个字段；一般使用 WHERE 子句来指定被更新记录的字段值所满足的条件，如果不使用 WHERE 子句，则更新全部记录。

例 4-17 写出对"教学管理"数据库进行如下操作的语句。

① 将"学生"表中"谢妍妮"同学的籍贯改为"广东"。

② 将所有获得奖学金的学生的各科成绩加 20 分。

操作①的语句如下：

```
UPDATE 学生 SET 籍贯="广东" WHERE 姓名="谢妍妮"
```

操作②的语句如下：

```
UPDATE 选课 SET 成绩=成绩+20
  WHERE 学号 In(SELECT 学号 FROM 学生 WHERE 有否奖学金)
```

UPDATE 语句中的 SELECT 语句在"学生"表中列出获得奖学金的学生的学号，然后 UPDATE 语句在"选课"表中对相关学生的成绩进行更新。

4.4.3 删除记录

DELETE 语句可以删除表中的记录，其语法格式为：

< 126 >

```
DELETE FROM <表名> [WHERE <条件表达式>]
```

其中，FROM 子句指定从哪个表中删除数据，WHERE 子句指定被删除记录所满足的条件。如果不使用 WHERE 子句，则删除该表中的全部记录。

例 4-18 删除"学生"表中所有男生的记录。

删除记录的语句如下：

```
DELETE FROM 学生 WHERE 性别="男"
```

完成以上操作后，"学生"表中所有男生的记录将被删除。

习题

一、选择题

1. SQL 语句不能创建的是（　　）。

    A. 定义报表　　　　B. 操作查询　　　　C. 数据定义查询　　D. 选择查询

2. Access 的 SQL 语句不能实现是（　　）。

    A. 修改字段名　　　B. 修改字段类型　　C. 修改字段长度　　D. 删除字段

3. 在 SELECT 语句中，需显示的内容使用 "*"，则表示（　　）。

    A. 选择任何属性　　B. 选择所有属性　　C. 选择所有元组　　D. 选择主键

4. 在 SQL 语句中，与表达式 "座位号 Not In("25A","30F")" 功能相同的表达式是（　　）。

    A. 座位号="25A" And 座位号="30F"　　　B. 座位号<>"25A" Or 座位号<>"30F"

    C. 座位号<>"25A" Or 座位号="30F"　　　D. 座位号<>"25A" And 座位号<>"30F"

5. 在 SQL 语句中，检索时要去掉重复的所有元组，则在 SELECT 中使用（　　）。

    A. All　　　　　　B. UNION　　　　　C. LIKE　　　　　　D. DISTINCT

6. 在 SELECT 语句中使用 GROUP BY NO 时，NO 必须（　　）。

    A. 在 WHERE 子句中出现　　　　　　B. 在 FROM 子句中出现

    C. 在 SELECT 子句中出现　　　　　　D. 在 HAVING 子句中出现

7. 使用 SELECT 语句进行分组检索时，为了去掉不满足条件的分组，应当（　　）。

    A. 使用 WHERE 子句

    B. 在 GROUP BY 后面使用 HAVING 子句

    C. 先使用 WHERE 子句，再使用 HAVING 子句

    D. 先使用 HAVING 子句，再使用 WHERE 子句

8. 下列 SQL 查询语句中，与图 4-16 所示查询设计视图的查询结果等价的是（　　）。

    A. SELECT 姓名, 性别 FROM 学生 WHERE Left([姓名], 1)="李" Or 性别="女"

    B. SELECT 姓名, 性别 FROM 学生 WHERE Left([姓名], 1)="李" And 性别="女"

    C. SELECT 姓名, 性别, Left([姓名],1) FROM 学生 WHERE Left([姓名], 1)="李" Or 性别="女"

    D. SELECT 姓名, 性别, Left([姓名], 1) FROM 学生 WHERE Left([姓名], 1)="李" And 性别="女"

< 127 >

图 4-16　查询设计视图的等价查询结果

9. SQL 中用于在已有表中添加或改变字段的语句是（　　　）。

    A. CREATE　　　　　B. ALTER　　　　　　C. UPDATE　　　　　D. DROP

10. SQL 中用于删除基本表的语句是（　　　）。

    A. DROP　　　　　　B. UPDATE　　　　　　C. ZAP　　　　　　D. DELETE

二、填空题

1. SQL 的含义是_____。

2. 在 Access 中，SQL 查询具有 3 种特定形式，包括_____、_____和_____。

3. 要将"学生"表中女生的入学成绩加 10 分，可使用的语句是_____。

4. 语句"SELECT 选课.* FROM 选课 WHERE 选课.成绩>(SELECT Avg(选课.成绩) FROM 选课)"查询的结果是_____。

5. 联合查询指使用_____运算将多个_____合并到一起。

三、问答题

1. SQL 语句有哪些功能？在 Access 查询中如何使用 SQL 语句？

2. 假设有如下 4 个关系模式：

书店(书店号, 书店名, 地址)

图书(书号, 书名, 定价)

图书馆(馆号, 馆名, 城市, 电话)

图书发行(馆号, 书号, 书店号, 数量)

试回答下列问题：

（1）用 SQL 语句定义图书关系模式。

（2）用 SQL 语句插入一本图书的信息(B1001,Access 2016 数据库应用技术,32)。

（3）用 SQL 语句检索已发行的图书中最贵和最便宜的图书的书名和定价。

（4）检索"数据库"类图书的发行量。

（5）写出下列 SQL 语句的功能：

```
SELECT 馆名 FROM 图书馆 WHERE 馆号 IN
   (SELECT 馆号 FROM 图书发行 WHERE 书号 IN
      (SELECT 书号 FROM 图书 WHERE 书名='Access 2016数据库应用技术'))
```

< 128 >

第 5 章 窗体

本章学习目标：

- 了解窗体的概念、类型及窗体的视图；
- 掌握创建窗体的方法；
- 掌握窗体控件的操作及应用；
- 掌握修饰窗体的方法。

窗体作为 Access 2016 数据库的重要组成部分，是 Access 为用户提供的人机交互界面，是用户与数据库系统之间进行联系的"桥梁"。通过窗体，用户可对数据库中的数据进行输入、编辑、浏览、排序、筛选等操作。在一个 Access 数据库应用系统开发完成后，对数据库的所有操作都可以通过窗体来完成。窗体设计得好反映了数据库应用系统界面的友好性和可操作性。

5.1 窗体概述

Access 窗体是一个 Windows 窗口，是用户与数据库系统交互的重要对象。在窗体中，通常需要添加各种窗体元素，在术语上称为控件。在建立一个窗体时，往往需要设置窗体的"记录源"属性以及控件的"控件来源"属性，这样窗体就具备了显示和编辑"记录源"中记录的能力。

5.1.1 窗体的功能

通过窗体，用户可以方便地对数据库中的数据进行浏览、编辑及查找等操作。概括起来，窗体的功能可分为 6 个方面。

1．显示和编辑数据

显示和编辑数据是窗体的基本功能。利用窗体可以显示来自一个或多个表中的数据。在窗体中通过窗体控件显示数据，同时可以显示数据字段的名称，使数据显示更加直观。此外，可利用窗体对数据进行添加、删除和修改等操作。所有这些操作都能使数据库进行相应的改变。

2．数据输入

使用窗体可以输入新记录。与在表中直接输入数据相比，在窗体中输入数据更加直观、方便，可以提高数据输入的准确性。窗体的数据输入功能是窗体与报表的主要区别。

3．查找数据

通过窗体的命令按钮及宏命令可以快速地在数据表中查找记录，并跳转到相应记录。

4．分析数据

通过窗体可以对数据进行排序、筛选及汇总等操作，建立数据透视图和数据表视图后还能够利于用户更直观地分析数据。

5．信息显示

窗体能够显示一些提示性信息，如显示警告信息、删除记录时要求确认等。

6．控制应用程序的流程

窗体可以与函数、子程序相结合。在每个窗体中，用户可以使用宏或 VBA（Visual Basic for Applications，应用程序通用 VB 语言）编写程序代码，并利用代码执行相应的功能，从而控制下一步的流程，如执行查询操作、打开另一个窗口等。

5.1.2 窗体的类型

窗体中包含许多称为控件的界面元素，通过这些控件可以实现窗体的功能。根据窗体上控件的布局，窗体可分为 5 种类型，分别是纵栏式窗体、表格式窗体、数据表窗体、主/子窗体和图表窗体。

1．纵栏式窗体

纵栏式窗体一页显示表或查询中的一条记录。记录中的各字段以列的形式排列在屏幕上，每一个字段显示在一个独立的行上，左边显示字段名，右边显示对应的值。

2．表格式窗体

表格式窗体一页显示表或查询中的多条记录。每条记录显示为一行，每个字段显示为一列，字段的名称显示在每一列的顶端。

3．数据表窗体

数据表窗体从外观上看与数据表和查询显示数据的界面相同，通常用来作为一个窗体的子窗体。数据表窗体与表格式窗体都以行列格式显示数据，但表格式窗体是以立体形式显示的。

4．主/子窗体

窗体中的窗体被称为子窗体，包含子窗体的窗体称为主窗体。主窗体和子窗体通常用于显示多个表或查询中的数据，当主窗体中的数据发生变化时，子窗体中的数据也跟着发生相应的变化。因此，主窗体中的数据源与子窗体中的数据源要建立联系，并且表或查询中的数据之间的联系一般为一对多联系。

5．图表窗体

图表窗体以折线图、柱形图、饼图等图表方式显示表中数据。用户可以单独使用图表窗体，也可以在子窗体中使用图表窗体来增加窗体的功能。

实际上，除了以上 5 种窗体类型外，还可以通过空白窗体自由创建窗体，并根据实际需求在空白窗体中添加各种控件。自由创建的窗体可以不属于上面的任何类型。

< 130 >

另外，窗体还可以从其他角度进行分类，如按窗体的作用，窗体可以分为数据输入窗体、切换面板窗体和自定义对话框。数据输入窗体中可以使用多种类型的控件，实现数据添加、删除等功能；切换面板窗体的主要作用是实现各种数据库对象之间的切换；自定义对话框用于向用户显示提示信息。

5.1.3　窗体的视图

窗体的视图就是窗体的外观表现形式，窗体的不同视图具有不同的功能和应用范围。在 Access 2016 中，窗体有 4 种视图，分别为窗体视图、数据表视图、布局视图和设计视图。打开窗体以后，单击"开始"选项卡，在"视图"命令组中单击"视图"下拉按钮，从打开的下拉菜单中选择所需的视图命令，如图 5-1 所示。或者右键单击窗体名称选项卡，在弹出的快捷菜单中选择不同的视图命令，可以在不同的窗体视图间相互切换。

图 5-1　窗体视图命令

1．窗体视图

窗体视图是窗体运行时的显示形式，它可用于完成窗体设计后的效果展示、浏览窗体所捆绑的数据源数据。要以窗体视图打开某一窗体，可以在导航窗格的窗体列表中双击要打开的窗体。

2．数据表视图

数据表视图支持以表格的形式显示表或查询中的数据，可用于编辑、添加、删除和查找数据等。在默认情况下，窗体以窗体视图打开。如果希望从窗体视图切换到数据表视图，可在"视图"命令组中单击"视图"下拉按钮，从打开的下拉菜单中选择"数据表视图"命令，或者右键单击窗体名称选项卡，在弹出的快捷菜单中选择"数据表视图"命令。在 Access 2016 中，并非所有类型的窗体都具有数据表视图，只有以表或查询为数据源的窗体才具有数据表视图。

如果将窗体的数据表视图与表的数据表视图进行比较，可以发现两者的显示形式相近（当然，此时窗体所依附的数据应该与表相同），但是两者之间也有一定的差别。对于表的数据表视图，如果该表与另一个表具有一对多联系，其数据表视图中每一条记录之前有一个"+"按钮。单击该"+"按钮，即可显示与该记录有一对多联系的所有记录。

3．布局视图

布局视图是用于修改窗体最直观的视图。例如，在该视图下可以调整窗体设计，也可以根据实际数据调整列宽，还可以在窗体中放置新的字段、设置窗体及其控件的属性、调整控件的位置和宽度等。在布局视图中，窗体实际正在运行，因此，用户看到的数据与在窗体视图中的显示外观非常相似。

4．设计视图

窗体设计视图提供了详细的窗体结构用以窗体的创建和修改，显示的是各种控件的布局，并不显示数据源数据。任何类型的窗体，特别是一些个性化的窗体，都可以通过设计视图来完成。在设计视图中创建窗体后，用户可以在窗体视图和数据表视图中查看设计效果。

< 131 >

5.2 窗体的创建

在 Access 2016 中，创建窗体的方法分为两大类，即通过向导创建窗体和使用设计视图创建窗体。使用向导时，Access 2016 会提示用户输入相关信息，并根据用户所提供的信息创建窗体；使用设计视图时，既要确定窗体的数据源、调整控件在窗体上的布局并设置属性和响应事件，又要设置窗体的外观。

在 Access 2016 主窗口中，"创建"选项卡的"窗体"命令组中提供了多种创建窗体的命令按钮。其中包括"窗体""窗体设计"和"空白窗体"3 个主要的命令按钮，还包括"窗体向导""导航"和"其他窗体"3 个辅助按钮，如图 5-2 所示。

"窗体"命令组中各种命令按钮的功能如下。

① "窗体"命令按钮：根据用户所选定的表或查询自动创建窗体。

② "窗体设计"命令按钮：直接创建一个空白窗体并显示窗体设计视图。

③ "空白窗体"命令按钮：直接创建一个空白窗体，用户可以自由添加控件来设计这个窗体。

④ "窗体向导"命令按钮：通过向导对话框的方式来设计窗体，用户可以选择对话框中的各种选项来设计窗体。

⑤ "导航"命令按钮：用于创建具有导航按钮（即网页形式）的窗体，有时把它称为表单。单击"导航"命令按钮，可以从下拉菜单中选择不同的布局格式。虽然布局格式不同，但是创建的方式是相同的。"导航"命令按钮更适合于创建 Web 形式的数据库窗体。

⑥ "其他窗体"命令按钮下又包括 4 个命令，如图 5-3 所示。

图 5-2 "窗体"命令组

图 5-3 "其他窗体"命令

其中，"多个项目"命令可创建像数据表一样布局的窗体，字段名称在第 1 行，下面是数据记录行。"数据表"命令可创建数据表窗体，在窗体中以紧凑的形式显示多条记录。"分割窗体"命令可创建一种分割窗体，它同时提供窗体视图和数据表视图。这两种视图连接到同一数据源，并且总是保持相互同步。如果在窗体的一个部分中选择了一个字段，则会在窗体的另一部分中选择相同的字段。用户可以在其任意部分中添加、编辑或删除数据。"模式对话框"命令用于创建对话框窗体。窗体运行时总是浮在系统界面的最上面，默认有"确定"和"取消"按钮。如不关闭该窗体，就不能进行其他操作，登录窗体就属于这种窗体。

5.2.1 使用自动方式创建窗体

使用自动方式创建窗体是最快捷的方式，它直接将单一的表或查询与窗体绑定，从而创建相应的窗体。窗体中将包含表或查询中的所有字段及记录。

< 132 >

1. 使用"窗体"命令创建窗体

使用"窗体"命令所创建的窗体，其数据源来自某个表或某个查询，且布局结构简单。用这种方法创建的窗体是一种单记录布局的窗体。窗体对表中的各个字段进行排列和显示，左边是字段名，右边是字段的值，字段排成一列或两列。

例 5-1　在"教学管理"数据库中创建"学生"窗体，用于显示"学生"表中的信息。

操作步骤如下。

① 打开"教学管理"数据库，在导航窗格中选择作为窗体数据源的"学生"表。

② 单击"创建"选项卡，在"窗体"命令组中单击"窗体"命令按钮，窗体立即创建完成，并且以布局视图显示，如图 5-4 所示。

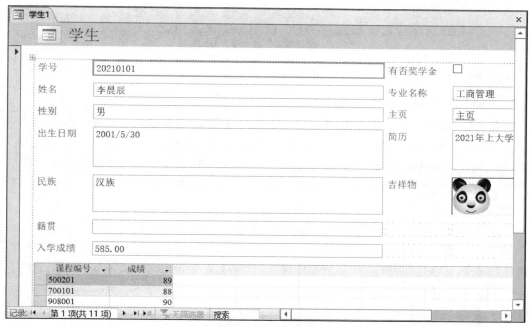

图 5-4　"学生"窗体

③ 选择"文件"→"保存"菜单命令或在快速访问工具栏中单击"保存"按钮，打开"另存为"对话框，在"窗体名称"文本框内输入窗体的名称，单击"确定"按钮。

2. 使用"分割窗体"命令创建窗体

使用"分割窗体"命令创建窗体与使用"窗体"命令创建窗体的操作步骤是一样的，只是创建窗体的效果不一样。分割窗体同时显示窗体视图和数据表视图。

例 5-2　以"学生"表为数据源，创建分割窗体。

操作步骤如下。

① 打开"教学管理"数据库，在导航窗格中选择作为窗体数据源的"学生"表。

② 单击"创建"选项卡，在"窗体"命令组中单击"其他窗体"命令按钮，然后单击"分割窗体"命令，"学生"表的分割窗体就自动创建好了，并以窗体布局视图显示该窗体，如图 5-5 所示。

< 133 >

图 5-5　由"学生"表创建的分割窗体

③ 将窗体保存为"学生表的分割窗体"。

3．使用"多个项目"命令创建窗体

使用"多个项目"命令创建窗体与使用"窗体"命令创建窗体的操作步骤也是一样的，只是创建窗体的效果不一样。多个项目窗体通过行与列的形式显示数据，一次允许查看多条记录。多个项目窗体提供了比数据表更多的自定义选项，例如添加图形元素、按钮和其他控件功能。

例 5-3　以"学生"表为数据源，创建一个"多个项目"窗体。

操作步骤如下。

① 打开"教学管理"数据库，在导航窗格中选择作为窗体数据源的"学生"表。

② 单击"创建"选项卡，在"窗体"命令组中单击"其他窗体"命令按钮，然后单击"多个项目"命令，"学生"表的多个项目窗体就自动创建好了。该窗体默认是布局视图，我们可以在布局视图调整行的高度与列的宽度。创建的多个项目窗体界面如图 5-6 所示。

图 5-6　由"学生"表创建的多个项目窗体界面

③ 保存该窗体。

< 134 >

5.2.2 使用手动方式创建窗体

使用手动方式创建窗体是指需要从表的字段列表中选择所需字段，然后将其添加到窗体中。空白窗体不会自动添加任何控件，而是显示"字段列表"窗格，用户通过手动添加表中的字段来设计窗体。

例 5-4 使用"空白窗体"命令，以"学生"表为数据源创建窗体。

操作步骤如下。

① 打开"教学管理"数据库，单击"创建"选项卡，在"窗体"命令组中单击"空白窗体"命令按钮，将打开一个空白窗体；该窗体显示为布局视图，并在窗体右侧显示"字段列表"窗格。

② 在"字段列表"窗格中单击"显示所有表"链接，再单击表旁边的加号"+"，可以显示表中的所有字段。这里选择并展开"学生"表。

③ 若要向窗体添加一个字段，我们可双击该字段或将其拖动到窗体上。若要一次添加多个字段，按住 Ctrl 键的同时单击所需的多个字段，然后将它们同时拖动到窗体上。如图 5-7 所示，空白窗体中已添加"学生"表的多个字段，并显示了首条记录的相关信息。

图 5-7 用"空白窗体"命令创建的窗体

④ 如果选择相关表字段，则由于已建立了表之间的关联，因此将会自动创建出主/子窗体结构的窗体。展开"选课"表，双击其中的"课程编号"和"成绩"字段，这两个字段被添加到空白窗体，显示出学生所选修课程的课程编号和成绩。

⑤ 将窗体保存。

< 135 >

> ⚠ **注意**
>
> 　　空白窗体是一种所见即所得的创建窗体的方式。当向空白窗体添加字段后，不用进行视图转换就可立即显示出具体记录的内容，因此操作非常直观、方便。

5.2.3　使用向导创建窗体

　　使用向导可以简单、快捷地创建窗体。向导将引导用户完成创建窗体的任务，并让用户在窗体上选择所需要的字段、最合适的布局及窗体的背景样式等。

1．创建单个窗体

　　使用"窗体向导"命令创建单个窗体，其数据可以来自一个表或查询，也可以来自多个表或查询。

　　例 5-5　使用"窗体向导"命令创建"学生成绩"窗体，窗体布局为纵栏式，显示内容为"学生"表的"学号"字段和"姓名"字段、"课程"表的"课程名称"字段和"选课"表的"成绩"字段。

　　操作步骤如下。

　　① 打开"教学管理"数据库，单击"创建"选项卡，在"窗体"命令组中单击"窗体向导"命令按钮，打开"窗体向导"的第 1 个对话框。

　　② 在该对话框中选择窗体所用的字段。"表/查询"下拉列表中列出了窗体可用的数据源，在此选择需要的数据源。对话框的下部有两个列表框："可用字段"列表框和"选定字段"列表框，在这里可将"可用字段"列表框中的选定字段添加到"选定字段"列表框中。选定所用字段后，单击"下一步"按钮，进入下一个对话框。这里依次添加"学生"表的"学号"字段和"姓名"字段、"课程"表的"课程名称"字段和"选课"表的"成绩"字段，如图 5-8 所示。

图 5-8　选择窗体的可用字段

< 136 >

③ 打开"窗体向导"的第 2 个对话框后，在该对话框中确定窗体查看数据的方式。由于要创建单个窗体，而"学生"表和"选课"表、"课程"表和"选课"表具有一对多联系，因此这里必须选择"通过 选课"查看，如图 5-9 所示。

图 5-9　确定窗体查看数据的方式

④ 单击"下一步"按钮，打开"窗体向导"的第 3 个对话框。该对话框右侧列出了窗体的 4 种布局方式：纵栏表、表格、数据表、两端对齐。用户可以分别选中 4 种窗体布局的单选按钮，预览不同的布局格式，从中选择自己需要的一种。此处选中"纵栏表"单选按钮，如图 5-10 所示。

图 5-10　确定窗体使用的布局

< 137 >

⑤ 单击"下一步"按钮，打开"窗体向导"的第 4 个对话框后，输入窗口标题"学生成绩"，选中"打开窗体查看或输入信息"单选按钮（这是默认设置），单击"完成"按钮，效果如图 5-11 所示。

图 5-11　单个窗体的设计效果

2．创建主/子窗体

使用"窗体向导"命令也可以创建基于多个数据源的主/子窗体。在创建这种窗体之前，要确定作为主窗体的数据源与作为子窗体的数据源之间存在一对多的联系。例如，在"教学管理"数据库中，"学生"表和"选课"表之间就存在一对多的联系，我们可以创建一个带有子窗体的窗体，用于显示两个表中的数据。"学生"表中的数据是此一对多联系中的"一"端，在主窗体中显示；"选课"表中的数据是此一对多联系中的"多"端，在子窗体中显示。在这种窗体中，主窗体和子窗体彼此链接，主窗体显示某一条记录的信息，子窗体就会显示与主窗体当前记录相关的记录信息。

在 Access 2016 中，可以使用两种方法创建主/子窗体，一是同时创建主窗体与子窗体，二是将已创建的窗体作为子窗体添加到另一个已建窗体中。子窗体与主窗体的关系可以是嵌入式，也可以是链接式。

例 5-6　以"学生"表和"选课"表为数据源，创建嵌入式的主/子窗体。

操作步骤如下。

① 打开"教学管理"数据库，单击"创建"选项卡，在"窗体"命令组中单击"窗体向导"命令按钮，打开"窗体向导"的第 1 个对话框；在该对话框中，选择"学生"表的所有字段及"选课"表的所有字段，如图 5-12 所示。

图 5-12　确定窗体的可用字段

< 138 >

② 单击"下一步"按钮，打开"窗体向导"的第 2 个对话框。该对话框要求确定窗体查看数据的方式。由于数据来源于两个表，因此有两个可选项："通过 学生"查看或"通过 选课"查看。要创建链接式的主/子窗体还是创建嵌入式的主/子窗体，可通过"带有子窗体的窗体"和"链接窗体"两个单选按钮来设置。本例选择"通过 学生"查看，并选中"带有子窗体的窗体"单选按钮，如图 5-13 所示。

图 5-13　确定子窗体的查看方式

③ 单击"下一步"按钮，打开"窗体向导"的第 3 个对话框。该对话框要求确定窗体所采用的布局，有两个可选项：表格、数据表。选择某个选项后，布局将在对话框的左侧显示。本例选择"数据表"选项，如图 5-14 所示。

图 5-14　确定窗体所采用的布局

< 139 >

④ 单击"下一步"按钮，打开"窗体向导"的最后一个对话框。在该对话框的"窗体"文本框中输入"学生选课成绩"作为主窗体标题，在"子窗体"文本框中输入子窗体标题"选课成绩子窗体"，如图 5-15 所示；单击"完成"按钮，所创建的主窗体和子窗体同时显示在屏幕上，如图 5-16 所示。

图 5-15　为窗体指定标题

图 5-16　主/子窗体的设计效果

在此例中，数据来源于"学生"和"选课"两个表，且这两个表之间存在主从关系，因此，选择不同的数据查看方式会产生不同结构的窗体。在步骤②中，此例选择了"通过 学生"查看数据，因此，在所建窗体中，主窗体显示"学生"表记录，子窗体显示"选课"表记录。如果选

< 140 >

择从子表来查看数据，则产生一个独立的窗体，显示多个数据源链接后生成的所有记录。如果在步骤②中选择"通过 选课"查看数据，则将创建单个窗体。

如果存在一对多联系的两个表都分别创建了窗体，就可以将具有"多"端的窗体添加到具有"一"端的窗体中，使其成为子窗体。

5.2.4　在设计视图中创建窗体

Access 提供的窗体创建方法各具特点，其中尤以在设计视图中创建窗体最为灵活，且功能最强。利用设计视图，用户可以完全控制窗体的布局和外观，根据需要添加控件并设置它们的属性，从而设计出符合要求的窗体。

1．窗体的结构

打开数据库，单击"创建"选项卡，在"窗体"命令组中单击"窗体设计"命令按钮，就会打开窗体的设计视图。在默认情况下，打开的窗体设计视图只显示"主体"节。根据设计需要还可能有窗体页眉、页面页眉、页面页脚和窗体页脚等组成部分，如图 5-17 所示。其中，每一部分称为一个节；每个节都有特定的用途，窗体内容可以分布在多个节中。

图 5-17　窗体设计视图

窗体的节既可以隐藏，也可以调整大小、添加图片或设置背景颜色。在默认情况下，打开窗体设计视图只显示主体节。若要显示其他 4 个节，此时需要右键单击主体节的空白处，在弹出的快捷菜单中单击"窗体页眉/页脚"命令或单击"页面页眉/页脚"命令。若要取消显示，则可执行同样的操作。另外，每一节左边的小方块是相应的节选定器，窗体左上角的小方块是窗体选定器，双击相应的选定器可以打开"属性表"任务窗格，进而设置相应节或窗体的属性。

窗体页眉位于窗体顶部，一般用于显示每条记录都一样的信息，如窗体标题、窗体使用说明及执行其他功能的命令按钮等。在窗体视图中，窗体页眉显示在窗体的顶端；打印窗体时，窗体页眉打印输出到文档的开始处。窗体页眉不会出现在数据表视图中。窗体页脚位于窗体底部，一

< 141 >

一般用于显示所有记录都要显示的内容，如窗体操作说明；在此处也可以设置命令按钮，以便进行必要的控制。在窗体视图中，窗体页脚显示在窗体的底部；打印窗体时，窗体页脚打印输出到文档的结尾处。与窗体页眉相似，窗体页脚也不会出现在数据表视图中。

页面页眉一般用来设置窗体在打印时的页头信息，如每页的标题、用户要在每一页上方显示的内容；页面页脚一般用来设置窗体在打印时的页脚信息，如日期、页码或用户要在每一页下方显示的内容。页面页眉和页面页脚只出现在打印窗体上。

主体用于显示窗体数据源的记录。主体节通常包含与数据源字段绑定的控件，但也可以包含未绑定的控件，如用于识别字段含义的标签及线条、图片等。

2．"窗体设计工具"选项卡

打开窗体设计视图时，在选项卡处会出现"窗体设计工具/设计""窗体设计工具/排列"和"窗体设计工具/格式" 3 个上下文选项卡。其中，"窗体设计工具/设计"选项卡如图 5-18 所示。"窗体设计工具/设计"选项卡中包括"视图""主题""控件""页眉/页脚"和"工具" 5 个命令组，这些命令组提供了窗体的设计工具。

图 5-18 "窗体设计工具/设计"选项卡

"窗体设计工具/排列"选项卡中包括"表""行和列""合并/拆分""移动""位置"和"调整大小和排序" 6 个命令组，主要用于对齐和排列控件，如图 5-19 所示。

图 5-19 "窗体设计工具/排列"选项卡

"窗体设计工具/格式"选项卡中包括"所选内容""字体""数字""背景"和"控件格式" 5 个命令组，用于设置控件的各种格式，如图 5-20 所示。

图 5-20 "窗体设计工具/格式"选项卡

< 142 >

3．各种控件的功能

"控件"是窗体上图形化的对象，如文本框、复选框、滚动条或命令按钮等，用于显示数据和执行操作。单击"窗体设计工具/设计"选项卡，在"控件"命令组中将出现各种控件按钮，如图 5-21 所示。通过这些按钮可以向窗体添加控件。

图 5-21　各种控件按钮

各种控件按钮的功能说明如表 5-1 所示。

表 5-1　各种控件按钮的功能说明

图标	名称	功能
	选择	用于选取控件、节或窗体。单击该命令按钮可以释放以前锁定的控件
ab|	文本框	用于显示、输入或编辑窗体、报表的数据源数据，还可以显示计算结果或接收用户所输入的数据
Aa	标签	用来显示说明性文本。标签也能附加到另一个控件上，用于显示该控件的说明性文本
xxxx	按钮	提供一种执行各种操作的方法。单击按钮时，它不仅会执行相应的操作，其外观也会有先按下后释放的视觉效果
	选项卡控件	通过选项卡控件，可以为窗体同一区域定义多个页面
	链接	创建指向网页、图片、电子邮件地址或程序的链接
	导航控件	创建导航标签，用于显示不同的窗体或报表
XYZ	选项组	与复选框、选项按钮或切换按钮配合使用，显示一组选项值。在选项组中，每次只能选择一个选项
	插入分页符	用于在窗体上开始一个新的屏幕或在打印窗体上开始一个新页
	组合框	类似于文本框和列表框的组合，既可以在组合框中输入新值，也可以从下拉列表中选择一个值
	直线	创建直线，用以突出显示数据或分隔显示不同的控件
	切换按钮	显示"是/否"型数据值或在选项组中显示要从中进行选择的值

< 143 >

图标	名称	功能
	列表框	显示可滚动的数据列表，并可从列表中选择一个值
	矩形	创建矩形框，将一组相关的控件组织在一起
	复选框	显示"是/否"型数据值或在选项组中显示要从中进行选择的值
	未绑定对象框	用于在窗体中显示未绑定的 OLE 对象。当在记录间移动时，该对象将保持不变
	附件	在窗体中插入附件控件，用以保存 Office 文档
	选项按钮	显示"是/否"型数据值或在选项组中显示要从中进行选择的值
	子窗体/子报表	用于创建子窗体或子报表
XYZ	绑定对象框	用于在窗体或报表上显示 OLE 对象。当在记录间移动时，不同的对象将显示在窗体或报表上
	图像	用于在窗体中显示静态图片。由于静态图片并非 OLE 对象，因此一旦将图片添加到窗体或报表中，便不能在 Access 内进行图片编辑
	Web 浏览器控件	浏览指定网页或文件的内容
	图表	打开图表向导，创建图表窗体

4．向窗体添加控件

利用窗体设计视图可以设计出不同类型的窗体，从而构建所需要的操作界面。在窗体设计视图中创建窗体时，将从一个空白窗体开始，然后将数据来源表或查询中的字段添加到窗体上。向窗体添加控件的方法有如下两种。

（1）自动添加

单击"窗体设计工具/设计"上下文选项卡，在"工具"命令组中单击"添加现有字段"命令按钮，将弹出"字段列表"任务窗格；单击其中的"显示所有表"链接，随后单击数据表旁边的加号"+"，可以显示表的所有字段。双击其中的字段名或将字段从"字段列表"任务窗格拖至窗体，即可创建绑定控件，即每个字段通常对应于标签和文本框两个控件，标签用于提示文本框的内容（多为字段名），文本框用于显示或输入字段中的数据。

（2）使用控件按钮向窗体添加控件

切换到窗体设计视图，在"窗体设计工具/设计"上下文选项卡的"控件"命令组中单击所需要的控件按钮；移动鼠标指针到窗体中，在需要放控件的位置上单击并拖动鼠标，这时屏幕会呈现一个矩形框，调整矩形框尺寸为将要创建控件的大小；松开鼠标，窗体上将创建选中的控件。控件会自动创建一个名称，如"Text2"，Text 表示该控件为文本框，后面的数字提示该控件为窗

< 144 >

体创建的第 2 个文本框。在添加文本框的时候，文本框前面会自动添加一个关联标签。在窗体上添加的控件，可以被反复调整大小和位置。

如果"控件"命令组中的"使用控件向导"命令处于选中状态，在创建控件时会弹出相应的向导对话框，以方便对控件的相关属性进行设置，否则，创建控件时将不会弹出向导对话框。在默认情况下，"使用控件向导"命令处于选中状态。

例 5-7　在设计视图中创建一个窗体，用于显示和编辑"学生"表中的数据。
操作步骤如下。

在设计视图中
创建窗体

① 打开"教学管理"数据库，单击"创建"选项卡，在"窗体"命令组中单击"窗体设计"命令按钮，打开窗体设计视图。此时，将创建一个只有主体节的空白窗体。在窗体设计视图中，窗体顶部和左侧都有标尺，而且窗体上显示有网格线。

② 右键单击"主体"节空白处，在弹出的快捷菜单中选择"窗体页眉/页脚"命令；在窗体中添加"窗体页眉"节和"窗体页脚"节，然后用鼠标指针指向"窗体页眉"节的下边线，并向上拖动鼠标，以减小"窗体页眉"节的高度；接着用同样的方法改变"窗体页脚"节的高度。

③ 在"窗体设计工具/设计"上下文选项卡的"控件"命令组中单击"标签"命令按钮，然后在"窗体页眉"节中拖曳出一个标签控件，输入"学生基本情况"后按 Enter 键。

④ 右键单击添加的标签控件，在弹出的快捷菜单中选择"属性"命令，打开"属性表"任务窗格，选择"格式"选项卡；在"字体名称"下拉列表中选择"华文新魏"，在"字号"下拉列表中选择"10"（以 pt 为单位）。

⑤ 在"属性表"任务窗格中选择"窗体"对象，在"数据"选项卡中设置窗体"记录源"属性为"学生"表。在"窗体设计工具/设计"上下文选项卡的"工具"命令组中单击"添加现有字段"命令按钮，将出现"字段列表"任务窗格。

⑥ 在"字段列表"任务窗格中，按住 Ctrl 键并单击"字段列表"任务窗格的字段名，选中所需字段，将这些字段拖到窗体的"主体"节中。此时 Access 2016 为每个字段都放置了一个文本框和一个标签，标签中显示的文本内容是相应字段的字段名。用户可以任意拖动控件来调整窗体布局，如图 5-22 所示。

图 5-22　将字段添加到窗体中

< 145 >

⑦ 选择"文件"→"保存"命令或单击工具栏上的"保存"按钮，保存所创建的"学生基本情况"窗体。

⑧ 在"视图"命令组中单击"视图"下拉按钮，在打开的下拉菜单中选择"窗体视图"命令，此时将看到图 5-23 所示的窗体。

图 5-23　在窗体视图中查看窗体

5.3　窗体控件

控件是构成窗体的基本元素，而窗体是控件的容器。窗体的功能要通过在窗体中放置的各种控件来实现，控件与数据库对象结合起来才能构造出实用、友好的操作界面。

5.3.1　控件的类型与功能

控件源于面向对象的概念。在使用控件设计窗体之前，有必要先介绍相关的概念。

1．控件的类型

根据控件与数据源的关系，控件可以分为绑定型控件、未绑定型控件和计算型控件 3 种。

绑定型控件与表或查询中的字段相关联，可用于显示、输入、更新数据库中字段的值。例如，窗体中显示学生姓名的文本框可以从"学生"表中的"姓名"字段获得信息。

未绑定型控件是无数据源的控件，其"控件来源"属性没有绑定字段或表达式，可用于显示文本、线条、矩形和图片等。例如，例 5-7 中窗体页眉中显示的窗体标题的标签就是未绑定型控件。

计算型控件用表达式而不是用字段作为数据源。表达式可以使用窗体或报表所引用的表或查

< 146 >

询字段中的数据，也可以使用窗体或报表上的其他控件中的数据。例如，表达式"=[成绩]*0.8"将"成绩"字段的值乘以 0.8。

2．面向对象的基本概念

在面向对象程序设计中，类和对象是两个重要的概念。类（Class）是一组具有相同数据结构和相同操作的对象（Object）的集合。可以说，类是对象的抽象，而对象是类的具体实例。"控件"命令组中的一种控件是一个类，但在窗体上添加的一个具体的控件就是一个对象。

每一个对象都具有相应的属性、事件和方法。属性是对象固有的特征，不同类型的对象具有不同的属性集，如控件的标题、大小、颜色等。由对象发出且能够为某些对象感受到的行为动作称为事件。事件分为内部事件和外部事件。系统中对象的数据操作和功能调用命令等都是内部事件，而鼠标的移动、单击、双击和释放等都是外部事件。并非所有的事件都能被每一个对象感受到。例如，鼠标在某一位置上被单击，该事件只能被放在这一位置上的对象感受到。当某一个对象感受到一个特定事件发生时，这个对象可能会做出某种响应。例如，将鼠标指针指向一个运行窗体上标记为"退出"的命令按钮对象处单击左键，这个窗体会被关闭。这是因为这个标记为"退出"的命令按钮对象感受到了这个事件，并以执行关闭窗体的操作命令来响应这个事件。因此，我们可以把方法定义为一个对象响应某一事件的一个操作序列。方法是附属于对象的行为和动作，也可以将其理解为指示对象动作的命令。当某一个事件发生时，方法被执行，这种执行方式称为事件驱动。这一点也是面向对象程序设计的基本特点。

5.3.2　窗体和控件的属性

窗体及窗体中的每一个控件都具有各自的属性，这些属性决定了窗体及控件的外观、所包含的数据及对鼠标或键盘事件的响应。设计窗体需要了解窗体和控件的属性，并根据设计要求进行属性设置。

1．"属性表"任务窗格

在窗体设计视图中，窗体和控件的属性可以在"属性表"任务窗格中设置。右键单击窗体或控件，并从弹出的快捷菜单中选择"属性"命令，或者单击"窗体设计工具/设计"上下文选项卡，在"工具"命令组中单击"属性表"命令按钮，都可以打开"属性表"任务窗格，如图 5-24 所示。

"属性表"任务窗格上方的下拉列表框是当前窗体上所有对象的列表，我们可以从中选择要设置属性的对象；此外，也可以直接在窗体上选中对象，那么此下拉列表框中将显示被选中对象的控件名称。

"属性表"任务窗格包含 5 个选项卡，分别是"格式""数据""事件""其他"和"全部"。其中，"格式"选项卡包含窗体或控件的外观属性；"数据"选项卡包含与数据源、数据操作相关的属性；"事件"选项卡包含窗体或当前控件能够响应的事件；"其他"选项卡包含"名称""制表位"等其他属性。每个属性行的左侧是属性名称，右侧是属性值。窗体也是一个对象，因此也具有这些属性。

图 5-24　"属性表"任务窗格

< 147 >

在"属性表"任务窗格中，单击其中的一个选项卡即可对相应属性进行设置。设置某一属性时，先单击要设置的属性，然后在属性框中输入一个设置值或表达式。如果属性框中显示有下拉按钮，我们也可以单击该下拉按钮，并从打开的下拉列表中选择一个数值。如果属性框右侧显示省略号按钮 ，单击该按钮，将显示一个生成器或显示一个可用以选择生成器的对话框，通过该生成器可以设置其属性。

2．窗体的常用属性

窗体的属性与整个窗体相关联，对窗体属性的设置可以确定窗体的整体外观和行为。在"属性表"任务窗格上方的下拉列表中选择"窗体"，即可显示并设置窗体的属性。窗体的常用属性有以下 6 种。

① 标题：在窗体标题栏上显示的文本。

② 记录选定器：决定窗体显示时是否具有记录选定器，即数据表最左端的标志块，其值有"是""否"两个选项。

③ 导航按钮：决定窗体运行时是否具有记录导航按钮，即数据表最下端的按钮组，其值有"是""否"两个选项。

④ 记录源：指明该窗体的数据源，也就是绑定的表或查询，其值从本数据库中的表对象名或查询对象名中选取。

⑤ 允许编辑、允许添加、允许删除：它们分别决定窗体运行时是否允许对数据进行编辑修改、添加或删除操作，其值有"是""否"两个选项。

⑥ 数据输入：指定是否允许打开绑定窗体进行数据输入，其值有"是""否"两个选项。取值为"是"，则窗体打开时只显示一条空记录；取值为"否"（默认值），则窗体打开时显示已有的记录。

窗体的属性还有很多，选中某个属性时，按 F1 功能键可以获得该属性的帮助信息，这也是熟悉属性用途的好方法。

3．控件的常用属性

在"属性表"任务窗格上方的下拉列表中选择某个控件，即可显示并设置该控件的属性。下面以标签和文本框控件为例，介绍控件的常用属性。

标签控件的常用属性如下。

① 标题：表示标签中显示的文字信息，它与标签控件的"名称"属性不同。

② 特殊效果：用于设置标签的显示效果，其值从"平面""凸起""凹陷""蚀刻""阴影""凿痕" 6 种特殊效果中选取。

③ 背景色、前景色：分别表示标签显示时的底色与标签中文字的颜色。

④ 字体名称、字号、字体粗细、下画线、倾斜字体：分别用于设置标签中要显示文字的字体、字号、字形等参数，用户可以根据需要适当配置。

文本框控件的常用属性如下。

① 控件来源：用于设置一个绑定型文本框控件时，它必须是窗体数据源表或查询中的一个字段；用于设置一个计算型文本框控件时，它必须是一个计算表达式，用户可以通过单击属性框右侧的省略号按钮 ，进入表达式生成器向导来输入表达式；用于设置一个未绑定型文本框控件时，就等同于一个标签控件。

< 148 >

② 输入掩码：用于设置一个绑定型文本框控件或未绑定型文本框控件的输入格式，仅对文本型或日期/时间型数据有效。用户也可以通过单击属性框右侧的省略号按钮 ⋯，进入输入掩码向导来确定输入掩码。

③ 默认值：用于设置一个计算型文本框控件或未绑定型文本框控件的初始值。用户可以使用表达式生成器向导来确定默认值。

④ 验证规则：用于设置在文本框控件中输入数据的合法性检查表达式。用户可以使用表达式生成器向导来建立合法性检查表达式。

⑤ 验证文本：在窗体运行期间，当在该文本框中输入的数据违背了验证规则时，即显示验证文本中的提示信息。

⑥ 可用：用于指定该文本框控件是否能够获得焦点，其值有"是""否"两个选项。

⑦ 是否锁定：用于指定是否可以在窗体视图中编辑控件数据，其值有"是""否"两个选项。

4．窗体和控件的常用事件

对窗体和控件设置事件属性值是为该窗体或控件设定响应事件的操作流程，也就是为窗体或控件的事件处理方法编程。窗体和控件的常用事件如表 5-2 所示。

表 5-2 窗体和控件的常用事件

事件名称		触发时机
键盘事件	键按下	当窗体或控件具有焦点时，按下任何键时触发该事件
	键释放	当窗体或控件具有焦点时，释放任何键时触发该事件
鼠标事件	单击	当鼠标在对象上单击左键时触发该事件
	双击	当鼠标在对象上双击左键时触发该事件
	鼠标按下	当鼠标在对象上按下左键时触发该事件
	鼠标移动	当鼠标在对象上来回移动时触发该事件
	鼠标释放	当鼠标左键按下后，移至对象上后释放按键会触发该事件
对象事件	获得焦点	在对象获得焦点时触发该事件
	失去焦点	在对象失去焦点时触发该事件
	更改	在改变文本框或组合框的内容时触发该事件，在选项卡控件中从一页移到另一页时也会触发该事件
窗体事件	打开	在打开窗体但第 1 条记录尚未显示时触发该事件
	关闭	当窗体关闭并从屏幕上删除时触发该事件
	加载	在打开窗体且显示其中记录时触发该事件
操作事件	删除	当通过窗体删除记录，在记录被真正删除之前触发该事件
	插入前	当通过窗体插入记录，输入第 1 个字符时触发该事件
	插入后	当通过窗体插入记录，记录保存到数据库后触发该事件
	成为当前记录	当焦点移到记录上，使它成为当前记录时触发该事件；当窗体刷新或重新查询时也会触发该事件
	不在列表中	在组合框的文本框部分输入非组合框列表中的值时触发该事件

< 149 >

如果需要令某一控件能够在某一事件发生时做出相应的响应，就必须为该控件针对该事件的属性赋值。事件属性的赋值可以在 3 个处理事件的方法种类中选择一种：设定一个表达式、指定一个宏操作或为其编写一段 VBA 程序。单击相应属性框右侧的省略号按钮 ⋯ ，即弹出"选择生成器"对话框（如图 5-25 所示），可以在该对话框中选择处理事件方法的种类。

图 5-25 "选择生成器"对话框

5.4 控件的应用

使用控件可以设计出具有不同功能的窗体。窗体设计中很重要的步骤是控件的应用，即往窗体中添加控件，并设置窗体和控件的属性。下面介绍常用控件的应用。

标签和文本框的应用

5.4.1 标签和文本框的应用

标签主要用来在窗体或报表中显示说明性文本，如窗体的标题、对字段的说明性文本等。标签不显示字段或表达式的值，它没有数据来源。当从一条记录移到另一条记录时，标签的值不会改变。标签可以附加到其他控件上，也可以作为独立的标签被创建，但独立创建的标签在数据表视图中并不显示。使用标签控件创建的标签就是单独的标签。

文本框主要用来输入或编辑数据，它是一种交互式控件。文本框分为绑定型、未绑定型和计算型 3 种类型。绑定型文本框与表或查询中的字段相关联，可用于显示、输入及更新字段。未绑定型文本框并不与某一字段相关联，一般用来显示提示信息或接收用户输入的数据等。计算型文本框则以表达式作为数据源，表达式可以使用表或查询字段中的数据，也可以使用窗体或报表上其他控件中的数据。

例 5-8 在窗体设计视图中，创建图 5-26 所示的窗体，窗体内有两个标签（Label1 和 Label2）和两个文本框（Text1 和 Text2），在其中一个文本框中输入出生日期，就会在另一个文本框中显示年龄。

图 5-26 文本框演示窗体

操作步骤如下。

① 在 Access 2016 主窗口单击"创建"选项卡，在"窗体"命令组中单击"窗体设计"命令

< 150 >

按钮，打开窗体设计视图。

② 单击"控件"命令组中的"文本框"命令按钮，在主体节上单击，创建第 1 个文本框；再以同样的方法创建第 2 个文本框。如果"使用控件向导"命令处于选中状态，将打开"文本框向导"对话框，可以按照提示进行操作。

③ 打开"属性表"任务窗格，将两个文本框的"名称"属性分别设置为"Text1"和"Text2"，将文本框附加的两个标签的"名称"属性分别设置为"Label1"和"Label2"，将标签的"标题"属性分别设置为"出生日期:"和"年龄:"，将 Text2 的"控件来源"属性设置为"=Year(Date())-Year([Text1])"，如图 5-27 所示。

图 5-27　文本框演示窗体的属性设置

④ 选择"文件"→"保存"命令或单击工具栏上的"保存"按钮，以"文本框演示"为名保存所创建的窗体。

⑤ 单击"开始"选项卡，在"视图"命令组中单击"视图"下拉按钮，在下拉菜单中选择"窗体视图"命令切换到窗体视图，在第 1 个文本框中输入出生日期并按 Enter 键，则在第 2 个文本框中显示年龄，如图 5-26 所示。

5.4.2　复选框、选项按钮和切换按钮的应用

复选框、选项按钮和切换按钮在窗体中均可以作为单独的控件使用，用于显示表或查询中的是/否型数据值。当选中或按下控件时，相当于"是"状态，否则相当于"否"状态。

例 5-9　分别用复选框、选项按钮和切换按钮来显示"学生"表中的"有否奖学金"字段。

操作步骤如下。

① 打开"教学管理"数据库，单击"创建"选项卡，在"窗体"命令组中单击"窗体设计"命令按钮。

② 在"工具"命令组中单击"添加现有字段"命令按钮，分别将"字段列表"任务窗格中的"学号""姓名"字段拖放到窗体的"主体"节中；单击"控件"命令组中的"复选框"按钮，然后在"主体"节中单击，添加复选框控件以及附加的标签控件。

③ 单击"工具"命令组中的"属性表"命令按钮，在"属性表"任务窗格上方的下拉列表中选择"窗体"对象，并设置其"记录源"属性为"学生"表。

④ 设置复选框控件附加的标签控件的"标题"属性为"有否奖学金"，在复选框控件的"控件来源"下拉列表中选择"有否奖学金"字段，然后调整复选框控件的大小。

< 151 >

⑤ 用同样的方法添加选项按钮控件和切换按钮控件，并设置选项按钮控件的"控件来源"属性和附加的标签控件的"标题"属性，以及切换按钮控件的"控件来源"属性和"标题"属性。

⑥ 将窗体存盘，然后切换到窗体视图，此时将看到"有否奖学金"字段的不同显示状态，如图 5-28 所示。

图 5-28　复选框、选项按钮和切换按钮演示窗体

5.4.3 选项组的应用

选项组控件是一个容器控件，它由一个框架及一组复选框、选项按钮或切换按钮组成。用户可使用选项组来显示一组限制性的选项值，只要单击选项组所需的值，就可以为字段选定数据值。在选项组中每次只能选择一个选项，而且选项组的值只能是数字，不能是文本。

例 5-10　使用控件向导创建一个选项组控件，用于输入或显示"学生"表中的"性别"字段。操作步骤如下。

① 由于选项组的值只能是数字，不能是文本，因此，应先修改"学生"表中"性别"字段的值，用"1"替换"男"，用"0"替换"女"。

② 在窗体设计视图中，先使"使用控件向导"命令处于选中状态，并设置窗体的"记录源"属性为"学生"表，分别将"字段列表"窗格中的"学号""姓名"字段拖放到窗体的主体节中。

③ 单击"控件"命令组中的"选项组"按钮，在窗体上单击要放选项组的位置，打开"选项组向导"的第 1 个对话框，在该对话框中输入选项组中每个选项的标签名。本例在"标签名称"框内分别输入"男""女"，如图 5-29 所示。

图 5-29　确定每个选项的标签名称

④ 单击"下一步"按钮，屏幕显示"选项组向导"的第 2 个对话框，该对话框要求用户确定是否需要设置默认选项。本例指定"男"为默认选项，如图 5-30 所示。

< 152 >

图 5-30　确定默认选项

⑤ 单击"下一步"按钮，打开"选项组向导"的第 3 个对话框，此处设置"男"选项值为 1，设置"女"选项值为 0，如图 5-31 所示。

图 5-31　确定选项值

⑥ 单击"下一步"按钮，打开"选项组向导"的第 4 个对话框，在该对话框中选中"在此字段中保存该值"单选按钮，并在右侧的下拉列表中选择"性别"字段，如图 5-32 所示。

图 5-32　确定选项值的保存字段

< 153 >

⑦ 单击"下一步"按钮，打开"选项组向导"的第 5 个对话框。在该对话框中，选择选项组可选用的控件（"选项按钮""复选框"和"切换按钮"）及所用样式。本例选择"选项按钮"及"蚀刻"样式，如图 5-33 所示。

图 5-33　确定选项组中的控件及样式

⑧ 单击"下一步"按钮，打开"选项组向导"的最后一个对话框。在"请为选项组指定标题"文本框中输入选项组的标题"性别"，然后单击"完成"按钮。

⑨ 对所建选项组进行调整，存盘并切换到窗体视图，效果如图 5-34 所示。

图 5-34　选项组演示窗体

5.4.4　列表框与组合框的应用

列表框和组合框为用户提供了包含一些选项的可滚动列表。如果输入的数据取自该列表，用户只需选择所需要的选项就可完成数据输入，这样不仅可以避免输入错误，同时还可以提高输入速度。

在列表框中，任何时候都能看到多个选项，但不能直接编辑列表框中的数据。当列表框不能同时显示所有选项时，它会自动添加滚动条，使用户可以上下或左右滚动列表框，以查阅所有选项。

在组合框中，平时只能看到一个选项。单击组合框右侧的向下箭头可以看到多选项的列表，也可以直接在旁边的文本框中输入一个新选项。

例 5-11　创建窗体，显示"学生"表的"学号""姓名""专业名称"和"籍贯"字段。先删除"专业名称"和"籍贯"字段的值，再使用列表框输入"专业名称"字段的值，使用组合框输入"籍贯"字段的值。

操作步骤如下。

① 打开"教学管理"数据库，单击"创建"选项卡，在"窗体"命令组中单击"窗体设计"命令按钮。

< 154 >

② 在窗体设计视图中，设置窗体的"记录源"属性为"学生"表，分别将"字段列表"任务窗格中的"学号""姓名"字段拖放到窗体的"主体"节中，然后单击"控件"命令组中的"列表框"命令按钮，在窗体上单击要放列表框的位置，弹出"列表框向导"的第 1 个对话框。如果选中"使用列表框获取其他表或查询中的值"单选按钮，则在所建列表框中显示所选数据源的相关值；如果选中"自行键入所需的值"单选按钮，则在所建列表框中显示输入的值；如果选中"在基于列表框中选定的值而创建的窗体上查找记录"单选按钮，则将创建一个未绑定控件，该控件基于用户选定的值进行查找操作，非用作数据输入工具。这里选中"自行键入所需的值"单选按钮。

③ 单击"下一步"按钮，打开"列表框向导"的第 2 个对话框，在"第 1 列"列表中依次输入"自动化""信息安全""人工智能""交通运输"和"工程管理"等值，每输入完一个值，按一次 Tab 键，如图 5-35 所示。

图 5-35 设置列表框中显示的值

④ 单击"下一步"按钮，打开"列表框向导"的第 3 个对话框，选中"将该数值保存在这个字段中"单选按钮，并单击右侧的向下箭头，从打开的下拉列表中选择"专业名称"字段，如图 5-36 所示。

图 5-36 设置保存的字段

< 155 >

⑤ 单击"下一步"按钮，在打开的对话框中的"请为列表框指定标签"文本框中输入"专业名称"，作为该列表框的标签，然后单击"完成"按钮。

⑥ 参照上述方法创建"籍贯"组合框控件，如图 5-37 所示。

图 5-37 列表框和组合框控件的属性设置

⑦ 在"属性表"任务窗格设置列表框和组合框的默认值，然后存盘并切换到窗体视图，效果如图 5-38 所示。

图 5-38 列表框和组合框演示窗体

5.4.5 命令按钮的应用

使用窗体上的命令按钮可以执行特定的操作，如可以创建命令按钮来打开另一个窗体。如果要使命令按钮响应窗体中的某个事件以完成某项操作，我们可以编写相应的宏或事件过程并将它附加在命令按钮的"单击"属性中。

例 5-12 综合前面介绍的控件，创建图 5-39 所示的窗体，用于输入"学生"表的内容。

操作步骤如下。

① 打开"教学管理"数据库，单击"创建"选项卡，在"窗体"命令组中单击"窗体设计"命令按钮。

< 156 >

图 5-39　命令按钮演示窗体

② 在窗体设计视图中添加相关控件，并设置其属性。

③ 单击"控件"命令组中的"按钮"命令按钮，在窗体上单击要放命令按钮的位置，打开"命令按钮向导"的第 1 个对话框。该对话框的"类别"列表框中列出了可供选择的操作类别，每个类别在"操作"列表框中均对应着多种操作。先在"类别"列表框中选择"记录操作"选项，然后在"操作"列表框中选择"添加新记录"选项，如图 5-40 所示。

图 5-40　设置命令按钮的操作

④ 单击"下一步"按钮，打开"命令按钮向导"的第 2 个对话框。为使在命令按钮上显示文本，选中"文本"单选按钮，并在其后的文本框中输入"添加记录"，如图 5-41 所示。

⑤ 单击"下一步"按钮，在打开的对话框中为创建的命令按钮命名，以便以后引用，最后单击"完成"按钮。

至此，该命令按钮创建完成，其他命令按钮的创建方法与此相同。这时窗体的设置结果如图 5-42 所示。

< 157 >

图 5-41　设置命令按钮上的显示文本

图 5-42　命令按钮演示窗体的属性设置

⑥ 保存该窗体，并切换到窗体视图，显示结果如图 5-39 所示。

5.4.6　选项卡的应用

利用选项卡控件可以在一个窗体中显示多页信息，操作时只需要单击选项卡上的标签，就可以在多个页面间进行切换。

例 5-13　使用选项卡控件分别显示两页内容，一页是"学生信息"，另一页是"学生成绩"。操作步骤如下。

① 打开"教学管理"数据库，单击"创建"选项卡，在"窗体"命令组中单击"窗体设计"命令按钮。

② 在窗体设计视图中，单击"控件"命令组中的"选项卡控件"命令按钮，在窗体上单击要放选项卡的位置，并调整其大小。

< 158 >

③ 在窗体中单击选项卡"页 1"，然后单击"属性表"任务窗格中的"格式"选项卡，在"标题"属性框中输入"学生信息"；按同样的方法设置"页 2"的"标题"属性为"学生成绩"。

④ 如果需要将其他控件添加到选项卡控件上，我们可先选中某一页，然后按前面介绍的方法进行操作即可。例如，在学生信息页添加"学号""姓名""籍贯"字段。

⑤ 将窗体存盘，切换到窗体视图，显示结果如图 5-43 所示。

图 5-43　选项卡控件演示窗体

5.4.7　子窗体/子报表的应用

窗体中可以包含另一个窗体，其中原始窗体称为主窗体，窗体中的窗体称为子窗体。子窗体还可以包含子窗体，任意窗体都可以包含多个子窗体。主/子窗体多用于具有一对多联系的主/子两个数据源。子窗体显示与主窗体显示的主数据源当前记录对应的子数据源中的记录。

创建主/子窗体有两种方法：一种方法是使用"窗体向导"同时建立主窗体和子窗体；另一种方法是先建立主窗体，然后利用设计视图添加子窗体。

例 5-14　创建一个显示学生信息的主窗体，然后增加一个子窗体来显示每名学生的选课情况。

5.2.3 小节介绍了使用"窗体向导"同时建立主窗体和子窗体的方法。这里介绍先建立主窗体，然后使用设计视图添加子窗体的方法。

操作步骤如下。

① 打开"教学管理"数据库，利用"窗体向导"或在设计视图中设计显示学生信息的主窗体。同时，确保"控件"命令组中的"使用控件向导"命令已被选中。

② 在主窗体设计视图中添加子窗体/子报表控件，出现"子窗体向导"的第 1 个对话框，如图 5-44 所示，在其中选中"使用现有的表和查询"单选按钮。

③ 单击"下一步"按钮，打开"子窗体向导"的第 2 个对话框。在该对话框中选择"查询：学生选课成绩"作为数据源并选择其中的字段，如图 5-45 所示。

④ 单击"下一步"按钮，打开"子窗体向导"的第 3 个对话框。在该对话框中选择用"学号"作为主/子窗体的链接字段，如图 5-46 所示。

< 159 >

图 5-44　选择子窗体数据源

图 5-45　设置子窗体的显示字段

图 5-46　设置子窗体的链接字段

< 160 >

⑤ 单击"下一步"按钮，打开"子窗体向导"的第 4 个对话框。在该对话框中输入子窗体的名称，然后单击"完成"按钮。

⑥ 存盘并切换到窗体视图，显示结果如图 5-47 所示。

图 5-47　主/子窗体的设置结果

5.4.8　图表的应用

图表窗体能够更直观地显示表或查询中的数据。用户可以使用图表控件在"图表向导"的引导下创建图表窗体。

例 5-15　以"学生"表为数据源创建图表窗体，显示学生的入学成绩。

操作步骤如下。

① 打开"教学管理"数据库，单击"创建"选项卡，在"窗体"命令组中单击"窗体设计"命令按钮。

② 在窗体设计视图中单击"控件"命令组中的"图表"命令按钮，打开"图表向导"的第 1 个对话框，选择用于创建窗体的表或查询。这里选择"学生"表。

③ 单击"下一步"按钮，打开"图表向导"的第 2 个对话框，在"可用字段"列表框中分别选择"姓名""入学成绩"字段用于所建图表中。

④ 单击"下一步"按钮，打开"图表向导"的第 3 个对话框，选择所需的图表类型，此处选择"折线图"，如图 5-48 所示。

图 5-48　确定图表类型

< 161 >

⑤ 单击"下一步"按钮，打开"图表向导"的第 4 个对话框，按照向导提示调整图表布局，如图 5-49 所示。

图 5-49　调整图表布局

⑥ 单击"下一步"按钮，打开"图表向导"的最后一个对话框。在该对话框中输入图表名称"学生入学成绩"，单击"完成"按钮。

⑦ 存盘并进入窗体视图，结果如图 5-50 所示。

图 5-50　入学成绩折线图

5.5　窗体的美化

窗体的基本功能设计完成之后，还需要对窗体上的控件及窗体本身的一些格式进行设置，以使窗体界面布局更加合理，使用更加方便。

5.5.1　控件的布局及调整

窗体的布局主要取决于窗体中控件的布局，这就涉及对控件的操作，包括控件的选择、移动、

< 162 >

复制、删除，改变控件的类型、大小（尺寸），将窗体中的控件对齐等。

1．控件的选择

Access 将窗体中的每个控件都看作一个独立的对象。用户可以使用鼠标单击控件来选择它，被选中的控件四周及左上角将出现小方块状的控制柄，四周的控制柄用于改变控件大小，左上角的控制柄用于控件的移动，如图 5-51 所示。

图 5-51　控件的移动控制柄和大小控制柄

选择多个控件可以按住 Ctrl 键或 Shift 键，再分别单击要选择的控件。选择全部控件可以使用组合键 Ctrl+A，或者单击"窗体设计工具/格式"上下文选项卡，在"所选内容"命令组中单击"全选"命令按钮。此外，也可以使用标尺选择控件，方法是将鼠标指针移到水平标尺处，待鼠标指针变为向下箭头后，拖动鼠标到需要选择的位置。

2．控件的移动

要移动控件，首先选择控件，然后将鼠标指针指向控件的边框。当鼠标指针变成四向箭头时，即可用鼠标将控件拖动到目标位置。

当单击组合控件及其附加标签的任一部分时，将显示两个控件的移动控制柄，以及所单击控件的调整大小控制柄。如果要分别移动控件及其标签，应将鼠标指针放在控件或附加标签左上角处的移动控制柄上，当鼠标指针变成四向箭头时，拖动控件或附加标签可以分别移动控件或标签；如果鼠标指针移动到控件或附加标签的边框（不是移动控制柄）上，鼠标指针变成四向箭头时，此时将同时移动两个控件。

对于组合控件，即使分别移动其各个部分，各部分仍将相关。如果要将附加标签移动到另一个节而不想移动控件，必须使用"剪切"命令和"粘贴"命令。如果将附加标签移动到另一个节，该附加标签将不再与控件相关。

如果需要细微地调整控件的位置，更简单的方法是按住 Ctrl 键和相应的方向键。以这种方式移动控件时，即使"对齐网格"功能为打开状态，Access 2016 也不会将控件对齐网格。

3．控件的复制

要复制控件，首先选择控件，再单击"开始"选项卡，在"剪贴板"命令组中单击"复制"和"粘贴"等命令按钮。

4．控件的删除

如果希望删除不用的控件，用户可以选中要删除的控件，按 Del 键或 Delete 键或在"开始"

< 163 >

选项卡的"记录"命令组中单击"删除"命令按钮。

5．改变控件的类型

若要改变控件的类型，则先要右键单击该控件，打开快捷菜单，然后在其中的"更改为"命令中选择所需的新控件类型。

6．调整控件的大小

如果控件的大小与显示内容不匹配，可以调整其大小，以适应控件的显示内容。

对于控件大小的调整，既可以通过其"宽度"和"高度"属性来设置，也可以通过直接拖动控件的调整大小控制柄来实现。单击要调整大小的一个控件或多个控件，拖动调整大小控制柄，直到控件变为所需的大小。如果选择多个控件，所选的控件都会随着拖动第 1 个控件的调整大小控制柄而更改大小。

如果通过属性设置来改变控件的大小，首先选择控件，并右键单击所选择的控件，在弹出的快捷菜单中选择"属性"命令，在相应控件的"属性表"任务窗格中选择"格式"选项卡，分别在"宽度"和"高度"属性框中输入控件的宽度和高度。如果选择了多个控件，设置完成后所选择的全部控件将具有相同的宽度和高度。

如果要调整控件的大小以容纳其显示内容，则选择要调整大小的一个或多个控件，然后在"窗体设计工具/排列"选项卡的"调整大小和排序"命令组中单击"大小/空格"命令按钮，在弹出的下拉菜单中选择"正好容纳"命令，根据控件的显示内容确定其宽度和高度。

如果要统一调整控件之间的相对大小，首先选择需要调整大小的控件，然后在"大小/空格"命令按钮的下拉菜单中选择下列其中一项命令："至最高"命令使选定的所有控件调整为与最高的控件同高，"至最短"命令使选定的所有控件调整为与最短的控件同高，"至最宽"命令使选定的所有控件调整为与最宽的控件同宽，"至最窄"命令使选定的所有控件调整为与最窄的控件同宽。

7．将窗体中的控件对齐

当需要设置多个控件对齐时，先选中需要对齐的控件，然后在"窗体设计工具/排列"选项卡的"调整大小和排序"命令组中单击"对齐"命令按钮，在下拉菜单中选择所需的命令。选择"靠左"或"靠右"命令，可保证控件之间在垂直方向对齐；选择"靠上"或"靠下"命令，则保证水平对齐；选择"对齐网格"命令，则以网格为参照，选中的控件自动与网格对齐。

在水平对齐或垂直对齐的基础上，可进一步设置等间距。假设已经设置了多个控件在垂直方向对齐，则选择"大小/空格"下拉菜单的"垂直相等"命令。

5.5.2 设置窗体的外观

窗体的设计直接影响数据库的操作效率。窗体的用户界面除了要根据数据库的内容来设计之外，在外观设计上也一定要美观、大方，使数据浏览、录入、查找等操作更加轻松、方便。

1．使用窗体主题格式设置窗体外观

Access 2016 提供了许多窗体的主题格式，用户可以直接在窗体上套用某个主题格式。

< 164 >

例 5-16　在"教学管理"数据库中为"学生成绩"窗体设置"环保"主题格式。

操作步骤如下。

① 打开"教学管理"数据库，在设计视图中打开"学生成绩"窗体。

② 单击"窗体设计工具/设计"选项卡，在"主题"命令组中单击"主题"命令按钮，在打开的主题格式列表中选择主题格式，如图 5-52 所示。

③ 选择要使用的"环保"格式，窗体随即就会使用该主题格式。

设置完成后，选中的主题样式将应用到窗体上，主要影响窗体以及窗体控件的字体、颜色及边框属性。设置主题格式之后，还可以继续在"属性表"中继续修改窗体的格式属性。

2．使用窗体属性设置窗体外观

在窗体的"属性表"任务窗格中，可以修改窗体的"格式"属性来修改窗体的外观，例如窗体大小、边框样式等。窗体自身的一些元素，例如关闭按钮、最大化按钮、最小化按钮、滚动条、记录选择器、导航按钮等，可以在"属性表"任务窗格中设置是否显示。此外，还可以通过窗体的"图片"属性在窗体中添加背景图片。

例 5-17　给"学生成绩"窗体添加背景图片。

操作步骤如下。

① 在设计视图中打开"学生成绩"窗体。

② 打开"属性表"任务窗格，在所有控件列表中选择"窗体"选项，并在"属性表"任务窗格中选择"格式"选项卡；选中"图片"属性框，单击右边的省略号按钮，会弹出"插入图片"对话框；在对话框中选择合适的图片，如 flower.jpg，单击"确定"按钮，属性框中会显示图片名称，如图 5-53 所示。

图 5-52　窗体主题格式列表

图 5-53　设置窗体的"图片"属性

③ 切换到窗体视图，添加背景图片后的窗体如图 5-54 所示。

< 165 >

图 5-54　添加了背景图片的窗体

在窗体"属性表"任务窗格中，可以继续设置图片的对齐方式、缩放模式以及图片是否平铺等属性，注意改变图片的属性可以改变图片在窗体背景中的显示效果。

> **！注意**
>
> 在窗体的"属性表"任务窗格中，窗体很多属性的设置只有在窗体视图中才能看到效果。如"弹出方式"属性，修改"弹出方式"属性为"是"，可以让窗体运行时自动弹出，呈现在其他窗体之上。另外，还有一些属性只能在设计视图中才能修改，如"分割窗体分割条"是否显示等。用户可以尝试在设计视图中修改窗体的各种属性，然后切换到窗体视图查看效果。

3．在窗体上设置图像控件

在窗体上设置图像控件一般是为了美化窗体，其操作方法是：单击"控件"命令组中的"图像"命令按钮，在窗体上单击要放图片的位置，打开"插入图片"对话框，在该对话框中找到并选中要使用的图片文件，单击"确定"按钮即可。

在设计视图中右键单击图像控件，在弹出的快捷菜单中选择"位置"→"至于底层"命令，可将图像控件置于其他控件的下方作为窗体背景。

5.5.3　在窗体的页眉/页脚中添加控件

在窗体的页眉/页脚中可以添加徽标、日期和时间等控件，使创建的窗体更美观、更具个性。

1．为窗体添加徽标

在窗体中添加徽标的操作步骤如下。

① 打开要添加徽标的窗体，切换到设计视图。

② 单击"窗体设计工具/设计"选项卡，在"页眉/页脚"命令组中单击"徽标"命令按钮，打开"插入图片"对话框，在"插入图片"对话框中选择图片所在的目录及图片文件，单击"确定"按钮。

2．为窗体添加当前日期和时间

要使设计好的窗体显示当前的日期和时间，可以通过添加一个带有日期和时间表达式的文本框来实现。操作步骤如下。

< 166 >

　　① 在窗体设计视图中打开窗体，单击"窗体设计工具/设计"选项卡，在"页眉/页脚"命令组中单击"日期和时间"命令按钮，打开"日期和时间"对话框。

　　② 若只插入日期或时间，则在对话框中选择"包含日期"复选框或"包含时间"复选框，也可以全选。选择某项后，再选择日期或时间格式，然后单击"确定"按钮，此时在窗体中会添加显示当前日期或时间的文本框。

习题

一、选择题

1. 窗体的记录源可以是表或（　　　）。

　　A. 报表　　　　　　　B. 宏　　　　　　　C. 查询　　　　　　D. 模块

2. 窗体上的控件分为 3 种类型：绑定控件、未绑定控件和（　　　）。

　　A. 查询控件　　　　　B. 报表控件　　　　C. 计算控件　　　　D. 模块控件

3. 当需要将一些切换按钮、选项按钮或复选框组合起来使用时，需要使用的控件是（　　　）。

　　A. 列表框　　　　　　B. 复选框　　　　　C. 选项组　　　　　D. 组合框

4. 下面关于列表框和组合框的叙述，正确的是（　　　）。

　　A. 在列表框和组合框中均不可以输入新值

　　B. 可以在列表框中输入新值，而组合框不能

　　C. 在列表框和组合框中均可以输入新值

　　D. 可以在组合框中输入新值，而列表框不能

5. 用来显示与窗体关联的表或查询中字段值的控件类型是（　　　）。

　　A. 绑定型　　　　　　B. 计算型　　　　　C. 关联型　　　　　D. 未绑定型

6. 要改变窗体中文本框控件的数据源，应设置的属性是（　　　）。

　　A. 记录源　　　　　　B. 控件来源　　　　C. 筛选查阅　　　　D. 默认值

7. （　　　）节在窗体每页的顶部显示信息。

　　A. 主体　　　　　　　B. 窗体页眉　　　　C. 页面页眉　　　　D. 控件页眉

8. 要在窗体首页使用标题，应在窗体页眉添加（　　　）控件。

　　A. 标签　　　　　　　B. 文本框　　　　　C. 选项组　　　　　D. 图片

9. 在显示具有（　　　）关系的表或查询中的数据时，子窗体特别有效。

　　A. 1 : 1　　　　　　　B. 1 : 2　　　　　　C. 1 : n　　　　　　D. m : n

10. 在某窗体的文本框中输入"=now()"，则在窗体视图上的该文本框中显示（　　　）。

　　A. 系统时间　　　　　B. 系统日期　　　　C. 当前页码　　　　D. 系统日期和时间

二、填空题

1. 能够唯一标志某一控件的属性是_____。

2. 在纵栏式窗体、表格式窗体和数据表窗体中，将窗体最大化后显示记录最多的窗体是_____。

3. 插入到其他窗体中的窗体称为_____。

4. 通过设置窗体的_____属性可以设定窗体数据源。

< 167 >

5. 假设已在 Access 中建立了包含 "书名" "单价" 和 "数量" 3 个字段的图书表，以该表为数据源创建的窗体中，有一个计算订购总金额的文本框，其控件来源为_____。

三、问答题

1. 简述窗体的功能、类型及窗体的 6 种视图。

2. "属性表" 任务窗格有什么作用？举例说明在 "属性表" 任务窗格中设置对象属性值的方法。

3. 窗体由哪几部分组成？各部分主要用来放置哪些信息和数据？

4. 窗体控件分为几类？在窗体中可以添加的控件有哪些？

5. 如何在窗体中添加绑定控件？举例说明如何创建计算型控件。

< 168 >

第 **6** 章　报表

本章学习目标：

- 了解报表的概念、类型、视图及报表的视图模式；
- 掌握创建报表的方法；
- 掌握对报表数据进行排序、分组和计算的方法；
- 掌握创建子报表和多列报表的方法；
- 掌握美化报表的方法。

报表作为 Access 数据库的重要对象之一，主要用于输出数据。报表可以帮助用户以各种格式展示数据，既可以输出到屏幕上，也可以传送到打印机。报表还可以对大量原始数据进行比较、分组和计算，从而方便、有效地处理数据，使之更易于阅读和理解。报表和窗体都用于数据库中数据的表示，但两者的作用是不同的。窗体主要用来输入数据，强调交互性；而报表则用来输出数据，没有交互功能。

6.1　报表概述

窗体和报表都可以显示数据，窗体的数据显示在窗口中，而报表的数据还可以打印出来。报表由从表或查询中获取的信息以及在设计报表时所提供的信息（如标签、标题和图形等）组成。报表和窗体的创建过程基本上是一样的，只是创建的目的不同而已：窗体用于实现用户与数据库系统之间的交互操作，而报表主要是把数据库中的数据清晰地呈现在用户面前。

6.1.1　报表的功能

报表是专门为输出和打印数据库中的数据而设计的窗体。报表具有以下功能。

1．呈现格式化的数据

报表可以帮助用户以各种格式展示数据，使用户易于阅读和理解。

2．数据分组处理

报表可以以分组记录为依据，实现大量数据的统计计算，从而方便、有效地处理数据。

3．其他功能

报表还提供了许多其他功能，即报表可以使用剪贴画/图片或图像来美化报表的外观、报表可以利用图表和图形来帮助说明数据的含义、报表通过页眉和页脚可以在每页的顶部和底部打印标志信息、在报表中可以创建子报表、利用报表可以打印输出标签。

6.1.2 报表的类型

Access 2016 能够创建各种类型的报表。根据报表中字段数据的显示位置，报表可以分为 4 种类型：纵栏式报表、表格式报表、图表报表和标签报表。

1．纵栏式报表

纵栏式报表与纵栏式窗体类似，在一页内以垂直方式显示记录数据，每条记录的各个字段从上到下排列，每个字段都显示在一个独立的行上。

2．表格式报表

表格式报表以行、列形式显示记录数据，通常一行显示一条记录，一页显示多条记录。在表格式报表中，字段标题信息通常安排在页首。

3．图表报表

图表报表用图表的形式显示记录数据，这样可以直观地表示出数据之间的关系。

4．标签报表

标签报表是一种特殊形式的报表，主要用于输出和打印不同规格的标签，如价格标签、书签、信封、名片和邀请函等。

6.1.3 报表的视图

Access 2016 为报表操作提供了 4 种视图：报表视图、打印预览、布局视图和设计视图。打开报表后，单击"开始"选项卡，在"视图"命令组中单击"视图"下拉按钮，在弹出的下拉菜单中可以看到图 6-1 所示的报表视图命令。选择不同的视图命令，可以在不同的报表视图间相互切换。

图 6-1 报表视图命令

1．报表视图

报表视图允许查看报表的设计效果，还允许对报表中的记录进行筛选和查找操作。

2．打印预览

打印预览支持查看报表的页面数据输出形式，对即将打印的报表的实际效果进行预览。如果效果不理想，用户可以随时更改打印设置。在打印预览中，可以放大以查看细节，也可以缩小以查看数据在页面上摆放的位置如何。

3．布局视图

布局视图允许在预览方式下对报表中的元素进行修改。利用报表布局工具可方便、快捷地在设计、格式、排列等方面做出调整，以创建符合用户需要的报表形式。

4．设计视图

设计视图显示了报表的基础结构，并提供了许多设计工具。使用设计视图可以设计和编辑报

< 170 >

表的结构、布局，还可以定义报表中要输出的数据及要输出的格式。例如，在报表上可以放置各种控件、调整控件的对齐方式及设置报表的属性等。

6.2 报表的创建

Access 提供了 4 种创建报表的方式：使用自动方式、使用手动方式、使用报表向导和使用设计视图。使用自动方式、手动方式或报表向导可以快速创建一个报表，但报表的格式往往比较单一，用户可以在设计视图中对建立的报表加以修改和完善。

6.2.1 使用自动方式创建报表

使用自动方式创建报表是一种通过指定数据源（仅基于一个表或查询），由系统自动生成包含数据源所有字段的报表的创建方法，也是创建报表最快捷的方法，但它提供的对报表结构和外观的控制最少，因此报表形式简单。一般情况下，需要快速浏览表或查询中的数据时可以使用自动方式创建报表，也可以先自动创建基本的报表，再进行修改。

使用自动方式创建报表可以快速创建基于选定表或查询中所有字段及记录的报表，其报表布局结构简单、整齐。区别于其他创建报表方法的是，使用自动方式创建报表时，需要先选定表对象或查询对象，而不是在报表对象下启动向导或进入报表设计视图。

使用自动方式创建报表的方法是：先选中要作为报表数据源的表或查询，然后在"创建"选项卡的"报表"命令组中单击"报表"命令按钮，系统自动生成纵栏式报表。

例 6-1 使用自动方式创建"学生"报表。

操作步骤如下。

① 打开"教学管理"数据库，在导航窗格中选中"学生"表。

② 单击"创建"选项卡，在"报表"命令组中单击"报表"命令按钮，"学生"报表立即创建完成，并且切换到布局视图，如图 6-2 所示。

图 6-2 "学生"报表

③ 以默认的报表名称保存该报表。

< 171 >

6.2.2 使用手动方式创建报表

使用手动方式创建报表是指需要从表的字段列表中选择所需字段，然后将其添加到报表中。空报表不会自动添加任何控件，而是显示"字段列表"窗格，以让用户通过手动添加表中的字段来设计报表。

例6-2 以"学生选课成绩"查询为数据源，使用"空报表"命令创建"学生选课成绩"报表。

操作步骤如下。

① 打开"教学管理"数据库，单击"创建"选项卡，在"报表"命令组中单击"空报表"命令按钮，自动切换到布局视图，如图6-3所示。

图6-3 "空报表"布局视图

② 在报表"属性表"任务窗格中设置"记录源"属性为"学生选课成绩"查询，在"字段列表"窗格中依次将"学号""姓名""课程名称""成绩"字段添加到报表主体区，并调整控件的位置。

③ 以"学生选课成绩"为名保存报表，进入报表视图，报表效果如图6-4所示。

学号	姓名	课程名称	成绩
20210101	李晨辰	基础英语	89
20210101	李晨辰	微积分	88
20210101	李晨辰	大学计算机基础	90
20210102	周益彤	基础英语	76
20210102	周益彤	宏观经济学	78
20210211	蔡莉莉	基础英语	87
20210211	蔡莉莉	大学计算机基础	67
20210212	石佳	基础英语	96
20210301	谢宝骏	基础英语	75
20210301	谢宝骏	企业战略管理	90
20210302	付伊宏	数据库技术与应	79

图6-4 "学生选课成绩"报表

< 172 >

6.2.3 使用报表向导创建报表

虽然使用自动方式可以快速地创建一个报表，但数据源只能来自一个表或查询。如果报表中的数据来自多个表或查询，则可以使用报表向导，报表向导将引导用户完成创建报表的任务。通过报表向导还可以创建图表报表和标签报表。

打开报表向导的方式与自动方式的打开方式相同，单击要作为报表数据基础的数据表，在"报表"命令组中单击"报表向导"命令按钮。

使用报表向导创建报表，会提示用户输入相关的数据源、字段和报表版面格式等信息。根据向导提示可以完成大部分报表设计的基本操作，因此加快了创建报表的进程。

例 6-3 以"教学管理"数据库中已存在的"学生选课成绩"查询为基础，利用"报表向导"创建"学生选课成绩报告单"报表。

操作步骤如下。

① 打开"教学管理"数据库，单击"创建"选项卡，在"报表"命令组中单击"报表向导"命令按钮，打开"报表向导"的第 1 个对话框。在该对话框中选择"查询:学生选课成绩"并选择报表所用的字段，这里依次添加"学生选课成绩"查询的全部字段，如图 6-5 所示。

图 6-5 选择报表的可用字段

② 单击"下一步"按钮，打开"报表向导"的第 2 个对话框。在该对话框中要确定查看数据的方式，此处设置查看数据的方式为"通过 选课"，如图 6-6 所示。

③ 单击"下一步"按钮，打开"报表向导"的第 3 个对话框，如图 6-7 所示。在该对话框中要确定分组的级别，这里选择"学号"字段，结果如图 6-8 所示。

④ 单击"下一步"按钮，打开"报表向导"的第 4 个对话框。在该对话框中可以指定记录的排序次序，这里选择按"成绩"降序排列，如图 6-9 所示。

⑤ 单击"下一步"按钮，打开"报表向导"的第 5 个对话框。在该对话框中可以选择报表的布局样式，如图 6-10 所示。

< 173 >

图 6-6　确定查看数据的方式

图 6-7　确定分组的级别

图 6-8　以"学号"字段建立分组

< 174 >

图 6-9　指定记录的排序次序

图 6-10　选择报表的布局样式

⑥ 单击"下一步"按钮，打开"报表向导"的第 6 个对话框。在该对话框中指定报表的标题，输入"学生选课成绩报告单"，选择"预览报表"单选按钮，然后单击"完成"按钮，如图 6-11 所示。

![图 6-11 报表向导对话框，报表标题为"学生选课成绩报告单"]

图 6-11　为报表指定标题

< 175 >

⑦ 预览报表的结果如图 6-12 所示。

图 6-12　用"报表向导"创建的报表

6.2.4　使用设计视图创建报表

除可以使用上述自动方式和报表向导功能创建报表外，还可以从设计视图开始创建一个新报表，也可以使用设计视图对使用自动方式或报表向导功能快速创建的报表结构进行修改和美化。

1．报表的结构

打开数据库，单击"创建"选项卡，在"报表"命令组中单击"报表设计"命令按钮，可以打开报表设计视图窗口，如图 6-13 所示。

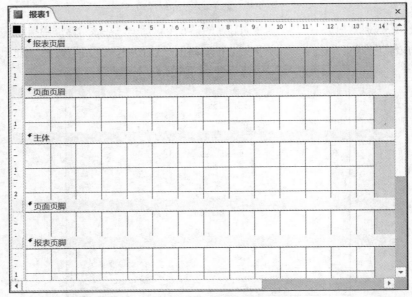

图 6-13　报表设计视图窗口

< 176 >

从图 6-13 可以看出，报表设计视图由 5 部分组成：报表页眉、页面页眉、主体、页面页脚、报表页脚。报表设计视图中的每个部分称为一个节，每一节左边的小方块是相应的节选定器，报表左上角的小方块是报表选定器。双击相应的选定器可以打开"属性表"任务窗格，设置相应节或报表的属性。

报表设计视图中的每个节都有特定的用途，其中主体节是必需的。各节的功能如下。

① 报表页眉位于报表的开始位置，用来显示报表的标题、徽标或说明性文字。一个报表只有一个报表页眉。报表页眉中的全部内容都只能输出在报表的开始处。

② 页面页眉位于每页的开始位置，显示报表中的字段名称或对记录的分组名称。报表的每一页有一个页面页眉，以保证当数据较多而报表需要分页的时候，在报表的每页上面都有一个表头。

一般来说，报表的标题放在报表页眉中，该标题输出时仅在报表第一页的开始位置出现。如果将标题移动到页面页眉中，则在每一页上都输出显示该标题。

③ 主体节位于报表的中间部分，用来定义报表中的输出内容和格式，它是报表显示数据的主要区域。

④ 页面页脚位于每页的结束位置，一般用来显示本页的汇总说明、页码等。

⑤ 报表页脚位于报表的结束位置，用来显示整个报表的汇总信息或其他的统计信息。

除了以上通用区域，在排序和分组时可能需要用到组页眉和组页脚区域。用户可右键单击报表窗口并在弹出的快捷菜单中选择"排序和分组"命令，添加分组，之后才会显示此节。"组页眉"显示在每个新记录组的开头，使用"组页眉"可以显示组名。例如，在按课程分组的选课报表中，可以使用"组页眉"显示"课程名称"。如果将使用 Sum 聚合函数的计算控件放在"组页眉"中，则总计是针对当前组的。"组页脚"显示在每个记录组的结尾，使用"组页脚"可以显示组的汇总信息。

2. "报表设计工具"的选项卡

打开报表设计视图后，新增了"报表设计工具"，其中包括"设计""排列""格式"和"页面设置" 4 个选项卡，各个选项卡中包含许多报表设计命令。在"设计"选项卡下"控件"命令组的"控件"命令按钮中包含了许多经常用到的报表设计对象，如文本框、标签、复选框、选项组、列表框等。"控件"是设计报表的重要工具，其操作方法与窗体设计中采用的操作方法相同。

例 6-4　使用设计视图来创建"学生选课成绩"报表。

操作步骤如下。

① 打开"教学管理"数据库，单击"创建"选项卡，在"报表"命令组中单击"报表设计"命令按钮，打开报表设计视图窗口。

使用设计视图
创建报表

② 在报表设计区单击鼠标右键，在弹出的快捷菜单中选择"报表页眉/页脚"命令，将在报表中添加报表页眉节和报表页脚节。

③ 从"控件"命令组中向报表页眉节中添加一个标签控件，输入标题"学生选课成绩"，然后设置标签格式。其中，字体为"华文新魏"，字号为"12"，文本"居中"对齐。

④ 设置报表的"记录源"属性为"学生选课成绩"查询，从"控件"命令组中向主体节中添加 4 个文本框控件（相应产生 4 个附加标签），并分别设置文本框的"控件来源"属性为"学号""姓名""课程名称"和"成绩"；或者在"字段列表"窗格中选择"学号""姓名""课程名

< 177 >

称"和"成绩" 4 个字段并将其拖到报表主体节里。两种方法均可创建绑定的显示字段数据的文本框控件。

⑤ 将主体节中的 4 个附加标签控件移到页面页眉节，然后调整各个控件的布局、大小、位置及对齐方式等，并调整报表页面页眉节和主体节的高度，以适合其中控件的大小，如图 6-14 所示。

图 6-14 "学生选课成绩"报表设计结果

⑥ 以"学生选课成绩"给报表命名并保存报表，再使用"打印预览"视图预览报表，结果如图 6-15 所示。

图 6-15 "学生选课成绩"报表的预览结果

6.2.5 创建标签报表

在实际应用中，标签的应用范围十分广泛，它是一种特殊形式的报表。在 Access 2016 中，可以使用标签向导快速地制作标签。

< 178 >

例 6-5　制作学生信息标签，包括学号、姓名、籍贯、专业名称等信息。

操作步骤如下。

① 打开"教学管理"数据库，选中要作为标签数据源的"学生"表；单击"创建"选项卡，在"报表"命令组中单击"标签"命令按钮，打开"标签向导"的第 1 个对话框；在该对话框中可以选择标签尺寸等，这里选择"C6104"标签型号，设置度量单位为"公制"、标签类型为"送纸"，如图 6-16 所示。

图 6-16　选择标签尺寸等

② 单击"下一步"按钮，打开"标签向导"的第 2 个对话框。在该对话框中，可以选择合适的字体、字号、字体粗细和文本颜色，如图 6-17 所示。

图 6-17　选择文本的字体和颜色等

③ 单击"下一步"按钮，打开"标签向导"的第 3 个对话框，根据需要选择创建标签要使

< 179 >

用的字段，此处选择"学号""姓名""籍贯""专业名称"字段，并按照报表要求在每个字段前面添加"学生证""学号:""姓名:""籍贯:""专业:"等提示文字，如图 6-18 所示。

图 6-18　选择创建标签要使用的字段

④　单击"下一步"按钮，打开"标签向导"的第 4 个对话框。在该对话框中为标签确定按哪些字段排序，这里选择"学号"字段，如图 6-19 所示。

图 6-19　确定标签的排序字段

⑤　单击"下一步"按钮，打开"标签向导"的最后一个对话框。在该对话框中，将新建的标签用"学生信息"命名，并单击"完成"按钮，查看预览效果。

⑥　进入设计视图进行局部调整，增加矩形控件，然后右键单击矩形控件，从弹出的快捷菜单中选择"位置"→"置于底层"命令将矩形放置在底层，设计效果如图 6-20 所示，其打印预览效果如图 6-21 所示。

< 180 >

图 6-20　"学生信息"标签的设计效果

图 6-21　"学生信息"标签的预览效果

6.2.6　创建图表报表

图表报表是指在报表中以图表的方式显示数据，使数据浏览更加直观、形象。在 Access 2016 中，使用"图表"控件来创建图表报表。

例 6-6　以"学生"表为数据源，按专业统计男女学生人数。

操作步骤如下。

① 打开"教学管理"数据库，在报表设计视图中单击"控件"命令组中的"图表"命令按钮，打开"图表向导"的第 1 个对话框，选择用于创建图表的表或查询。这里选择"学生"表。

② 单击"下一步"按钮，打开"图表向导"的第 2 个对话框，在"可用字段"列表框中分别选择"学号""性别""专业名称"字段用于所建图表中。

③ 单击"下一步"按钮，打开"图表向导"的第 3 个对话框，选择所需的图表类型。此处选择"柱形图"。

④ 单击"下一步"按钮，打开"图表向导"的第 4 个对话框，按照向导提示调整图表布局。

< 181 >

如果默认设置不符合要求，用户可以把左侧示例图表中的字段拖回到右侧相应的字段中，然后重新选择右侧的字段并拖放到示例图表中的"数据""轴""系列"处，如图 6-22 所示。

图 6-22　调整图表布局

⑤　单击"下一步"按钮，打开"图表向导"的最后一个对话框。在该对话框中输入图表标题"按专业统计男女学生人数"，单击"完成"按钮。

⑥　将报表存盘，进入打印预览视图，结果如图 6-23 所示。

图 6-23　"按专业统计男女学生人数"图表

6.3　报表中的计算

在报表的实际应用中，经常要对报表中的数据进行一些计算，如计算某个字段的总和或平均值、对记录的数值进行分类汇总等。

< 182 >

6.3.1　创建计算型控件

在报表的设计过程中，除在报表中添加绑定型控件直接显示字段数据外，还经常要使用计算型控件进行各种运算并将结果显示出来。计算型控件就是以表达式作为数据来源的控件。例如，报表设计中的页码、分组统计数据等均是通过设置计算型控件的"控件来源"属性为表达式而实现的。

1. 报表节中的统计计算规则

在 Access 中，报表是按节来设计的，选择用来放置计算型控件的报表节是很重要的。对于使用 Sum、Avg、Count、Min、Max 等聚合函数的计算型控件，Access 将根据控件所在的位置（选中的报表节）确定如何计算结果。具体规则如下。

① 如果计算型控件放在报表页眉节或报表页脚节中，则计算结果是针对整个报表的。

② 如果计算型控件放在组页眉节或组页脚节中，则计算结果是针对当前组的。

③ 聚合函数在页面页眉节和页面页脚节中无效。

④ 主体节中的计算型控件对数据源中的每一行打印一次计算结果。

2. 使用计算型控件进行统计运算

在 Access 中，使用计算型控件进行统计运算并输出结果有两种操作形式：针对一条记录的横向计算和针对多条记录的纵向计算。

（1）针对一条记录的横向计算

对一条记录的若干字段求和或计算平均值时，可以在主体节内添加计算型控件，并设置计算型控件的"控件来源"属性为相应字段的运算表达式。例如，有一个"学生成绩"报表，包含"计算机""英语"和"高等数学"3 个字段，要在报表中列出学生 3 门课程的成绩和每位学生 3 门课程的平均成绩，只要设置新添计算型控件的"控件来源"属性为"=([计算机]+[英语]+[高等数学])/3"即可。

（2）针对多条记录的纵向计算

多数情况下，报表统计计算是针对一组记录或所有记录来进行的。要对一组记录进行计算，可以在该组的组页眉或组页脚节中创建一个计算型控件；要对整个报表进行计算，可以在该报表的报表页眉节或报表页脚节中创建一个计算型控件。这时往往要使用 Access 提供的内置统计函数完成相应的计算操作。例如，要计算上述"学生成绩"报表中所有学生"英语"课程的平均成绩，需要在报表页脚节内对应"英语"字段列的位置添加一个文本框计算型控件，并设置其"控件来源"属性为"=Avg([英语])"。

例 6-7　创建"学生年龄"报表，显示姓名、出生日期和年龄等信息，最后显示全体学生的平均年龄。

报表统计计算

显然，年龄和平均年龄需要利用计算型控件进行计算。

操作步骤如下。

① 打开报表设计视图窗口，设置报表的"记录源"属性为"学生"表，在"字段列表"窗格中将"学生"表的"姓名"和"出生日期"两个字段拖到报表主体节中。

② 在主体节上添加一个文本框，将其"控件来源"属性设置为"=Year(Date())-Year([出生日期])"，同时将附加标签控件的"标题"属性设置为"年龄"。

< 183 >

③ 在报表中添加报表页眉节和报表页脚节，然后在其中添加一个文本框，将其"控件来源"属性设置为"=Avg(Year(Date())-Year([出生日期]))"，同时将附加标签控件的"标题"属性设置为"平均年龄"。

④ 以"学生年龄"为名保存报表，这时报表的设计效果如图6-24所示。

图6-24　"学生年龄"报表的设计效果

⑤ 通过打印预览视图查看报表，第2页的预览效果如图6-25所示。

图6-25　"学生年龄"报表的预览效果

6.3.2　报表排序和分组

报表排序和分组是报表设计中的重要操作，它可以将数据重新组织后呈现在报表中，从而满足不同的应用需求。

1．记录排序

通常情况下，报表中的记录是按照数据输入的先后顺序排列显示的。如果需要按照某种指定的顺序排列记录数据，此时可以使用报表的排序功能。

< 184 >

例 6-8　将"学生选课成绩"报表按成绩从高到低顺序输出。

操作步骤如下。

① 在设计视图中打开"学生选课成绩"报表，单击"报表设计工具/设计"选项卡，在"分组和汇总"命令组中单击"分组和排序"命令按钮，显示"分组、排序和汇总"窗格，如图 6-26 所示。在该窗格中显示"添加组"和"添加排序"两个按钮，分别用于报表记录的分组和排序。

图 6-26　"分组、排序和汇总"窗格

② 在"分组、排序和汇总"窗格中单击"添加排序"按钮，从下拉列表中选择排序字段（或在下拉列表下端单击"表达式"选项，打开"表达式生成器"对话框，从中输入排序表达式，例如输入"=Left([姓名],1)"，将按"姓名"排序），这里选择"成绩"字段，在"排序次序"列中选择"降序"方式，设置结果如图 6-27 所示。

图 6-27　报表排序依据设置

此外，还可以设置多个排序字段，这时先按第 1 排序字段值排序；第 1 排序字段值相同的记录再按第 2 排序字段值排序，依此类推。

③ 保存报表，并利用打印预览视图对报表进行预览，结果如图 6-28 所示。

学号	姓名	课程名称	成绩
20210401	黄倩	大学计算机基础	98
20210212	石佳	基础英语	96
20210510	周鹏程	微积分	92
20210301	谢宝骏	企业战略管理	90
20210510	周鹏程	基础英语	90
20210101	李晨辰	大学计算机基础	90
20210101	李晨辰	基础英语	89
20210101	李晨辰	微积分	88
20210211	蔡莉莉	基础英语	87
20210509	李大维	基础英语	86

图 6-28　排序后的"学生选课成绩"报表

< 185 >

2．记录分组

记录分组是指将某个或几个字段值相同的记录划分为一组，以实现同组数据的统计和汇总。分组统计通常在报表设计视图的组页眉节和组页脚节中进行。

例6-9 修改"学生年龄"报表，显示男女学生的平均年龄。

此例显然是要对"性别"字段进行分组计算。操作步骤如下。

① 在报表设计视图窗口中打开创建的"学生年龄"报表。

② 在"报表设计工具/设计"选项卡的"分组和汇总"命令组中单击"分组和排序"命令按钮，显示"分组、排序和汇总"窗格。

③ 单击"添加组"按钮，"分组、排序和汇总"窗格中将添加"分组形式"栏，选择"性别"字段作为分组字段，保留排序次序为"升序"。

④ 单击"分组形式"栏的"更多"选项，将显示分组的所有选项，如图6-29所示。在全部分组选项中，可以设置分组的各种属性。

图6-29 分组属性选项

各分组属性的含义如下。

- "有/无页眉节"属性、"有/无页脚节"属性：用于设置是否显示该组的组页眉和组页脚，以创建分组级别。
- 设置汇总方式和类型：指定按哪个字段进行汇总以及如何对字段进行统计计算。
- 指定在同一页中是打印组的全部内容还是打印部分内容。

这里设置"有页脚节"，并在"性别页脚"节中添加"性别"字段文本框、"平均年龄"标签以及求平均年龄的计算字段，同时删除原来"主体"节的内容。

⑤ 将报表命名为"学生年龄分组"并存盘，设计效果如图6-30所示。

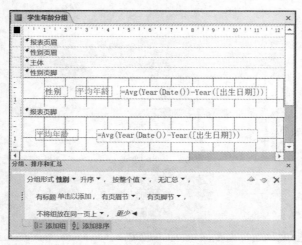

图6-30 "学生年龄分组"报表的设计效果

< 186 >

⑥ 使用打印预览视图对报表进行预览，分组显示和统计的预览效果如图 6-31 所示。

图 6-31 "学生年龄分组"报表的预览效果

例 6-10 对"学生"表创建报表，要求分组统计不同"姓"的学生人数。

操作步骤如下。

① 使用"报表向导"创建包含"学号""姓名"两个字段的"按学生姓分组"报表。

② 在设计视图窗口中打开该报表，在"报表设计工具/设计"选项卡的"分组和汇总"命令组中单击"分组和排序"命令按钮，显示"分组、排序和汇总"窗格。

③ 单击"添加组"按钮，选择"分组形式"为"表达式"，在弹出的"表达式生成器"对话框中输入表达式"=Left([姓名],1)"，保留排序次序为"升序"。

④ 单击"分组形式"栏的"更多"选项，选择"有页眉节"和"有页脚节"选项；在组页眉中添加文本框，设置"控件来源"属性为"=Left([姓名],1)"，附加标签控件的"标题"属性为"姓"。

⑤ "汇总方式"选"学号"字段，"类型"选"值计数"选项，选中"在组页脚中显示小计"复选框。

⑥ 将报表存盘为"按学生姓分组"，设置分组的报表设计效果如图 6-32 所示。

图 6-32 "按学生姓分组"报表的设计效果

< 187 >

⑦ 使用打印预览视图对报表进行预览，效果如图 6-33 所示。

图 6-33 "按学生姓分组"报表的预览效果

6.4 创建子报表

子报表是插在其他报表中的报表，包含子报表的报表称为主报表。使用子报表可以将主报表数据源中的数据和子报表数据源中对应的数据同时呈现在一个报表中，从而更加清楚地表现两个数据源中的数据及其联系。与子窗体不同，在报表中添加的子报表只能在"打印预览"视图中预览，而不能像子窗体那样进行编辑。

在创建子报表之前，首先要确保主报表数据源和子报表数据源之间已经建立了正确的关联，这样才能保证子报表中的记录与主报表中的记录之间有正确的对应关系。

6.4.1 在已有报表中创建子报表

在已经建好的报表中插入子报表，可以利用"子窗体/子报表"控件，然后按"子报表向导"的提示进行操作。

例 6-11 在"学生"报表中增添"选课成绩信息"子报表。

操作步骤如下。

① 在报表设计视图中打开"学生"报表，并适当调整其控件布局和纵向外观显示，为子报表留出适当位置。

② 使"使用控件向导"命令保持选中状态，然后单击"控件"命令组中的"子窗体/子报表"命令按钮，再单击需要放子报表的位置，打开"子报表向导"的第 1 个对话框。在该对话框中选择子报表的数据来源，"使用现有的表和查询"单选按钮用于创建基于表和查询的子报表，"使用现有的报表和窗体"单选按钮用于创建基于报表和窗体的子报表，这里选中"使用现有的表和查询"单选按钮，如图 6-34 所示。

< 188 >

图 6-34　选择子报表的数据来源

③ 单击"下一步"按钮，打开"子报表向导"的第 2 个对话框。在该对话框中先选择子报表的数据源表或查询，再选择子报表中包含的字段，这里将"查询:学生选课成绩"中的"学号""课程名称"和"成绩"字段作为子报表的字段选入"选定字段"列表框中，如图 6-35 所示。

图 6-35　选择子报表中包含的字段

④ 单击"下一步"按钮，打开"子报表向导"的第 3 个对话框。在该对话框中确定主报表与子报表的链接字段，链接字段可以从列表中选，也可以由用户自定义。这里选中"自行定义"单选按钮，分别设置"窗体/报表字段"和"子窗体/子报表字段"，如图 6-36 所示。

< 189 >

图 6-36　确定主报表和子报表的链接字段

⑤ 单击"下一步"按钮，打开"子报表向导"的最后一个对话框。在该对话框中为子报表指定名称，单击"完成"按钮。

⑥ 适当调整报表版面布局后保存报表，设计效果如图 6-37 所示。

图 6-37　子报表的设计效果

⑦ 使用打印预览视图预览报表，效果如图 6-38 所示。

< 190 >

图 6-38　子报表的预览效果

6.4.2　在其他报表中添加报表

在 Access 数据库中，可以先分别建好两个报表，然后将一个报表添加到另一个报表中。操作方法如下。

① 在报表设计视图中打开希望作为主报表的报表。

② 确保已经选中"控件"命令组中的"使用控件向导"命令，将希望作为子报表的报表从导航窗格拖到主报表中需要添加子报表的节区，这样 Access 就会自动将子报表控件添加到主报表中。

③ 调整、预览并保存报表。

6.5　报表的美化

报表的美化是指在报表的基本功能实现以后，在报表设计视图中打开报表，然后对已经创建的报表进行修饰加工，使报表更加美观。

6.5.1　添加控件对象

除在报表中显示所需要的主体内容外，还可以在其中添加控件对象，使创建的报表表现力更强。在报表中添加的控件对象主要有徽标、当前日期和时间、分页符和页码、线条和矩形等。

1．添加徽标

在报表中添加徽标的操作步骤是：使用设计视图打开报表，在"报表设计工具/设计"选项卡的"页眉/页脚"命令组中单击"徽标"命令按钮，打开"插入图片"对话框，在"插入图片"对

< 191 >

话框中选择图片所在的目录及图片文件，单击"确定"按钮。

2．添加当前日期和时间

在报表设计视图中给报表添加当前日期和时间的操作方法是：使用设计视图打开报表，在"报表设计工具/设计"选项卡的"页眉/页脚"命令组中单击"日期和时间"命令按钮，在打开的"日期和时间"对话框中选择要显示的日期和时间及显示格式，最后单击"确定"按钮即可。

此外，也可以在报表上添加一个文本框，然后设置其"控件来源"属性为日期或时间的计算表达式，如"=Date()"或"=Time()"。此种方法也可显示日期或时间，该控件可安排在报表的任何节中。

3．添加分页符和页码

要在报表中使用分页符来控制分页显示，其操作方法是：使用设计视图打开报表，单击"控件"命令组中的"插入分页符"命令按钮，选择报表中需要设置分页符的位置，然后单击，分页符会以短虚线标记在报表的左边界上。

在报表中添加页码的操作方法是：使用设计视图打开报表，在"报表设计工具/设计"选项卡的"页眉和页脚"命令组中单击"页码"命令按钮，然后在打开的"页码"对话框中，根据需要选择相应的页码格式、位置和对齐方式。

在 Access 中，Page 和 Pages 是两个内置变量，[Page]代表当前页号，[Pages]代表总页数。用户可以使用字符运算符"&"来构造一个字符表达式，将此表达式作为页面页脚节中一个文本框控件的"控件来源"属性值，这样就可以输出页码了。例如，用表达式"="第" & [page] & "页""来打印页码，其页码形式为"第×页"；而用表达式"="第" & [page] & "页，共" & [Pages] & "页""来打印页码，其页码形式为"第×页，共×页"。

4．添加线条和矩形

在报表设计中，可通过添加线条或矩形来修饰版面，以达到更美观的显示效果。

在报表上绘制线条的操作方法是：使用设计视图打开报表，单击"控件"命令组中的"直线"命令按钮，然后单击报表的任意处创建默认长度的线条，或者通过单击并拖动鼠标的方式创建任意长度的线条。

在报表上绘制矩形的操作方法是：使用设计视图打开报表，单击"控件"命令组中的"矩形"命令按钮，然后单击报表的任意处创建默认大小的矩形，或者通过拖动方式创建任意大小的矩形。

例 6-4 中创建的"学生选课成绩"报表在添加日期、时间和线条以后的效果如图 6-39 所示。

图 6-39　修饰后的"学生选课成绩"报表

< 192 >

6.5.2　设置报表的外观

报表主要用于输出和显示数据，因此报表的外观设计很重要。报表设计要做到数据清晰且有条理地显示，使用户一目了然地浏览数据。

1．使用报表主题格式设置报表外观

Access 2016 提供了许多主题格式，用户可以直接在报表上套用某个主题格式。

例 6-12　设置"学生"报表的主题格式。

操作步骤如下。

① 打开"教学管理"数据库，再打开需要使用主题格式的"学生"报表，并切换到设计视图。

② 单击"报表设计工具/设计"选项卡，在"主题"命令组中单击"主题"命令按钮，在打开的主题格式列表中选择主题格式。

设置完成后，报表的样式将应用到报表上，主要影响报表以及报表控件的字体、颜色和边框属性。设置完主题格式之后，还可以继续在"属性表"任务窗格中修改报表的格式属性。

2．使用报表属性设置报表外观

在报表的"属性表"任务窗格中，可以通过修改报表的格式属性来设置报表的外观，例如报表大小、边框样式等。报表自身的一些控件，例如关闭按钮、最大化按钮、最小化按钮、滚动条等，可以在"属性表"任务窗格中设置是否显示。

例 6-13　为"学生"报表添加背景图片。

① 打开"学生"报表，并切换到设计视图。

② 打开"属性表"任务窗格，在所有对象列表中选择"报表"，并在"属性表"任务窗格中选择"格式"选项卡。

③ 单击"图片"属性框，在右边显示的省略号按钮上单击，会弹出"插入图片"对话框；在对话框中选择合适的图片，单击"确定"按钮，属性框中会显示图片名称，报表背景将显示该图片。

根据需要，还可以设置背景图片的其他属性，包括"图片类型""图片缩放模式""图片对齐方式"等属性。

6.6　报表的预览和打印

报表创建完成后，便可以打印了。在打印报表之前，用户需要先进行打印预览，以查看报表的版面和内容。若不满足用户要求，用户还可以进行更改。打印过程一般分为 3 步：预览报表、页面设置和打印报表。

6.6.1　预览报表

预览报表是指在屏幕上查看报表打印后的外观情况。预览报表的方法主要有以下 3 种。

< 193 >

① 选择"文件"→"打印"→"打印预览"命令。

② 在导航窗格中双击要预览的报表，打开该报表的报表视图，单击"视图"命令组→"视图"命令按钮→"打印预览"命令。该方法也适用于从其他报表视图切换到打印预览视图。

③ 右键单击导航窗格中的报表，在弹出的快捷菜单中选择"打印预览"命令。

6.6.2 页面设置

若在预览时对报表当前的打印效果不满意，用户可以更改其页面布局，也可以重新设置页边距、纸张大小和方向等。

1."页面设置"对话框

将报表切换到"打印预览"视图下，功能区中的"打印预览"选项卡将被激活，单击"页面布局"命令组中的"页面设置"命令按钮，即可打开"页面设置"对话框，如图 6-40 所示。

图 6-40 "页面设置"对话框

"页面设置"对话框中各选项卡的作用如下。

① "打印选项"选项卡：在该选项卡中可对报表的页边距进行设置，且在选项卡的右上方会显示当前设置的页边距的预览效果。

② "页"选项卡：在该选项卡中可对纸张的大小以及纸张的打印方向进行设置。

③ "列"选项卡：在该选项卡中可设置在一页报表中的列数、行间距、列尺寸及列布局等。

在设计视图下单击"报表设计工具/页面设置"选项卡，在"页面布局"命令组中单击"页面设置"命令按钮也能打开"页面设置"对话框。

< 194 >

2．创建多列报表

多列报表是指在报表中使用多列格式来显示数据，使报表中的数据紧凑，一目了然，并可节省纸张。多列报表最常见的形式就是标签报表。我们也可以将一个设计好的普通报表设置成多列报表，具体操作方法如下。

① 创建普通报表。在打印时，多列报表的组页眉节、组页脚节和主体节将占满整个列的宽度。例如，如果要打印 4 列数据，此时需调整控件宽度在一个合理范围内。

② 在"页面设置"对话框中单击"列"选项卡。在"网格设置"区域中的"列数"文本框中输入每一页所需的列数为"4"，在"行间距"文本框中输入主体节中每个标签记录之间的垂直距离，在"列间距"文本框中输入各标签之间的距离；在"列尺寸"区域中的"宽度"文本框中输入单个标签的列宽，在"高度"文本框中输入单个标签的高度值，如图 6-41 所示，此外，也可以用鼠标拖动节的标尺来直接调整主体节的高度；在"列布局"区域中选中"先列后行"或"先行后列"单选按钮设置列的输出布局。

图 6-41　"页面设置"对话框的"列"选项卡

③ 单击"页"选项卡，在"页"选项卡的"打印方向"区域中选中"纵向"或"横向"单选按钮来设置打印方向。

④ 单击"确定"按钮，完成报表设计，最后预览并保存报表。

6.6.3　打印报表

打印报表的方法是：选择"文件"→"打印"→"打印"命令，或者直接在"打印预览"选项卡的"打印"命令组中单击"打印"命令按钮，在打开的"打印"对话框中设置打印的参数，如打印机名称、打印范围和份数等，如图 6-42 所示。设置完成后，单击"确定"按钮，即可将选择的报表打印出来。

< 195 >

图 6-42 "打印"对话框

习题

一、选择题

1. 在 Access 数据库中，专用于打印的对象是（ ）。

　A. 窗体　　　　　　B. 报表　　　　　　C. 查询　　　　　　D. 表

2. 报表中的内容是以（ ）为单位来划分的。

　A. 章　　　　　　　B. 节　　　　　　　C. 页　　　　　　　D. 行

3. 报表页眉的内容只在报表的（ ）打印输出。

　A. 第一页顶部　　　B. 第一页尾部　　　C. 最后一页中部　　D. 最后一页尾部

4. 如果建立报表所需要显示的内容位于多个表中，则必须将报表基于（ ）来制作。

　A. 多个表的全部数据　　　　　　　　B. 由多个表中相关数据建立的查询

　C. 由多个表中相关数据建立的窗体　　D. 由多个表中相关数据组成的新表

5. 如果设置报表中某个文本框的"控件来源"属性为"=7*12+8"，则打印预览报表时，该文本框显示的信息是（ ）。

　A. 未绑定　　　　　B. 92　　　　　　　C. 7*12+8　　　　　D. =7*12+8

6. 要实现报表的总计，其操作区域是（ ）。

　A. 组页脚/页眉　　　　　　　　　　　B. 报表页脚/页眉

　C. 页面页眉/页脚　　　　　　　　　　D. 主体

7. 在报表中，如果要对分组进行计算，应当将计算控件添加到（ ）中。

　A. 页面页眉或页面页脚　　　　　　　B. 报表页眉或报表页脚

　C. 组页眉或组页脚　　　　　　　　　D. 主体

8. 在报表中，要计算所有学生"数学"课程的平均成绩，应将控件的"控件来源"属性设置为（ ）。

　A. =Avg(数学)　　　B. Avg([数学])　　C. =Avg([数学])　　D. Avg(数学)

< 196 >

9. 单击"报表设计工具/设计"选项卡上"分组和汇总"命令组中的"分组和排序"命令按钮，则在设计视图下方显示"分组、排序和汇总"窗格，并在该窗格中显示"添加组"按钮和"（　　）"按钮。

  A. 添加排序　　　　B. 显示排序　　　　C. 创建排序　　　　D. 编辑排序

10. 在报表设计的控件中，用于修饰版面以达到良好输出效果的是（　　）。

  A. 直线和多边形　　B. 直线和圆形　　　C. 直线和矩形　　　D. 矩形和圆形

二、填空题

1. 一个复杂的报表设计最多由报表页眉、报表页脚、页面页眉、_____、_____、_____和组页脚 7 个部分组成。

2. 报表的_____部分是报表不可缺少的内容。

3. _____的内容只能在报表的第一页最上方输出。

4. 报表有 4 种类型的视图，分别是_____、_____、_____和_____。

5. 设置报表的属性，需在_____中完成。

6. 要在报表上显示格式为"4/总 15 页"的页码，则计算型控件的"控件来源"应设置为_____。

三、问答题

1. 报表的功能是什么？它与窗体的主要区别是什么？

2. 如何为报表指定记录源？

3. 什么是分组？如何添加分组？

4. 什么是子报表？如何创建子报表？

5. 除了报表的设计布局，报表预览的结果还与什么因素有关？

< 197 >

第 7 章　宏

本章学习目标：
- 了解宏的概念、作用和类型；
- 掌握宏的设计方法；
- 掌握常用的宏操作命令；
- 掌握宏的应用。

Access 为用户提供了许多宏操作命令，用户可以把各个宏操作命令依次定义在宏中。运行宏时，Access 会按照定义的顺序依次执行各个宏操作。宏可以自动执行一些简单而重复的任务。通过宏能够将表、查询、窗体、报表等有机地联系起来，从而构成一个完整的系统。

7.1　宏概述

宏是由一个或多个宏操作命令组成的集合，其中每个操作都能实现特定的功能，例如打开某个窗体或打印某个报表。当宏由多个操作组成时，运行时会按宏命令的排列顺序依次执行。如果用户频繁地重复一系列操作，就可以用创建宏的方式来执行这些操作。

7.1.1　宏的类型

我们可以从不同的角度对宏进行分类，不同类型的宏反映了设计宏的意图、执行宏的方式以及组织宏的方式。

1. 根据宏所依附的位置来分类

根据宏所依附的位置，宏可以分为独立的宏、嵌入的宏和数据宏 3 种类型。

（1）独立的宏

独立的宏是一个独立的数据库对象，将显示在导航窗格中的"宏"对象下。窗体、报表或控件的任何事件都可以调用宏对象中的宏。如果希望在应用程序的很多位置重复使用宏，则独立的宏是非常有用的。通过从其他宏调用宏，可以避免在多个位置重复相同的代码。

（2）嵌入的宏

嵌入在对象的事件属性中的宏称为嵌入的宏。嵌入的宏与独立的宏的区别在于，嵌入的宏在导航窗格中不可见，它成为了窗体、报表或控件的一部分，独立的宏可以被多个对象以及不同的事件引用，而嵌入的宏只作用于特定的对象。

（3）数据宏

数据宏允许在插入、更新或删除表中的数据时执行某些操作，从而验证和确保表数据的准确性。数据宏也不显示在导航窗格的"宏"对象下。

2.根据宏中宏操作命令的组织方式来分类

根据宏中宏操作命令的组织方式，宏可以分为操作序列宏、子宏、宏组和条件操作宏几种类型。

（1）操作序列宏

操作序列宏是指组成宏的操作命令按照顺序关系排列，运行时按顺序从第1个宏操作依次往下执行。如果用户频繁地重复一系列操作，就可以用创建操作序列宏的方式来执行这些操作。

（2）子宏

用户可以将完成相对独立功能的宏操作命令定义成子宏。宏除了包括宏操作命令外，还可以包括子宏，每个宏可以包含多个子宏。子宏也有名称，可以通过其名称来调用。

（3）宏组

宏组是将相关宏操作命令进行分组，并为每组指定一个名称，从而提高宏的可读性。分组不会影响宏操作的执行方式，组不能单独调用或运行。分组的主要目的是标志一组操作，帮助用户一目了然地了解宏的功能。此外，在编辑大型宏时，可将每个分组块向下折叠为单行，从而减少必须进行的滚动操作。

（4）条件操作宏

条件操作宏就是在宏中设置条件，用来判断是否要执行某些宏操作。只有当条件成立时，宏操作才会被执行，这样可以增强宏的功能，也使宏的应用更加广泛。利用条件操作宏，可以根据不同的条件执行不同的宏操作。例如，如果在某个窗体中使用宏来校验数据，可能要用某些信息来响应记录的某些输入值，而用另一些信息来响应其他不同的值，此时可以使用条件来控制宏的执行。

7.1.2　宏的操作界面

在Access 2016主窗口中单击"创建"选项卡，在"宏与代码"命令组中单击"宏"命令按钮，将进入宏的操作界面，其中包括"宏工具/设计"上下文选项卡、"操作目录"任务窗格和宏设计窗口3部分。宏的操作就是通过这些操作界面来实现的。

1."宏工具/设计"上下文选项卡

"宏工具/设计"上下文选项卡有3个命令组，分别是"工具""折叠/展开"和"显示/隐藏"，如图7-1所示。

图7-1　"宏工具/设计"上下文选项卡

< 199 >

各命令组的作用如下。

① "工具"命令组包括运行宏、单步调试宏以及将宏转换为 Visual Basic 代码 3 个操作。

② "折叠/展开"命令组提供浏览宏代码的几种方式：展开操作、折叠操作、全部展开和全部折叠。展开操作可以详细地阅读每个操作的细节，包括每个参数的具体内容；折叠操作可以把宏操作收缩起来，不显示操作的参数，只显示操作的名称。

③ "显示/隐藏"组主要是用于对"操作目录"任务窗格进行隐藏和显示。

2．"操作目录"任务窗格

为了方便用户操作，Access 2016 用"操作目录"任务窗格分类列出了所有宏操作命令，用户可以根据需要从中选择。当选择一个宏操作命令后，在任务窗格下半部分会显示相应命令的说明信息。"操作目录"任务窗格由 3 部分组成，分别是程序流程、操作和在此数据库中包含的宏对象，如图 7-2 所示。

各部分的作用如下。

① "程序流程"包括注释（Comment）、组（Group）、条件（If）和子宏（Submacro）等选项，用于实现程序流程控制。

② "操作"部分把宏操作按操作性质分成 8 组，分别是窗口管理、宏命令、筛选/查询/搜索、数据导入/导出、数据库对象、数据输入操作、系统命令和用户界面命令。Access 2016 以这种方式管理宏操作命令，使得用户创建宏更为方便和容易。

③ "在此数据库中"部分列出了当前数据库中的所有宏，以便用户可以重复使用所创建的宏和事件过程代码。展开"在此数据库中"通常会显示报表、表、窗体和宏等下一级列表，进一步展开报表、表、窗体和宏后，会显示出报表、表、窗体和宏中的事件过程或宏。

图 7-2 "操作目录"任务窗格

3．宏设计窗口

宏设计窗口也就是宏设计视图。Access 2016 重新设计了宏设计窗口，使得开发宏更为方便。当创建一个宏后，在宏设计窗口中会出现一个下拉列表框，在其中可以添加宏操作并设置操作参数，如图 7-3 所示。

图 7-3 宏设计窗口

< 200 >

添加宏操作命令有如下 3 种方式。

① 直接在"添加新操作"下拉列表框中输入宏操作命令的名称。

② 单击"添加新操作"下拉列表框的下拉按钮，在打开的下拉列表中选择相应的宏操作命令。

③ 从"操作目录"任务窗格中把某个宏操作命令拖曳到下拉列表框中或双击某个宏操作命令。

例如，双击"操作目录"任务窗格中"数据库对象"中的 OpenForm 命令后，在宏设计窗口中添加了 OpenForm 操作，并在操作名称下方出现 6 个参数，供用户根据需要来设置。当鼠标指针指向某个参数时，系统会显示相应的说明信息。操作名称前的"–"按钮或"+"按钮用于折叠或展开参数设置提示，而操作名称最右边的"✖"按钮用于删除该操作，如图 7-4 所示。

图 7-4　在"宏设计窗口"添加宏操作命令

> **!注意**
>
> 　　在添加宏操作命令之前，应先单击"宏工具/设计"上下文选项卡，在"显示/隐藏"命令组中单击"显示所有操作"命令按钮。这时在"添加新操作"下拉列表中按字母顺序列出 Access 2016 全部 87 个宏操作命令，否则只列出 67 个常用的宏操作命令。

7.1.3　常用的宏操作命令

在宏设计视图下，Access 2016 在"操作目录"任务窗格的"操作"部分会显示所有的宏操作命令。在宏设计窗口中，可以调用这些基本的宏操作命令，并配置相应的操作参数，自动完成对数据库的各种操作。根据宏操作命令的用途来分类，表 7-1 列出了常用的宏操作命令。

表 7-1　常用的宏操作命令分类列表

分类	宏操作命令	功能
打开或关闭数据库对象	OpenForm	打开窗体
	OpenQuery	打开查询
	OpenReport	打开报表
	OpenTable	打开表
	CloseDatabase	关闭当前数据库

< 201 >

续表

分类	宏操作命令	功能
查找记录	FindNextRecord	查找符合指定条件的下一条记录
	FindRecord	查找符合条件的第 1 条记录
	GoToRecord	指定当前记录
用户界面	AddMenu	创建菜单栏
运行和控制流程	RunMacro	执行一个宏
	StopAllMacros	终止当前所有宏的运行
	StopMacro	终止当前正在运行的宏
	QuitAccess	退出 Access
窗口控制	MaximizeWindow	将窗口最大化
	MinimizeWindow	将窗口最小化
	RestoreWindow	将窗口恢复为原来大小
	CloseWindow	关闭指定或活动窗口
通知或警告	Beep	通过计算机的扬声器发出嘟嘟声
	MessageBox	显示消息框

7.2 宏的创建

宏的创建方法与其他对象的创建方法稍有不同，其他对象的创建既可以通过自动方式、手动方式、向导创建，也可以通过设计视图创建，但宏只能通过设计视图创建。

7.2.1 创建独立的宏

要创建宏，需在宏设计窗口中添加宏操作命令、提供注释说明及设置操作参数。选定一个操作后，在宏设计窗口的操作参数设置区会出现与该操作对应的操作参数设置表。通常情况下，当单击操作参数列表框时，会在列表框的右侧出现一个下拉按钮，用户单击该按钮可在弹出的下拉列表中选择操作参数。

1．创建操作序列宏

创建操作序列宏是最基本的创建宏的方法，下面通过例子说明其操作方法。

例 7-1 创建宏，其功能是打开"学生"表和"学生选课成绩"查询，然后先关闭查询，再关闭表，关闭前用消息框提示操作。

操作步骤如下。

① 打开"教学管理"数据库，单击"创建"选项卡，在"宏与代码"命令组中单击"宏"命令按钮，打开宏设计窗口。

② 在"操作目录"任务窗格中把"程序流程"中的 Comment 拖到"添加新操作"下拉列表框中或双击 Comment，在宏设计器中出现相应的注释行；在其中输入"打开学生表"，然后单击

创建宏

< 202 >

"添加新操作"下拉列表框右侧的下拉按钮，在打开的下拉列表中选择 OpenTable 命令；单击"表名称"下拉列表框右侧的下拉按钮，选择"学生"表，其他参数取默认值，如图 7-5 所示。

图 7-5　操作序列宏的设置

单击宏操作命令右侧的"上移"按钮和"下移"按钮可以改变宏操作的顺序，单击右侧的"删除"按钮可以删除宏操作。

③ 将 Comment 拖到"添加新操作"下拉列表框中，在注释中输入"打开学生选课成绩查询"；在"添加新操作"下拉列表中选择 OpenQuery 命令，在"查询名称"下拉列表中选择"学生选课成绩"查询，其他参数取默认值。

④ 将 Comment 拖到"添加新操作"下拉列表框中，在注释中输入"提示信息"；在"添加新操作"下拉列表中选择 MessageBox 命令，在"消息"文本框中输入"关闭查询吗？"，在"标题"文本框中输入"提示信息！"，其他参数取默认值。

⑤ 将 Comment 拖到"添加新操作"下拉列表框中，在注释中输入"关闭查询"；在"添加新操作"下拉列表中选择 CloseWindow 命令，在"对象类型"下拉列表中选择"查询"选项，在"对象名称"下拉列表中选择"学生选课成绩"查询，其他参数取默认值。

⑥ 关闭表可以采用类似的操作方法，分别加入 MessageBox 命令和 CloseWindow 命令，只不过要注意选择不同的操作参数。

⑦ 以"操作序列宏"为名保存创建好的宏。

⑧ 单击"宏工具/设计"上下文选项卡，在"工具"命令组中单击"运行"命令按钮，运行设计好的宏，将按顺序执行宏中的操作。

宏是按宏名进行调用的。命名为 AutoExec 的宏将在打开该数据库时自动运行。如果要取消自动运行，则在打开数据库时按住 Shift 键即可。

2. 创建子宏

创建子宏通过"操作目录"任务窗格中"程序流程"下的 Submacro 来实现。我们可通过与添加宏操作相同的方式将 Submacro 块添加到宏，然后将宏操作添加到该块中，并给不同的块加上不同的名字。如果要生成子宏的操作命令已在宏中，则可以选择一个或多个操作命令并右键单击它们，然后在出现的快捷菜单中选择"生成子宏程序块"命令，直接创建子宏。

子宏必须始终是宏中最后的块，不能在子宏下添加任何操作（除非有更多子宏）。

例 7-2　创建宏，其功能是将例 7-1 中的操作分成两个子宏，打开和关闭"学生"表是第 1 个子宏实现，打开和关闭"学生选课成绩查询"是第 2 个子宏实现，关闭前都用消息框提示操作。

子宏与宏组

< 203 >

操作步骤如下。

① 打开"教学管理"数据库，单击"创建"选项卡，在"宏与代码"命令组中单击"宏"命令按钮，打开宏设计窗口。

② 在"操作目录"任务窗格中把"程序流程"中的子宏 Submacro 拖到"添加新操作"下拉列表框中；子宏名称文本框中默认名称为 Sub1，把该名称修改为"宏 1"；在"添加新操作"下拉列表中选择 OpenTable 命令，设置表名称为"学生"表；继续在"添加新操作"下拉列表中选择 MessageBox 和 CloseWindow 命令。

③ 按照同样的方法设置宏 2，以宏名"包含子宏的宏"保存宏，设置如图 7-6 所示。

如果运行的宏仅包含多个子宏，但没有专门指定要运行的子宏，则只会运行第 1 个子宏。在导航窗格中的宏名称列表中将显示宏的名称。如果要引用宏中的子宏，其引用格式是"宏名.子宏名"。例如，直接运行"包含子宏的宏"则自动运行"宏 1"。要运行"宏 2"，可以单击"数据库工具"选项卡，在"宏"命令组中单击"运行宏"命令按钮，在出现的"执行宏"对话框中输入"包含子宏的宏.宏 2"，如图 7-7 所示。

图 7-6　子宏设置

图 7-7　子宏的执行

当然，子宏也可以在事件属性中执行或使用 RunMacro 操作或 OnError 操作来执行。

要将一个操作或操作集合指派给某个特定的按键，可以创建一个名为 AutoKeys 的宏，在按下特定的按键时，Access 就会执行相应的操作。创建 AutoKeys 宏，要在子宏名称文本框中输入特定的按键名，表 7-2 中列出了能够在 AutoKeys 宏中作为宏名的按键名。

表 7-2　可在 AutoKeys 宏中作为宏名的按键

按键名	说明
^A 或^1	Ctrl+任何字母或数字键
{F1}	任何功能键
^{F1}	Ctrl+任何功能键
+{F1}	Shift+任何功能键
{Insert}	Ins

< 204 >

续表

按键名	说明
^{Insert}	Ctrl+Ins
+{Insert}	Shift+Ins
{Delete}或{Del}	Del
^{Delete}或^{Del}	Ctrl+Del
+{Delete}或+{Del}	Shift+Del

例 7-3 建立一个 AutoKeys 宏，当按下 Ctrl+O 组合键时打开"学生"表，当按下 F5 功能键时打开"学生选课成绩"查询。

操作步骤如下。

① 打开宏设计窗口。

② 在"操作目录"任务窗格中把"程序流程"中的子宏 Submacro 拖到"添加新操作"下拉列表框中；子宏名称文本框中默认名称为 Sub1，把该名称修改为"^O"；在"添加新操作"下拉列表中选择 OpenTable 命令，设置表名称为"学生"表。

③ 把"程序流程"中的子宏 Submacro 拖到"添加新操作"下拉列表框中，把名称修改为"{F5}"；在"添加新操作"下拉列表中选择 OpenQuery 命令，设置查询名称为"学生选课成绩"。

④ 以 AutoKeys 为名称保存宏，设置如图 7-8 所示。

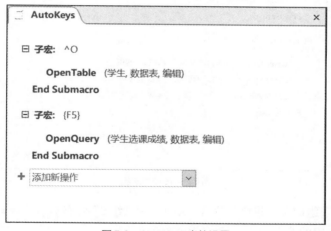

图 7-8 AutoKeys 宏的设置

此后，只要"教学管理"数据库是打开的，在任何情况下按下 Ctrl+O 组合键时，都将执行打开"学生"表操作；按下 F5 功能键，都将执行查询学生选课成绩操作。

3．创建宏组

创建宏组通过"操作目录"任务窗格中"程序流程"下的 Group 来实现，步骤是：首先将 Group 块添加到宏设计窗口中，在 Group 块顶部的文本框中输入宏组的名称，然后将宏操作添加到 Group 块中。如果要分组的操作已在宏中，此时可以选择要分组的宏操作命令，并右键单击所选的操作命令，然后在出现的快捷菜单中选择"生成分组程序块"命令，并在 Group 块顶部的文本框中输入宏组的名称。

< 205 >

！ 注意

Group 块不会影响宏操作的执行方式，组不能单独调用或运行。此外，Group 块可以包含其他 Group 块，最多可以嵌套 9 级。

例 7-4 将例 7-2 中的子宏改为宏组，再执行宏组。

操作步骤如下。

① 将"包含子宏的宏"另存为"包含宏组的宏"，并打开"包含宏组的宏"。

② 添加 Group 块，并输入名称"组 1"。

③ 利用宏操作命令右侧的"上移"按钮和"下移"按钮，将原来"宏 1"中的操作移入"组 1"，最后利用"子宏：宏 1"右侧的"删除"按钮删除 Submacro 块。

④ 用同样的方法修改、添加"组 2"。

⑤ 将宏存盘。设计的宏组如图 7-9 所示。

图 7-9　设计的宏组

⑥ 运行"包含宏组的宏"将依次执行"组 1"和"组 2"中的操作。所以分组只是宏的一种组织方式，它不改变宏的执行方式，组不能单独运行。

4．创建条件操作宏

如果希望当满足指定条件时才执行宏的一个或多个操作，我们可以使用"操作目录"任务窗格中的 If 流程控制，通过设置条件来控制宏的执行流程，形成条件操作宏。

这里的条件是一个逻辑表达式，返回值是"真"（True）或"假"（False）。运行时将根据条件的结果，决定是否执行对应的操作。如果条件结果为 True，则执行此行中的操作；若条件结果为 False，则忽略其后的操作。

在输入条件表达式时，可能会引用窗体或报表上的控件值，引用格式为：

Forms！[窗体名]！[控件名]

< 206 >

或

[Forms]![窗体名]![控件名]
Reports![报表名]![控件名]

或

[Reports]![报表名]![控件名]

　　例 7-5　创建一个条件操作宏并在窗体中调用它，用于判断数据的奇偶性，如图 7-10 所示。

图 7-10　"判断数据的奇偶性"窗体

操作步骤如下。

　　① 创建一个窗体，其中包含一个标签和一个文本框（名称为 Text1），并设置窗体和控件的其他属性。

　　② 打开宏设计窗口，把"程序流程"中的"If"操作拖入"添加新操作"下拉列表框中，如图 7-11 所示；然后单击条件表达式文本框右侧的 按钮，打开"表达式生成器"对话框。

图 7-11　"If"条件设置

　　③ 在"表达式元素"列表框中展开"教学管理.accdb/Forms/所有窗体"，选中"判断数据的奇偶性"窗体；在"表达式类别"列表框中双击 Text1，在表达式中输入"Mod 2=0"，如图 7-12 所示；然后单击"确定"按钮，返回到宏设计窗口中。

　　④ 单击"添加新操作"下拉列表框右侧的下拉按钮，在打开的下拉列表中选择 MessageBox 命令；在"消息"文本框中输入"该数为偶数!"，在"标题"文本框中输入"判断结果"，其他参数取默认值，设置如图 7-13 所示。

< 207 >

图 7-12 在"表达式生成器"对话框中设置宏操作条件

图 7-13 条件操作宏的设置

⑤ 重复步骤②～④，设置第 2 个 If 操作。在 If 的条件表达式中输入条件：[Forms]![判断数据的奇偶性]![Text1] Mod 2=1，在"添加新操作"下拉列表中选择 MessageBox 命令，在"消息"文本框中输入"该数为奇数!"，在"标题"文本框中输入"判断结果"，其他参数取默认值。

⑥ 重复步骤②～④，设置第 3 个 If 操作。在 If 的条件表达式中输入条件：IsNull([Text1])，在"添加新操作"下拉列表中选择 MessageBox 命令，在"消息"文本框中输入"没有输入内容!"，在"标题"文本框中输入"警告"，其他参数取默认值。

⑦ 将宏保存为"条件操作宏"。

⑧ 在设计视图中打开"判断数据的奇偶性"窗体，在 Text1"属性表"任务窗格的"事件"选项卡中将文本框 Text1 的"更新后"事件属性修改为"条件操作宏"。此外，也可以单击"更新后"事件属性右边的省略号按钮，进入宏设计窗口，完成宏的设计。

< 208 >

⑨ 在窗体视图中打开"判断数据的奇偶性"窗体，在文本框中输入数据并按 Enter 键后，会出现判断结果。

7.2.2　创建嵌入的宏

嵌入的宏与独立的宏的不同之处在于，嵌入的宏存储在窗体、报表或控件的事件属性中。它们并不作为对象显示在导航窗格中的"宏"对象下面，而成为窗体、报表或控件的一部分。创建嵌入的宏的方法与创建宏对象的方法略有不同。创建嵌入的宏必须先选择要嵌入的事件，再编辑嵌入的宏。使用控件向导在窗体中添加命令按钮，也会自动在按钮单击事件中生成嵌入的宏。

例 7-6　在"学生"窗体的加载事件中创建嵌入的宏，用于显示"打开学生窗体"的提示信息。

操作步骤如下。

① 打开"教学管理"数据库，再打开"学生"窗体，切换到设计视图或布局视图；打开"属性表"任务窗格，在"对象"下拉列表中选择"窗体"。

② 单击"事件"选项卡，再选择"加载"事件属性，并单击属性框旁边的省略号按钮 … ，在打开的"选择生成器"对话框中选择"宏生成器"选项，然后单击"确定"按钮。

③ 这时进入宏设计窗口，添加 MessageBox 操作后，在"消息"文本框中填入"打开学生窗体"，在"标题"文本框中填入"提示"。

④ 保存窗体，退出宏设计窗口。

⑤ 进入窗体视图或布局视图，该宏将在"学生"窗体加载时触发运行，弹出一个提示消息框。

7.2.3　创建数据宏

在数据表视图中查看表时，可通过"表格工具/表"上下文选项卡管理数据宏，数据宏不显示在导航窗格的"宏"对象下。有两种主要的数据宏类型：一种是由表事件触发的数据宏，也称事件驱动的数据宏；另一种是为响应按名称调用而运行的数据宏，也称已命名的数据宏。

1．创建事件驱动的数据宏

每当在表中添加、更新或删除数据时，都会发生表事件。我们可以编写一个数据宏，使其在发生这 3 种事件中的任意一种事件之后或在发生删除、更改事件之前立即运行。

例 7-7　创建数据宏，当输入"学生"表的"性别"字段时进行数据验证，并给出错误提示。

操作步骤如下。

① 在导航窗格中，双击要向其中添加数据宏的"学生"表。

② 单击"表格工具/表"上下文选项卡，在"前期事件"命令组中单击"更改前"命令按钮，打开宏设计窗口，

③ 在宏设计窗口添加需要宏执行的操作，如图 7-14 所示。

④ 保存并关闭宏。

⑤ 在表中输入数据验证，当输入的性别不是"男"也不是"女"时，给出提示信息，如图 7-15 所示。

< 209 >

图 7-14　数据宏的设置

图 7-15　数据宏的运行

2．创建已命名的数据宏

已命名的或独立的数据宏与特定表有关，但不是与特定事件相关。我们可以从任何其他数据宏或标准宏中调用已命名的数据宏。要创建已命名的数据宏，可执行下列操作。

① 在导航窗格中，双击要向其中添加数据宏的表。

② 在"表格工具/表"上下文选项卡的"已命名的宏"命令组中单击"已命名的宏"命令按钮，然后单击"创建已命名的宏"命令。

③ 打开宏设计窗口，可开始添加操作。

若要向数据宏添加参数，可执行下列操作。

① 在宏的顶部单击"创建参数"链接。

② 在"名称"文本框中输入唯一的名称，它是用来在表达式中引用参数的名称。在"说明"文本框中输入参数说明，起帮助和提示作用。

若要从另一个宏运行已命名的数据宏，使用 RunDataMacro 操作。该操作为创建的每个参数提供一个输入框，以便可以提供必要的值。

3．管理数据宏

导航窗格的"宏"对象下不显示数据宏，必须使用表的数据表视图或设计视图中的功能区命令才能创建、编辑、重命名和删除数据宏。

（1）编辑事件驱动的数据宏

在导航窗格中双击其中包含要编辑的数据宏的表，在"表格工具/表"上下文选项卡的"前期事件"组或"后期事件"命令组中单击要编辑的宏的事件。例如，要编辑在删除表记录后运行的数据宏，则单击"删除后"命令按钮，Access 2016 会打开宏设计窗口，随后可开始编辑数据宏。

（2）编辑已命名的数据宏

在导航窗格中双击任意表，以在数据表视图中打开它；在"表格工具/表"上下文选项卡的"已命名的宏"命令组中，单击"已命名的宏"命令按钮，然后选择"编辑已命名的宏"命令，在级联菜单中选择要编辑的数据宏，Access 2016 会打开宏设计窗口，随后可开始编辑数据宏。

（3）重命名已命名的数据宏

在导航窗格中双击任意表，以在数据表视图中打开它；在"表格工具/表"上下文选项卡的"已命名的宏"命令组中，单击"已命名的宏"命令按钮，然后选择"重命名/删除宏"命令，在打开的"数据宏管理器"对话框中，单击要重命名的数据宏旁边的"重命名"链接，输入新的名称或编辑现有名称，然后按 Enter 键。

< 210 >

（4）删除数据宏

在导航窗格中双击任意表，以在数据表视图中打开它；在"表格工具/表"上下文选项卡的"已命名的宏"命令组中，单击"已命名的宏"命令按钮，然后单击"重命名/删除宏"命令，在打开的"数据宏管理器"对话框中，单击要删除的数据宏旁边的"删除"链接。

此外，也可以在宏设计窗口，通过删除事件驱动的宏的所有操作来删除该宏。

7.3　宏的执行与调试

设计完成一个宏对象或嵌入的宏后即可执行它，调试其中的各个操作。Access 2016 提供了 OnError 和 ClearMacroError 宏操作，可以在宏执行出错时执行特定操作。另外，SingleStep 宏操作允许在宏执行过程中进入单步执行模式，用户可以通过每次执行一个操作来了解宏的工作状态。

7.3.1　宏的执行

执行宏时，Access 2016 将从宏的起始点启动，并执行宏中所有操作，直到出现另一个子宏或宏的结束点。在 Access 2016 中，可以直接执行某个宏，也可以从其他宏中执行宏，还可以通过响应窗体、报表或控件的事件来执行宏。

1．直接执行宏

直接执行宏主要是为了对创建的宏进行调试，以测试宏的正确性。直接执行宏有以下 3 种方法。

① 在导航窗格中选择"宏"对象，然后双击宏名。

② 在"数据库工具"选项卡的"宏"命令组中单击"执行宏"命令按钮，弹出"执行宏"对话框；在"宏名称"下拉列表中选择要执行的宏（如图 7-16 所示），然后单击"确定"按钮。

③ 在宏设计窗口中，单击"宏工具/设计"上下文选项卡，在"工具"命令组中单击"运行"命令按钮。

图 7-16　"执行宏"对话框

2．从其他宏中执行宏

如果要从其他宏中执行另一个宏，必须在宏设计窗口中使用 RunMacro 宏操作命令，以要执行的另一个宏的宏名作为操作参数。

3．自动执行宏

将宏的名称设置为 AutoExec，则在每次打开数据库时，将自动执行该宏。在该宏中可以设置数据库初始化的相关操作。

4．通过响应事件执行宏

在实际的数据库应用系统中，更多的是通过窗体、报表或控件上发生的事件触发相应的宏或事件过程，使之投入运行。例 7-5 就是通过文本框的更新后事件属性来执行宏。下面再看一个以事件响应方式执行宏的例子。

< 211 >

例 7-8 在窗体中显示要打开或关闭的表，在窗体命令按钮单击事件中加入宏来控制打开或关闭所选定的表。

操作步骤如下。

① 创建图 7-17 所示的"数据表选择"窗体，其中包含一个标签、一个选项组（名称为 Frame1，其中包含 3 个选项按钮及派生的标签）和两个命令按钮（名称为 Command1 和 Command2），并设置窗体和控件的其他属性。

图 7-17 "数据表选择"窗体

② 创建"打开报表宏"，其中包含"打开"和"关闭"两个宏，设置相关操作参数，如图 7-18 所示。

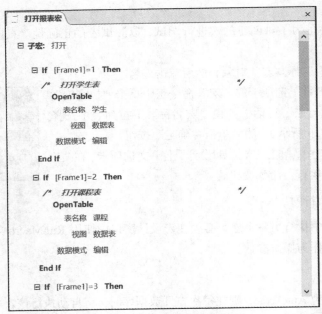

图 7-18 "打开报表宏"的设置

③ 设置"数据表选择"窗体中命令按钮 Command1 的"单击"事件属性为"打开报表宏.打开"，设置命令按钮 Command2 的"单击"事件属性为"打开报表宏.关闭"。

④ 在窗体视图中打开"数据表选择"窗体，在单击命令按钮后，会自动执行设置的宏来打开相应的表。

< 212 >

7.3.2　宏的调试

Access 2016 中提供了单步执行的宏调试工具。使用单步跟踪执行，可以观察宏的执行流程和每一步操作的结果，便于分析和修改宏中的错误。

例 7-9　利用单步执行，观察例 7-1 中创建的操作序列宏的执行流程。

操作步骤如下。

① 在导航窗格中选择"宏"对象，打开"操作序列宏"的设计视图。

② 在"宏工具/设计"上下文选项卡的"工具"命令组中单击"单步"命令按钮，然后单击"运行"命令按钮，系统将出现"单步执行宏"对话框，如图 7-19 所示。此对话框显示与宏及宏操作有关的信息和错误号。"错误号"文本框中如果为零，则表示未发生错误。

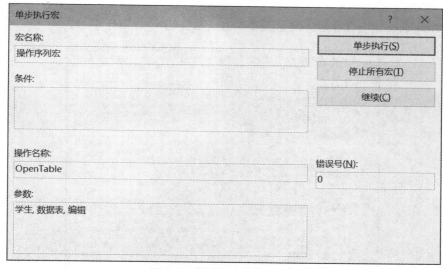

图 7-19　"单步执行宏"对话框

③ 在"单步执行宏"对话框中可以观察宏的执行过程，并对宏的执行进行干预。单击"单步执行"按钮，执行其中的操作；单击"停止所有宏"按钮，停止宏的执行并关闭对话框；单击"继续"按钮，关闭单步执行方式，并执行宏的未完成部分。如果要在宏执行过程中暂停宏的执行，则可按 Ctrl+Break 组合键。

7.4　宏的应用

宏可以加载到窗体及控件的各个事件中。利用宏可以实现经常要重复的操作，如打开窗体、关闭窗体、跳转到某条记录等。本节介绍宏的几种典型应用。

7.4.1　利用宏控制窗体

宏可以对窗体进行很多操作，包括打开、关闭、最大化、最小化等。下面通过建立一个 AutoExec

< 213 >

宏来说明用宏控制窗体的操作。AutoExec 宏会在打开数据库时触发，用户可以利用该宏启动"登录对话框"窗体。

例 7-10 利用 AutoExec 宏自动启动"登录对话框"窗体。

操作步骤如下。

① 打开"教学管理"数据库，创建一个空白窗体；设置窗体的"弹出方式"属性为"是"，保存为"登录对话框"。

② 单击"创建"选项卡，在"宏与代码"命令组中单击"宏"命令按钮，打开宏设计窗口。

③ 添加 OpenForm 操作，在"窗体名称"下拉列表中选择"登录对话框"，在"窗口模式"下拉列表中选择"普通"。

④ 添加 MoveAndSizeWindow 操作，设置参数"右"为 100、"向下"为 100、"宽度"为 8000、"高度"为 5000。

⑤ 以 AutoExec 为名保存宏，设置如图 7-20 所示。

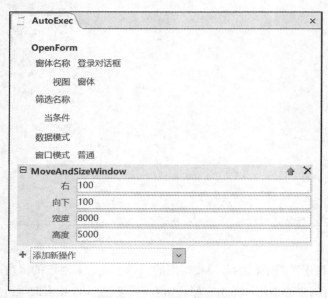

图 7-20　AutoExec 宏的设置

⑥ 关闭数据库，重新打开数据库，会自动以对话框的形式打开"登录对话框"窗体，并自动调整窗体的大小和位置。

7.4.2　利用宏创建菜单

利用宏可以为窗体、报表创建自定义菜单，也可以创建快捷菜单。下面以实例说明自定义菜单的创建方法。

例 7-11 利用宏创建表 7-3 所示的三级菜单，一级菜单包括"文件""编辑"和"退出" 3 个菜单项，其中"文件"菜单包括"打开窗体""打印预览"两个二级菜单，这两个二级菜单又分别包含 3 个三级菜单；"编辑"菜单包含 3 个二级菜单，"退出"菜单包含两个二级菜单。

< 214 >

表 7-3　三级菜单表

一级菜单	二级菜单	三级菜单
文件	打开窗体	学生信息
		课程信息
		学生选课成绩
	打印预览	学生信息
		课程信息
		学生选课成绩
编辑	学生表	
	课程表	
	选课表	
退出	关闭	
	退出	

操作步骤如下。

① 打开"教学管理"数据库，创建一个名为"窗体菜单"的空白窗体。

② 创建一个生成一级菜单的宏，宏名为"菜单宏"，利用 AddMenu 操作生成菜单，如图 7-21 所示。

图 7-21　菜单宏的设置

此处"操作参数"区域中的"菜单名称"表示生成一级菜单的名称；"菜单宏名称"表示该菜单所对应的宏名称，"菜单宏名称"最好与"菜单名称"相同，以便于记忆；"状态栏文字"参数可省。

③ 创建一个名为"文件"的宏，利用 AddMenu 操作生成两个子菜单，如图 7-22 所示。

< 215 >

图 7-22 "文件"宏的设置

④ 创建一个名为"打开窗体"的宏，其界面如图 7-23 所示。

图 7-23 "打开窗体"宏的设置

其中，在宏名后加上圆括号，圆括号里写上"&"与相应的字母，表示为菜单命令创建键盘访问键，例如"学生信息(&S)"表示可以通过"S"键来选择该菜单命令。

⑤ 创建一个名为"打印预览"的宏（当然需要先建立相应的报表），其界面如图 7-24 所示。

!)注意

在 OpenReport 的"视图"下拉列表中选择"打印预览"。

< 216 >

图 7-24 "打印预览"宏的设置

至此,"文件"菜单下的各级子菜单制作完成。

⑥ 创建一个名为"编辑"的宏,如图 7-25 所示。

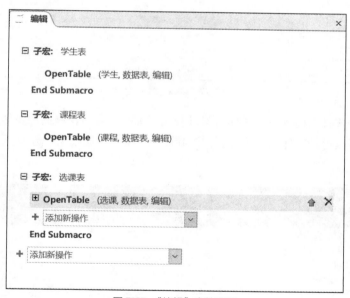

图 7-25 "编辑"宏的设置

⑦ 创建一个名为"退出"的宏,界面如图 7-26 所示。

⑧ 返回"窗体菜单"的设计视图界面,把菜单附加到主窗体上,在窗体上添加一个标题"学生成绩管理系统"。

⑨ 设置窗体的属性,在"属性表"任务窗格的"对象"下拉列表中选择"窗体",单击"其他"选项卡,在"菜单栏"属性中输入建立的"菜单宏"名称,如图 7-27 所示。

< 217 >

图 7-26 "退出"宏的设置

图 7-27 窗体属性的设置

　　对所建的宏与窗体及时保存。关闭各设计视图界面，在导航窗格的"窗体"对象中双击"窗体菜单"对象，可以得到窗体菜单界面。在该界面中，单击"加载项"选项卡，得到图 7-28 所示的窗体菜单界面。

图 7-28 窗体菜单界面

< 218 >

　　上面这个例子是给窗体添加自定义菜单。给窗体添加快捷菜单的步骤与此基本相同，只是菜单宏添加的位置不一样：在窗体"属性表"任务窗格的"其他"选项卡下的"快捷菜单栏"属性框中，输入创建的"菜单宏"，菜单宏中的菜单会显示在窗体运行视图的快捷菜单中。

　　要添加全局快捷菜单，也可以选择"文件"→"选项"命令，在"Access 选项"对话框中单击"当前数据库"选项卡，在"功能区和工具栏选项"区域的"快捷菜单栏"下拉列表框中输入"菜单宏"，重新打开数据库，此时会在所有对象中显示创建的快捷菜单。

7.4.3　利用宏控制报表打印

　　当报表不包含任何记录时，打印该报表就没有意义。在 Access 2016 中可向报表的无数据事件过程中添加宏。只要运行没有任何记录的报表，就会触发无数据事件。当打开的报表不包含任何数据时，发出警告信息。单击"确定"按钮关闭警告消息时，宏也会关闭空报表。

　　例 7-12　使用宏取消打印不包含任何记录的报表。

　　操作步骤如下。

　　① 打开"教学管理"数据库，在设计视图中打开要设置打印的报表。

　　② 单击"报表设计工具/设计"上下文选项卡，在"工具"命令组中单击"属性表"命令按钮，打开"属性表"任务窗格。

　　③ 在"属性表"任务窗格中选中"报表"对象，并单击"事件"选项卡，然后在"无数据"属性框中单击省略号按钮 ⋯，将出现"选择生成器"对话框，选择"宏生成器"选项，然后单击"确定"按钮，打开宏设计窗口。

　　④ 添加 MessageBox 操作，在"消息"文本框中输入警告消息为"没有要生成报表的记录！"，在"类型"下拉列表中选择"警告！"，在"标题"文本框中输入警告消息的标题为"无记录"。

　　⑤ 添加 CancelEvent 操作。

　　⑥ 关闭并保存宏，再关闭并保存报表。

　　⑦ 在导航窗格中右键单击包含该宏的报表，从弹出的快捷菜单中选择"打印"命令，如果没有数据会弹出警告消息。单击"确定"关闭消息时，CancelEvent 操作会停止打印操作。

习题

一、选择题

1. 创建宏时至少要定义一个宏操作，并设置对应的（　　　　）。

　　A. 条件　　　　　　　B. 命令按钮　　　　　C. 宏操作参数　　　D. 注释信息

2. 使用宏命令 OpenTable 打开数据表，则显示该表的视图是（　　　　）。

　　A. 数据表视图　　　　B. 设计视图　　　　　C. 打印预览视图　　D. 以上都是

3. 在宏的表达式中要引用报表 StuRep 上控件 StuText1 的值，可以使用的引用是（　　　　）。

　　A. StuText1　　　　　　　　　　　　　B. StuRep!StuText1

　　C. Reports!StuRep!StuText1　　　　　　D. Reports!StuText1

< 219 >

4. 直接运行含有子宏的宏时，只执行该宏中（　　　）的所有操作命令。

    A. 第 1 个子宏　　　　B. 第 2 个子宏　　　　C. 最后一个子宏　　D. 所有子宏

5. 要运行宏中的某一个子宏时，需要以（　　　）格式来指定宏名。

    A. 宏名　　　　　　B. 子宏名.宏名　　　　C. 子宏名　　　　　D. 宏名.子宏名

6. 定义（　　　）有利于数据库中宏对象的管理。

    A. 宏　　　　　　　B. 宏组　　　　　　　C. 宏操作　　　　　D. 宏定义

7. 关于 AutoExec 宏的说法，正确的是（　　　）。

    A. AutoExec 是在每次重新启动 Windows 时，都会自动启动的宏

    B. AutoExec 与其他宏一样，没什么区别

    C. AutoExec 是在每次打开其所在的数据库时，都会自动运行的宏

    D. AutoExec 是在每次启动 Access 时，都会自动运行的宏

8. 如需决定宏的操作在某些情况下是否执行，可以在创建宏时定义（　　　）。

    A. 子宏　　　　　　　　　　　　　　B. 宏操作参数

    C. "If" 操作　　　　　　　　　　　　D. 窗体或报表的控件属性

9. 数据宏的创建是在打开（　　　）的设计视图情况下进行的。

    A. 窗体　　　　　　B. 报表　　　　　　　C. 查询　　　　　　D. 表

10. Access 中提供了（　　　）执行的宏调试工具。

    A. 单步　　　　　　B. 同步　　　　　　　C. 运行　　　　　　D. 继续

二、填空题

1. 宏是一个或多个_____的集合。

2. 因为有了_____，数据库应用系统中的不同对象就可以联系起来。

3. 由多个操作构成的宏，执行时是按宏命令的_____依次执行的。

4. 用于打开一个窗体的宏命令是_____，用于打开一个报表的宏命令是_____，用于打开一个查询的宏命令是_____。

5. 通过_____操作可以运行数据宏。

三、问答题

1. 什么是宏？宏有何作用？

2. 什么是数据宏？它有何作用？

3. 在宏的表达式中引用窗体控件的值和引用报表控件的值，引用格式分别是什么？

4. 运行宏有几种方法？各有什么不同？

5. 名称为 AutoExec 的宏有何特点？

< 220 >

第 8 章 模块与 VBA 程序设计

本章学习目标：

- 了解模块的概念与基本操作；
- 掌握模块和过程的创建方法；
- 掌握 VBA 的基础知识；
- 掌握 VBA 程序设计中的流程控制方法；
- 了解 VBA 数据库访问技术。

在 Access 数据库应用系统中，借助宏可以完成事件的响应处理，但宏的功能也有一定的局限性，对于复杂的操作显得无能为力。为了更好地支持复杂的处理和操作，Access 内置了 VBA，通过 VBA 可以解决数据库与用户交互中遇到的许多复杂问题。VBA 是 Office 软件内置的程序设计语言，其语法规则与 Visual Basic 语言兼容。模块是将 VBA 声明和过程作为一个单元进行保存的集合体。在模块中使用 VBA 程序设计语言，在不同的模块中实现 VBA 代码设计，可以极大提高 Access 数据库应用系统的处理能力，实现实际开发中的复杂应用。

8.1 模块与 VBA 概述

模块是 Access 数据库中的一个重要对象，而 VBA 是 Visual Basic 语言的一个子集，集成于 Microsoft Office 系列软件之中。Access 使用 VBA 语言作为其程序的开发语言。在 Access 中，模块是由 VBA 语言来实现的，它借助于 VBA 程序设计可以完成复杂的计算和操作。

8.1.1 模块的概念

模块是由 VBA 通用声明和一个或多个过程组成的单元。组成模块的基础是过程，VBA 过程通常分为子过程（Sub 过程）、函数过程（Function 过程）和属性过程（Property 过程）。每个过程作为一个独立的程序段，实现特定的功能。

从与其他对象的关系来看，模块又可分为标准模块和类模块。标准模块是指与窗体、报表等对象无关的程序模块，在 Access 数据库中是一个独立的模块对象。类模块是指包含在窗体、报表等对象中的事件过程，这样的程序模块仅在所属对象处于活动状态下有效，也称为绑定型程序模块。

1．标准模块

在标准模块中，放置的是可供整个数据库使用的公共过程，这些过程不与任何对象关联。如果想使设计的 VBA 程序具有在多个地方使用的通用性，就把它放在标准模块中。在标准模块中定义的变量和过程可供整个数据库使用。每个标准模块有唯一的名称。在导航窗格的"模块"对象中，可以查看数据库中的标准模块。

2．类模块

类模块其实是一个对象的定义，它封装了一些属性和方法。VBA 中的类模块有 3 种基本类型：窗体模块、报表模块和自定义类模块。

窗体模块中包含指定的窗体以及窗体中所有控件的事件过程，这些过程用于响应窗体中的事件，使用事件过程可以控制窗体的行为及它们对用户操作的响应。报表模块与窗体模块类似，不同之处是事件过程响应和控制的是报表的行为。数据库的每一个窗体和报表都有内置的窗体模块和报表模块，这些模块中包括事件过程模板，用户可以向其中添加程序语句，使得当窗体、报表或其上的控件发生相应的事件时，运行这些程序语句。

自定义类模块不与窗体和报表相关联，允许用户自定义所需的对象、属性和方法。

标准模块和类模块的不同之处在于存储数据的方法不同。标准模块的数据只有一个备份，这意味着标准模块中一个公共变量的值改变后，在后面的程序中再读取这个变量时，将取得改变后的值。而类模块的数据是相对于类实例独立存在的。标准模块中的数据在程序的作用域内存在；而类模块实例中的数据只存在于对象的生命期中，它随对象的创建而创建，随对象的撤销而消失。

8.1.2　VBA 的开发环境

Access 以 Visual Basic 编辑器（Visual Basic Editor，VBE）作为 VBA 的开发环境，它以 Visual Basic 集成开发环境为基础，集编辑、编译、调试等功能于一体。在 VBE 中可以创建过程，也可以编辑已有的过程。

1．VBE 的启动

在 Access 2016 主窗口中，启动 VBE 的方法有很多种，常用的方法有以下 6 种。

① 单击"创建"选项卡，在"宏与代码"命令组中单击"模块""类模块"或"Visual Basic"命令按钮，均可以打开 VBE 窗口。

② 在导航窗格的"模块"组中双击所要显示的模块名称，就会打开 VBE 窗口并显示该模块的内容。

③ 在"数据库工具"选项卡中单击"宏"命令组中的"Visual Basic"命令按钮，打开 VBE 窗口；在 VBE 窗口中选择"插入"→"模块"命令或在 VBE 窗口"标准"工具栏中单击"插入模块"命令按钮旁的下拉按钮，并从下拉菜单中选择"模块"命令，可以创建新的标准模块。

④ 在窗体设计视图或报表设计视图中，单击"窗体设计工具/设计"上下文选项卡或"报表设计工具/设计"上下文选项卡，在"工具"命令组中单击"查看代码"命令按钮。

⑤ 在窗体、报表的设计视图中右键单击控件对象，在弹出的快捷菜单中选择"事件生成器"命令，弹出"选择生成器"对话框，选择其中的"代码生成器"选项，单击"确定"按钮。或者单击"属性表"任务窗格中的"事件"选项卡，选中某个事件并单击属性框右边的省略号按钮 ，

< 222 >

也可以弹出"选择生成器"对话框，选择其中的"代码生成器"选项，单击"确定"按钮。

⑥ 使用 Alt+F11 组合键，可以在 Access 2016 主窗口与 VBE 窗口之间进行切换。

启动 VBE 后，屏幕出现 VBE 窗口，这就是 VBA 的开发环境，如图 8-1 所示。

图 8-1　VBE 窗口

2．VBE 窗口的组成

VBE 窗口除主窗口外，主要由工程资源管理器窗口、属性窗口、代码窗口和立即窗口等组成。另外还有对象窗口、对象浏览器、本地窗口和监视窗口等，用户可以通过 VBE "视图"菜单中的相应命令来控制这些窗口的显示。

（1）VBE 主窗口

VBE 主窗口有菜单栏和工具栏。VBE 的菜单栏包括文件、编辑、视图、插入、调试、运行、工具、外接程序、窗口和帮助 10 个菜单项，其中包含了各种操作命令。

在默认情况下，VBE 窗口中显示的是"标准"工具栏，其中包括创建模块时常用的按钮。用户可以通过选择"视图"→"工具栏"命令来显示其他工具栏。

（2）工程资源管理器窗口

工程资源管理器窗口列出了在应用程序中用到的模块。使用该窗口，可以在数据库内各个对象之间快速地浏览。各对象以树状图的形式分级显示在窗口中，包括 Access 类对象、模块和类模块。要查看对象的程序语句，只需在该窗口中双击对象即可。要查看对象的窗体，可以右键单击对象名，然后在弹出的快捷菜单中选择"查看对象"命令。

（3）属性窗口

属性窗口列出了所选对象的各种属性，需要时可按字母和分类排序来查看属性。用户可以直接在属性窗口中对这些属性进行编辑，还可以在代码窗口中用 VBA 语句设置对象的属性。

（4）代码窗口

在代码窗口中可以输入和编辑 VBA 程序。用户可以打开多个代码窗口来查看各个模块的代码，而且可以方便地在代码窗口之间进行复制和粘贴操作。

< 223 >

　　代码窗口的顶部是两个下拉列表框，左边是"对象"下拉列表框，右边是"事件"下拉列表框。"对象"下拉列表框中列出了所有可用的对象名称，选择某一个对象后，在"事件"下拉列表框中将列出该对象所有的事件。

　　（5）立即窗口

　　立即窗口常用于程序在调试期间输出中间结果及帮助用户在中断模式下测试表达式的值等，用户也可以在立即窗口中直接输入 VBA 命令并按 Enter 键，此后 VBA 会实时解释并执行该命令。例如，用户可直接在立即窗口中利用?、Print 命令或 Debug.Print（Debug 对象的 Print 方法）输出表达式的值。

8.1.3　模块的创建

　　创建模块对象需启动 VBE，在 VBE 中可以编写 VBA 函数和过程。关于过程的详细使用方法将在 8.4 节介绍，下面只是使用过程的简单形式来说明创建模块的方法。

1．创建模块的方法

　　在 Access 2016 中，创建模块的方法有以下几种。

　　① 在 Access 2016 中创建一个窗体或报表，都会自动创建一个对应的窗体模块或报表模块。

　　② 单击"创建"选项卡，在"宏与代码"命令组中单击"模块"命令按钮或"类模块"命令按钮，打开 VBE 窗口并建立一个新的模块。

　　③ 在 VBE 窗口中，选择"插入"→"模块"命令可以创建新的标准模块；选择"插入"→"类模块"命令可以创建新的类模块。或者单击 VBE"标准"工具栏中"插入模块"命令按钮右侧的下拉按钮，从下拉菜单中选择"模块"命令或"类模块"命令。

　　例 8-1　在"教学管理"数据库中创建一个标准模块。

　　操作步骤如下。

　　① 打开 VBE 窗口。

　　② 在代码窗口中输入一个名为"qq"的子过程，然后在立即窗口中输入命令"call qq()"（或单击 VBE 窗口"标准"工具栏中的"运行子过程/用户窗体"命令按钮，抑或从"运行"菜单中选择相应命令来运行该过程），随后可以看到该过程的运行结果，如图 8-2 所示。

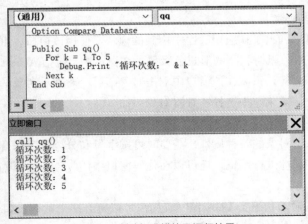

图 8-2　创建标准模块及运行结果

< 224 >

③ 在 VBE 窗口中单击"标准"工具栏中的"保存"按钮，并输入模块名称将模块存盘，这样一个标准模块就建好了。返回到 Access 2016 导航窗格中，可以看到建好的模块对象。

2. 对象的引用

在 VBA 程序设计中，经常要引用对象和对象的属性或方法。属性和方法不能单独使用，它们必须与对应的对象一起使用。用于分隔对象和属性或方法的操作符是"."，称为点操作符。

引用对象属性的语法格式为：

```
对象名.属性名
```

在程序中改变属性的值，其语句格式为：

```
对象名.属性名=属性值
```

例如，将 Command1 命令按钮的 Caption 属性设置为"计算"，在程序中实现的语句为：

```
Command1.Caption="计算"
```

引用方法的语法格式为：

```
对象名.方法名(参数1,参数2,……)
```

如果引用的方法没有参数，则可以省略括号。

在 Access 2016 中，可能需要通过多重对象来确定一个对象，这时需要使用运算符"!"来逐级确定对象。例如，要确定在 MyForm 窗体对象上的一个命令按钮控件 Cmd_Button1，可表示为：

```
MyForm!Cmd_Button1
```

对于当前对象，可以省略对象名，也可以使用 Me 关键字代替当前对象名。

当引用对象的多个属性时，可使用 With…End With 结构，而不需要重复指出对象的名称。例如，如果要给命令按钮 Cmd1 的多个属性赋值，可表示为：

```
With Cmd1
    .Caption="确定"
    .Height=2000
    .Width=2000
End With
```

Access 2016 提供了一个重要的对象，称为 DoCmd 对象。它的主要功能是通过调用包含在内部的方法实现 VBA 程序设计中对 Access 的操作。例如，利用 DoCmd 对象的 OpenReport 方法打开"学生"报表，语句为：

```
DoCmd.OpenReport "学生"
```

DoCmd 对象的方法大都需要参数，有些是必需的，有些是可选的，被忽略的参数取默认值。以 OpenReport 方法为例，它有 4 个参数，一般调用格式为：

```
DoCmd.OpenReport ReportName[, View][, FilterName][, WhereCondition]
```

其中，只有 ReportName（报表名称）参数是必需的，其他参数均可省略。View 表示报表的输出形式，其可以是系统常量 acViewNormal（默认值，以打印机形式输出）、acViewDesign（以报表设计视图形式输出）、acViewPreView（以打印预览形式输出）。FilterName 与 WhereCondition 两个参数用于对报表的数据进行过滤和筛选。

< 225 >

DoCmd 对象还有许多方法，如 OpenTable、OpenForm、OpenQuery、OpenModule、RunMacro、Close、Quit 等，用户可以通过帮助文件查询它们的使用方法。

3．编写对象响应的程序

VBA 模块中不能存储单独的语句，必须将语句组织起来形成过程，即 VBA 程序是一种以过程为基本单元的块结构。

用 VBA 开发的应用程序，语句不按照预定的路径执行，而是在响应不同的事件时执行不同的语句。事件可以由用户操作触发，如单击鼠标、键盘输入等事件，也可以由来自操作系统或其他应用程序的消息触发，如定时器事件、窗体装载事件等。这些事件的顺序决定了语句执行的顺序。

各种对象所能响应的事件有所不同，用户可以在窗体设计视图中打开对象的"属性表"任务窗格，从中选择"事件"选项卡进行查看。我们可以通过以下两种方法来处理窗体、报表或控件的事件响应。

① 使用宏操作来设置事件的属性。

② 在代码窗口中为某个事件创建事件过程。

在代码窗口右上角的"事件"下拉列表框中，可以查看每一种对象所能识别的事件。"事件"下拉列表框的左边是"对象"下拉列表框。当在"对象"下拉列表框中选定对象后，在"事件"下拉列表框中选定需要的事件，系统就会自动生成一个约定名称的子程序。例如，命令按钮 Command1 的 Click 事件过程名为 Command1_Click。该子程序就是处理该事件的程序，称为事件过程。其一般格式为：

```
Private Sub 对象名_事件名([参数表])
    ……1 事件过程代码
End Sub
```

其中，参数表中的参数名随事件过程的不同而不同，也可以省略；事件过程代码就是根据需要解决的问题由用户编写的程序。

例 8-2 在"教学管理"数据库中创建图 8-3 所示的窗体，窗体中包含两个文本框和相应的标签及两个命令按钮。单击第 1 个命令按钮时，将第 1 个文本框中的内容显示在第 2 个文本框中；单击第 2 个命令按钮时关闭该窗体。

图 8-3 "窗体模块举例"窗体运行界面

< 226 >

操作步骤如下。

① 打开"教学管理"数据库，创建窗体并添加相关控件。

② 单击"窗体设计工具/设计"选项卡，在"工具"命令组中单击"查看代码"命令按钮，打开 VBE 窗口，并在代码窗口中输入第 1 个命令按钮（"名称"属性为 Command1）和第 2 个命令按钮（"名称"属性为 Command2）的单击事件代码，如图 8-4 所示。

图 8-4　在代码窗口中输入代码

③ 将窗体存盘，并选择窗体视图进行测试。

8.2　VBA 的数据类型及运算

从程序组成上讲，程序包括数据和对数据的操作两部分。数据是程序加工处理的对象，操作则反映了对数据的处理方法。用 VBA 进行程序设计时，必须熟悉 VBA 的各种数据类型、各类型运算对象的表示方法以及运算规则。

8.2.1　数据类型

数据类型反映了数据在内存中的存储形式及所能参与的运算。VBA 的数据类型分为系统定义的数据类型和用户自定义数据类型两种，其中系统定义的数据类型也称为标准数据类型。

1．标准数据类型

VBA 支持多种标准数据类型，为用户进行程序设计提供了方便。表 8-1 列出了 VBA 的标准数据类型及其对应的类型关键字、类型符、前缀所占的存储空间等内容。

表 8-1　VBA 标准数据类型

数据类型	类型关键字	类型符	前缀	存储空间
整型	Integer	%	Int	2 字节
长整型	Long	&	Lng	4 字节
单精度型	Single	!	Sng	4 字节
双精度型	Double	#	Dbl	8 字节
货币型	Currency	@	Cur	8 字节

< 227 >

数据类型	类型关键字	类型符	前缀	存储空间
字符串型	String	$	Str	字符串长
日期型	Date		Dtm	8 字节
布尔型	Boolean		Bln	2 字节
字节型	Byte		Byt	1 字节
变体型	Variant		Vnt	不定

其中，Variant 数据类型是一种特殊数据类型，具有很大的灵活性，可以表示多种数据类型，其最终的数据类型由赋予它的值来确定。如果变量在使用前未加以类型说明，默认为 Variant 型。此外，对象型（Object）数据占 4 字节，代表对某个对象的引用（地址），可对任何对象引用。

2．用户自定义数据类型

VBA 允许用户自定义数据类型，使用 Type 语句就可以实现这个功能。用户自定义数据类型可包含一个或多个某种数据类型的数据元素。Type 语句的语法格式为：

```
Type 数据类型名
    数据元素定义语句
End Type
```

例如，下面用 Type 语句定义一个 StudentType 数据类型，它由 StudentName、StudentSex 和 StudentBirthDate 3 个数据元素组成：

```
Type StudentType
    StudentName As String          '定义字符串变量存储姓名
    StudentSex As String           '定义字符串变量存储性别
    StudentBirthDate As Date       '定义日期变量存储出生日期
End Type
```

声明和使用变量的形式如下：

```
Dim Student As StudentType
Student.StudentName="Jasmine"
Student.StudentSex="Female"
Student.StudentBirthDate=#12/20/1997#
```

8.2.2 常量与变量

常量与变量是两种最基本的运算对象，在程序设计时要注意各种类型的常量的表示形式及变量的使用方法。

1．常量

VBA 的常量分为直接常量、符号常量和系统常量 3 种类型。程序中使用的常量尽量使用符号常量表示，这样可以用有意义的符号表示数据，增强程序的可读性。

（1）直接常量

不同类型的直接常量有不同的表示方法，使用时应遵循相应的规则。常用的表示方法有如下 4 种。

< 228 >

①　十进制整数由数字 0～9 和正、负号组成，实数可采用小数表示形式和科学记数表示形式。科学记数表示形式用 E 表示 10 的乘幂，如 1.401E-5 表示 $1.401×10^{-5}$。

②　字符串常量是一个用双引号括起来的字符序列，如"数据库技术"、"x+y="、""（空字符串）等。在字符串中，字母的大小写是有区别的，如"Basic"与"BASIC"代表两个不同的字符串。

③　布尔常量有 True 和 False 两个值。布尔型数据转换成其他类型数据时，True 转换为-1，False 转换为 0；其他类型数据转换成布尔型数据时，0 转换为 False，非 0 转换为 True。

④　日期常量以字面上可被认作日期和时间的字符并用一对"#"括起来表示，如#11/30/2021#、#2021 Nov 30 22:47:29#、#2021-11-30 10:47:29 pm#。

（2）符号常量

符号常量用标识符来表示某个常量。用户一旦定义了符号常量，在以后的程序中不能用赋值语句来改变它们的值，否则，在运行程序时将出现错误。

标识符是用来表示用户所定义的常量、变量、过程、函数等程序要素的符号。在 VBA 中，标识符的命名必须以字母或汉字开头，且只能由汉字、字母（a～z 或 A～Z）、数字（0～9）或下画线（ _ ）所组成，其最大长度为 255 个字符。此外，不能使用 VBA 的关键字作为标识符，标识符不区分大小写。

在 VBA 中声明常量的语句格式为：

```
Const 常量名 [As 类型关键字|类型符]=表达式[,常量名 [As 类型关键字|类型符]=表达式]
```

其中，常量用标识符命名。"As 类型关键字|类型符"用来说明常量的数据类型，可以是常量名后接"As 类型关键字"或在常量名后直接加类型符，参见表 8-1。若省略该项，则由系统根据表达式的求值结果，确定最合适的数据类型。表达式由运算量及运算符组成，也可以包含前面定义过的符号常量。例如：

```
Const TotalCount As Integer=1000
Const IDate=#7/30/2021#
Const NDate=IDate+5
Const MyString$="You are welcome."
```

（3）系统常量

系统常量是 VBA 预先定义好的常量，用户可以直接使用。例如，VBA 用 vbKeyReturn 来表示 Enter 键，它的 ASCII 码值是 13。

2．变量

在程序中可以使用变量临时存储数据，变量的值可以发生变化。在高级语言中，变量可以看作一个被命名的内存单元，通过变量的名字来访问相应的内存单元。

（1）变量的命名规则

为了区别存储着不同数据的变量，需要对变量命名，VBA 的变量名要遵循标识符的命名规则。为了增加程序的可读性和可维护性，我们可以在命名变量时使用前缀的约定，这样通过变量名就可以知道变量的数据类型。例如，可以用 IntNumber、StrMytext、BlnFlag 等来分别作为整型、字符串型和逻辑型变量的名称。

（2）变量的声明

声明变量有两个作用：一是指定变量的数据类型；二是指定变量的作用范围。前面提到过，如

< 229 >

果在程序中没有明确声明变量，VBA 会默认地将它声明为 Variant 数据类型。虽然默认声明变量很方便，但可能会在程序中导致严重的错误。因此，使用变量前声明变量是一个很好的编程习惯。

在 VBA 中，可以强制要求在过程中使用变量前必须进行变量声明，方法是在模块通用声明部分包含一个 Option Explicit 语句，它要求在模块级别中强制对模块中所有使用的变量进行显式声明。

声明变量要使用 Dim 语句，它的语法格式为：

```
Dim 变量名 1 [As 类型关键字 1|类型符 1][,变量名 2 [As 类型关键字 2|类型符 2]]
```

例如：

```
Dim Var1%,Var2 As String,Var3 As Date,Var4
```

其中，Var1 的数据类型为整型（Integer 类型，其类型符为%），Var2 为字符串型，Var3 为日期型，Var4 的类型为 Variant，因为声明时没有指定它的类型。

字符串型变量分为定长和变长两种。例如：

```
Dim s1 As String,s2 As String*10
```

其中，s1 是变长字符变量，s2 是定长字符变量。

（3）变量的赋值

声明了变量后，变量就指向了内存的某个单元。在程序的执行过程中，可以向这个内存单元写入数据，这就是变量的赋值。给变量赋值的语法格式为：

```
变量名=表达式
```

例如：

```
Dim MyName As String
MyName="Better City, Better Life."
```

3．数组变量

数组是一组由具有相同数据类型的数据所构成的集合，其中单个的数据称为数组元素。数组必须先声明后使用，数组声明即定义数组名、类型、维数和各维的大小。定义数组后，数组名代表所有数组元素，而数组名加下标表示一个数组元素，也称为下标变量，它与普通变量可以等价使用。

数组的声明方式和其他变量的声明方式是一样的，都使用 Dim 语句来声明，其一般格式为：

```
Dim 数组名([下标 1 下界 To] 下标 1 上界[, [下标 2 下界 To] 下标 2 上界]……) As 类型关键字
```

下标下界的默认值为 0。在使用数组时，可以在模块的通用声明部分使用 "Option Base 1" 语句来指定数组下标下界从 1 开始。

数组分为固定大小数组和动态数组两种类型。若数组的大小被指定，则它是一个固定大小数组；若程序运行时数组的大小可以被改变，则它是一个动态数组。

（1）声明固定大小数组

下面的语句声明了一个固定大小数组：

```
Dim MyArray(10,10) As Integer
```

其中，MyArray 是数组名，它是含有 11×11 个元素的 Integer 类型的二维数组。

< 230 >

（2）声明动态数组

若声明为动态数组，则可以在执行程序时去改变数组大小。利用 Dim 语句来声明数组，无须给出数组大小。每当需要时，可以使用 ReDim 语句去更改动态数组，此时数组中存在的值会丢失。若要保存数组中原先的值，则可以使用 ReDim Preserve 语句来扩充数组。例如：

```
Dim MyArray() As Single          '使用 Dim 语句声明动态数组
ReDim MyArray(2)                 '使用 ReDim 语句声明动态数组的大小
MyArray(1)=10                    '为动态数组中的各个元素赋值
MyArray(2)=20
ReDim Preserve MyArray(10)       '再次改变动态数组的大小，保留了原来数组元素的值
```

8.2.3　内部函数

内部函数是 VBA 为用户提供的标准过程，能完成许多常见运算。根据内部函数的功能，内部函数可分为数学函数、字符串函数、日期或时间函数、类型转换函数和测试函数等。

1. 数学函数

数学函数用于完成数学计算功能，常用的数学函数如表 8-2 所示。

表 8-2　常用的数学函数

函数名	功能说明	示例	结果
Abs(x)	取绝对值	Abs(−2)	2
Cos(x)	求余弦值	Cos(3.1415926)	−1
Exp(x)	求 e^x	Exp(1)	2.71828182845905
Int(x)	返回不大于 x 的最大整数	Int(3.2)	3
		Int(−3.2)	−4
Fix(x)	返回 x 的整数部分	Fix(3.2)	3
		Fix(−3.2)	−3
Log(x)	取自然对数	Log(2.71828182845905)	1
Rnd([x])	产生(0,1)区间均匀分布的随机数	Rnd(1)	随机产生(0,1)的随机数
Sgn(x)	返回正负 1 或 0	Sgn(5)	1
		Sgn(−5)	−1
		Sgn(0)	0
Sin(x)	求正弦值	Sin(0)	0
Sqr(x)	求平方根	Sqr(25)	5
Tan(x)	求正切值	Tan(3.1415926/4)	1

表 8-2 中的 x 可以是数值型常量、数值型变量、数学函数和算术表达式，其返回值仍然是数值型。

2. 字符串函数

常用的字符串函数如表 8-3 所示。

< 231 >

表 8-3　常用的字符串函数

函数名	功能说明	示例	结果
InStr(S1,S2)	在字符串 S1 中查找 S2 的位置	InStr("ABCD","CD")	3
LCase(S)	将字符串 S 中的字母转换为小写	LCase("ABCD")	abcd
UCase(S)	将字符串 S 中的字母转换为大写	UCase("abcd")	ABCD
Left(S,N)	从字符串 S 左侧取 N 个字符	Left("数字经济",2)	数字
Right(S,N)	从字符串 S 右侧取 N 个字符	Right("数字经济",2)	经济
Len(S)	计算字符串 S 的长度	Len("2022 年冬奥会")	8
LTrim(S)	删除字符串 S 左边的空格	LTrim("□□□ABCD□□")("□"代表空格)	ABCD□□
Trim(S)	删除字符串 S 两端的空格	Trim("□□□ABCD□□")	ABCD
RTrim(S)	删除字符串 S 右边的空格	RTrim("□□□ABCD□□")	□□□ABCD
Mid(S,M,N)	从字符串 S 的第 M 个字符起，连续取 N 个字符	Mid("Access 数据库",7,2)	数据
Space(N)	生成 N 个空格字符	Space(5)	□□□□□

表 8-3 中的 S 可以是字符串常量、字符串变量、值为字符串的函数和字符串表达式，M 和 N 的值可以为数值型的常量、变量、函数或表达式。

3．日期或时间函数

常用的日期或时间函数如表 8-4 所示。

表 8-4　常用的日期或时间函数

函数名	功能说明	示例	结果
Date()	取系统当前日期	Date()	
Now()	取系统当前日期和时间	Now()	
Time()	取系统当前时间	Time()	
Year(D)	计算日期 D 的年份	Year(#2021-3-15#)	2021
Month(D)	计算日期 D 的月份	Month(#2021-3-15#)	3
Day(D)	计算日期 D 的日	Day(#2021-3-15#)	15
Hour(T)	计算时间 T 的小时	Hour(#18:12:21#)	18
Minute(T)	计算时间 T 的分钟	Minute(#18:12:21#)	12
Second(T)	计算时间 T 的秒	Second (#18:12:21#)	21
DateAdd(C,N,D)	对日期 D 增加特定时间 N	DateAdd("D",2,#2021-3-1#)	2021-3-3
		DateAdd("M",2,#2021-3-1#)	2021-5-1
DateDiff(C,D1,D2)	计算日期 D1 和 D2 的间隔时间	DateDiff("D",#2020-3-1#,#2021-3-1#)	365
		DateDiff("YYYY",#2020-3-1#,#2021-3-1#)	1
Weekday(D)	计算日期 D 为星期几	Weekday(#2021-6-15#)(1 代表星期日，2 代表星期一……7 代表星期六)	3

< 232 >

表 8-4 中 D、D1 和 D2 可以是日期常量、日期变量或日期表达式；T 可以是时间常量、变量或表达式；C 为字符串，表示要增加时间的形式或间隔时间形式，YYYY 表示年，Q 表示季，M 表示月，D 表示日，WW 表示星期，H 表示时，N 表示分，S 表示秒。

4．类型转换函数

常用的类型转换函数如表 8-5 所示。

表 8-5　常用的类型转换函数

函数名	功能说明	示例	结果
Asc(S)	将字符串 S 的首字符转换为对应的 ASCII 码值	Asc("ABC")	65
Chr(N)	将 ASCII 码值 N 转换为对应的字符	Chr(67)	C
Str(N)	将数值 N 转换为字符串	Str(100101)	100101
Val(S)	将字符串 S 转换为数值	Val("2016.6")	2016.6

5．测试函数

常用的测试函数如表 8-6 所示。

表 8-6　常用的测试函数

函数名	功能说明	示例	结果
IsArray(A)	测试 A 是否为数组	Dim A(20) IsArray(A)	True
IsDate(A)	测试 A 是否是日期类型	IsDate(Date())	True
IsNumeric(A)	测试 A 是否为数值类型	IsNumeric(5)	True
IsNull(A)	测试 A 是否为空值	IsNull(Null)	True
IsEmpty(A)	测试 A 是否已经被初始化	Dim v1 IsEmpty(v1)	True

8.2.4　表达式

表达式是将常量、变量和函数用运算符连接起来的式子。VBA 中包含丰富的运算符，有算术运算符、关系运算符、逻辑运算符和连接运算符等，这些运算符可以完成各种运算并构成不同的表达式。

1．算术表达式

用算术运算符将运算对象连接起来的式子叫算术表达式。VBA 提供了 8 种算术运算，其运算符分别是+（加）、－（减）、*（乘）、/（除）、\（整除）、Mod（求余）、^（乘方）。例如，M*N 表示 M×N，2^3 表示 2^3。

加、减、乘、除运算的运算规则与数学中的运算规则相同，但要注意，/是浮点除法运算符，运算结果为浮点数，例如，表达式 7/2 的运算结果为 3.5。\是整数除法运算符，结果为整数，例如，表达式 7\2 的运算结果为 3。Mod 是求余数，运算结果为第 1 个操作数整除第 2 个操作数所得的余数，例如，表达式 7 Mod 2 的运算结果为 1。

就像数学中的运算一样，VBA 中的算术运算也有运算先后顺序问题。其运算顺序为：先算括

< 233 >

号，再算乘方，接下来算乘、除，最后算加、减。例如，12-5*2^3/8 结果为 7，计算过程为：先算 2^3=8，然后计算 5*8=40，再算 40/8=5，最后计算 12-5=7。同级运算一般从左到右依次运算。例如，对于 2^2^3，先算 2^2=4，然后算 4^3=64。

有时候，如果希望先进行某些运算，可以通过加括号的方式来实现。例如，数学式子 $\dfrac{\sqrt[3]{c}}{a+b}$ 应写成 c^(1/3)/(a+b)，其中的括号是必需的，用于改变运算的顺序。

书写表达式时，应注意以下几点。

① 表达式中的所有字符都必须写在一行，特别是分式、乘方、带有下标的变量等，不能像写数学表达式那样书写。例如，X_1+X_2 应写成 X1+X2。

② 表达式中常量的表示、变量的命名以及函数的调用要符合 VBA 的规则。

③ 在 VBA 表达式中，乘号不能省略，如 3*A 不能写为 3A，X*Y*Z 不能写成 XYZ。

④ 与数学表达式不同，在 VBA 表达式中，所有的括号均用圆括号表示。例如，数学式子 $[(a+b)(c+d)]^2$ 的 VBA 表达式为 ((a+b)*(c+d))^2。

2．关系表达式

关系表达式是用关系运算符将运算对象连接起来的式子，其结果是布尔型数据。当关系表达式所表达的比较关系成立时，结果为 True，否则为 False。关系表达式的结果通常作为程序中语句跳转的条件。VBA 中的关系运算符有 >（大于）、<（小于）、>=（大于或等于）、<=（小于或等于）、=（等于）、<>（不等于）。

关系运算的运算对象可以是数值、字符串、日期、逻辑型等数据类型。数值按大小比较；日期按先后比较，早的日期小于晚的日期；False 大于 True；字符串按 ASCII 码排序的先后比较，也就是先比较两个字符串的第 1 个字符，按字符的 ASCII 码值比较大小，ASCII 码值大的字符串大（如第 1 个字符相等，则比较第 2 个字符，直到比较出大小或比较完为止）；汉字字符大于西文字符，汉字的比较是根据 Unicode 码的大小来进行的。例如，"3*4=12" 的结果为 True，""d"<>"D"" 的结果为 True，""abcde">"abr"" 的结果为 False，"5/2<=10" 的结果为 True，""教授">"助教"" 的结果为 False。

3．逻辑表达式

逻辑表达式是用逻辑运算符将逻辑量连接起来的式子，它可以表示比较复杂的比较关系，其结果是布尔型数据。VBA 中的逻辑运算符有 Not（非）、And（与）、Or（或）、Xor（异或）。表 8-7 列出了常用的逻辑运算符及其表示的逻辑关系。在该表中，True 用 T 代表，False 用 F 表示。

表 8-7　逻辑运算符及其表示的逻辑关系

条件 A	条件 B	Not A	A And B	A Or B	A Xor B
F	F	T	F	F	F
F	T	T	F	T	T
T	F	F	F	T	T
T	T	F	T	T	F

例如，描述 "1995 年出生的男生或 2000 年以后出生的女生" 的逻辑表达式如下：

```
Year(出生日期)=1995 And 性别="男" Or Year(出生日期)>2000 And 性别="女"
```

< 234 >

又如，描述"a、b 中有且只有一个数大于 0"的逻辑表达式如下：

```
a>0 Xor b>0
```

4．字符串表达式

字符串表达式由连接运算符将字符串数据连接而成。VBA 中的连接运算符有"+"和"&"，作用是将两个字符串连接起来。

当两个被连接的数据都是字符串时，"&"和"+"的作用相同；当数值型和字符串型连接时，"&"把数据转换成字符串型后再进行连接，而此时用"+"连接则会出错。例如，""VBA" & "程序设计基础""的结果是"VBA 程序设计基础"，""Access"+"数据库""的结果是"Access 数据库"，""x+y=" & 3+4"的结果是"x+y=7"。

对包含多种运算符的表达式进行计算时，将按预定的顺序计算每一部分，这个顺序被称为运算符的优先级。各种运算符的优先级由高到低顺序为：函数运算符、算术运算符、连接运算符、关系运算符、逻辑运算符。如果在运算时出现了括号，则先执行括号内的运算；在括号内部，仍按运算符的优先顺序计算。

8.3 VBA 程序流程控制

程序按其语句执行的顺序关系可以分为顺序控制结构、选择控制结构和循环控制结构。VBA 对不同的程序结构采用不同的控制语句来实现。

8.3.1 顺序控制

顺序控制是在程序执行时，根据程序中语句的书写顺序依次执行的语句序列。在程序中经常使用的顺序控制结构语句有注释语句、赋值语句、输入/输出语句等。

1．程序语句的书写规则

VBA 程序是由语句组成的，程序语句有严格的书写规则。

（1）注释语句

具有良好风格的程序一般都有注释，这样对程序的维护及代码的共享都有重要作用。在 VBA 程序中，注释可以通过使用 Rem 语句或用单引号"'"来实现。例如，下面语句中分别使用了这两种方式进行注释：

```
Rem 一个程序实例
Dim String1 As String          '声明字符串变量 String1
String1="Hello"                '将"Hello"赋予字符串变量 String1
```

（2）语句连写和换行

通常情况下，程序中一行写一条语句。有时对于十分短的语句来说，可以在一行写多条语句，这时语句之间需要用冒号":"来分隔，此为语句的连写。对于太长的语句来说，可能一行写不完，可以用空格加下画线"_"将其截断为多行，此为语句的换行。

< 235 >

（3）采用缩进格式书写程序

采用缩进格式可以明确示意出程序中语句的结构层次，用户可以利用 VBE 的"编辑"→"缩进"或"凸出"命令进行设置。

2．输入/输出

任何一个有意义的程序都离不开输入/输出，程序处理的原始数据一般都是通过输入确定的，程序的运行结果一般也需要以某种可视的方式输出。VBA 程序的输入/输出是通过相应的函数所提供的图形化界面实现的，其中输入函数是 InputBox，输出函数是 MsgBox。另外，Print 方法也可以实现输出，在窗体中利用文本框等控件也可以实现输入/输出。

（1）InputBox 函数

InputBox 函数的作用是显示一个输入对话框，对话框中有一些提示信息及文本框，等待用户输入信息或单击按钮。在按钮事件发生后返回文本框的内容，返回值的类型为文本类型。InputBox 函数的调用格式为：

```
InputBox(Prompt[,Title][,Default][,XPos][,YPos])
```

其中，Prompt 指定要在对话框中显示的信息；Title 指定对话框标题栏显示的信息，如果省略，则在标题栏中显示应用程序名；Default 设置显示在文本框中的信息，如果用户没有输入数据，它就是默认值；XPos 和 YPos 为整型表达式，指定对话框左上角在屏幕上的坐标位置（屏幕左上角为坐标原点）。Prompt 参数是必需的，其他参数可以省略。

（2）MsgBox 函数

MsgBox 函数的作用是打开一个对话框，等待用户单击按钮，并返回一个整数以告知用户单击了哪一个按钮。MsgBox 函数的调用格式为：

```
变量名=MsgBox(Prompt[,Buttons][,Title])
```

MsgBox 在 VBA 程序中也可以作为语句使用，其语法格式为：

```
MsgBox Prompt[,Buttons][,Title]
```

类似于 InputBox 函数，此处的 Prompt 参数是不可以省略的，而其他两个参数可以省略。其中，Prompt 用于设置提示信息，是字符串型表达式；Buttons 是整型表达式，决定对话框中显示的按钮数量、图标类型、默认按钮及模式等，Buttons 的设置值如表 8-8 所示；Title 用于设置对话框标题，也是字符串型表达式，如果省略，则将应用程序名作为标题。

表 8-8　MsgBox 函数的 Buttons 设置值

分组	常数	值	描述
按钮数量	vbOKOnly	0	显示"确定"按钮
	vbOKCancel	1	显示"确定"按钮和"取消"按钮
	vbAbortRetryIngore	2	显示"终止"按钮"重试"按钮和"忽略"按钮
	vbYesNoCancel	3	显示"是"按钮"否"按钮和"取消"按钮
	vbYesNo	4	显示"是"按钮和"否"按钮
	vbRetryCancel	5	显示"重试"按钮和"取消"按钮

< 236 >

续表

分组	常数	值	描述
图标类型	vbCritical	16	显示关键消息（Critical Message）图标
	vbQuestion	32	显示警告询问（Warning Query）图标
	vbExclamation	48	显示警告消息（Warning Message）图标
	vbInformation	64	显示通知消息（Information Message）图标
默认按钮	vbDefaultButton1	0	第 1 个按钮是默认值
	vbDefaultButton2	256	第 2 个按钮是默认值
	vbDefaultButton3	512	第 3 个按钮是默认值
	vbDefaultButton4	768	第 4 个按钮是默认值
模式	vbApplicationModal	0	应用程序强制返回。当前应用程序一直被挂起，直到用户对消息框做出响应才继续工作
	vbSystemModal	4096	系统强制返回。全部应用程序都被挂起，直到用户对消息框做出响应才继续工作

第 1 组值（0～5）描述了对话框中显示的按钮类型与数量，第 2 组值（16,32,48,64）描述了图标的样式，第 3 组值（0,256,512,768）说明哪一个按钮是默认值，而第 4 组值（0,4096）则决定消息框的强制返回性。将这些数字相加以生成 Buttons 参数值的时候，只能由每组值中取用一个数字。

MsgBox 函数的返回值及含义如表 8-9 所示。例如，如果函数值为 6，则表示用户单击了"是"按钮。

表 8-9　MsgBox 函数的返回值及含义

常数	返回值	按钮动作描述	常数	返回值	按钮动作描述
vbOK	1	单击了"确定"按钮	vbIgnore	5	单击了"忽略"按钮
vbCancel	2	单击了"取消"按钮	vbYes	6	单击了"是"按钮
vbAbort	3	单击了"终止"按钮	vbNo	7	单击了"否"按钮
vbRetry	4	单击了"重试"按钮			

例 8-3　以下过程使用 InputBox 函数和 MsgBox 函数实现接收用户的输入并显示出来。

```
Sub InputFunc()
    Dim Str As String
    Str=InputBox("请输入姓名：","登录")
    MsgBox "欢迎" & Str & "同学",vbInformation,"欢迎"
End Sub
```

程序在调用子过程 InputFunc 时，弹出输入对话框，要求用户输入数据，如图 8-5 所示。单击"确定"按钮后，弹出输出对话框，如图 8-6 所示。

< 237 >

图 8-5　输入数据对话框 　　　　　　　　图 8-6　输出信息对话框

3．赋值语句

赋值语句是最简单而又最常用的语句，其语法格式为：

变量名=表达式

该语句的功能是计算右边表达式的值，再将其赋值给左边的变量。

例如：

```
Dim x As Integer
x=10+23
Debug.Print x
```

上述语句首先定义了一个整型变量 x，然后对其赋值为"10+23"（即先计算"10+23"的值，再将其结果 33 存放到变量 x 中），最后将整型变量 x 的值输出在立即窗口中。语句按顺序执行。

例 8-4　设备管理部门对已购入的设备登账时，为了减少人工输入，希望当输入"设备单价"和"采购数量"后，单击"总金额"文本框时，系统就会自动计算结果，同时给出金额累计。程序的运行界面如图 8-7 所示。

设备采购金额计算

图 8-7　"设备采购金额计算"窗体的运行界面

创建一个数据库（只是为了进入数据库主窗口），在其中新建一个窗体，窗体上包括 3 个标签控件（Label1、Label2 和 Label3）、3 个文本框控件（Text1、Text2 和 Text3）。标签控件 Label1 的"标题"属性（Caption）为"设备单价:"，Label2 的"标题"属性（Caption）为"采购数量:"，Label3 的"标题"属性（Caption）为"总金额:"。

"总金额"文本框的事件代码如下：

```
Private Sub Text3_GotFocus()
    Dim a As Double,b As Integer,s As Double
    a=Me.Text1.Value
    b=Me.Text2.Value
    s=a*b
    Me.Text3.Value=s
End Sub
```

< 238 >

8.3.2　选择控制

选择控制根据给定的条件是否成立决定程序的执行流程，在不同的条件下，执行不同的操作。根据分支数的不同，选择控制又分为简单分支控制和多分支控制。

1. 简单分支控制

简单分支控制是指对一个条件进行判断后，根据所得的两种结果进行不同的操作。简单分支控制结构用 If 语句实现，其语法格式为：

```
If <条件> Then
    语句块 1
[Else
    语句块 2]
End If
```

当条件成立时，执行 Then 后面的语句块 1，执行完后再执行整个 If 语句后的语句。当条件不成立时，若存在 Else 部分，则执行 Else 后的语句块 2，再执行整个 If 语句后的语句。

如果语句块 1、语句块 2 均只有一条语句，此时可以采用如下单行格式。

```
If 条件 Then 语句 1[Else 语句 2]
```

例如，求两个数中的较大数，可使用如下 If 语句。

```
If x1>x2 Then Max_x=x1 Else Max_x=x2
```

例 8-5　输入一个年份，判断该年是否为闰年。判断某年是否为闰年的规则是：如果此年号能被 400 整除，则是闰年；如果此年号能被 4 整除，但不能被 100 整除，则也是闰年。

选择结构程序

创建一个数据库，启动 VBE，在数据库中新建一个标准模块，程序如下：

```
Sub Leap()
    Dim x As Integer
    x=Val(InputBox("请输入年份: "))
    If x Mod 400=0 Or (x Mod 4=0 And x Mod 100<>0) Then
        MsgBox Str(x) & "年是闰年"
    Else
        MsgBox Str(x) & "年不是闰年"
    End If
End Sub
```

最后存盘并运行，可验证结果。

2. 多分支控制

（1）多分支 If 结构

虽然用嵌套的 If 语句也能实现多分支结构程序，但用多分支 If 结构程序更简洁明了。多分支 If 结构的语法格式为：

```
If 条件 1 Then
    语句块 1
ElseIf 条件 2 Then
    语句块 2
```

< 239 >

```
    ......
[ElseIf 条件 n Then
    语句块 n]
[Else
    语句块 n+1]
End If
```

首先测试条件 1，如果为假，就测试条件 2；依此类推，直到找到一个为真的条件。当它找到一个为真的条件时，执行相应的语句块，然后执行 End If 后面的语句。如果条件测试都不为真，则 VBA 执行 Else 语句块。

例 8-6 记录数据被更新之前会发生 BeforeUpdate 事件。利用相应的事件过程对"学生"窗体中"入学成绩"文本框中输入的成绩进行验证，要求入学成绩必须在[0,750]范围内，否则给出提示。

"入学成绩"文本框控件的 BeforeUpdate 事件过程代码如下：

```
Private Sub 入学成绩_BeforeUpdate(Cancel As Integer)
    If Me!入学成绩=" " Or IsNull(Me!入学成绩) Then
        MsgBox "入学成绩不能为空! ",vbCritical,"入学成绩"
        Cancel=True
    ElseIf Me!入学成绩>750 Or Me!入学成绩<0 Then
        MsgBox "入学成绩必须在[0,750]范围内! ",vbCritical,"入学成绩"
        Cancel=True
    Else
        MsgBox "入学成绩输入正确! ",vbInformation,"入学成绩"
    End If
End Sub
```

！ 注意

控件的 BeforeUpdate 事件过程是有参过程。通过设置其参数 Cancel，可以控制 BeforeUpdate 事件是否发生。参数 Cancel 设置为 True（-1），即可取消 BeforeUpdate 事件。

（2）Select Case 结构

在有些情况下，对某个条件判断后可能会出现多种取值的情况，此时再使用多分支 If 结构，判断条件会罗列得很长。在 VBA 中，专门为此种情况设计了一个 Select Case 语句结构。在这种结构中，只有一个用于判断的表达式，根据此表达式的不同计算结果，执行不同的语句块。Select Case 结构的语法格式为：

```
Select Case 表达式
    Case 表达式列表 1
        语句块 1
    [Case 表达式列表 2
        语句块 2]
    ......
    [Case 表达式列表 n
        语句块 n]
    [Case Else
        语句块 n+1]
End Select
```

< 240 >

  首先计算表达式的值，然后将表达式的值依次与各 Case 后列表中的值进行比较，若与其中某个值相同，则执行该列表后的相应语句块部分，然后执行 End Select 后的语句；若出现与列表中的所有值均不相等的情况，则执行 Case Else 的语句块部分，然后退出 Select Case 结构，执行其后的语句。

  表达式可以是数值表达式或字符串表达式。表达式列表可以有以下 3 种格式。

  ① 值 1[,值 2]……：此种格式在表达式列表中有一个或多个值与表达式的值进行比较，多个取值之间用逗号分隔。如果表达式的值与这些值中的一个相等，即可执行此表达式列表后相应的语句块。例如：

```
Case 1
Case "A","E","I","O","U"
```

  ② 值 1 To 值 2：此种格式在表达式列表中提供了一个取值范围，可以将此范围内的所有取值与表达式的值进行比较。如果表达式的值与此范围内的某个值相等，即可执行此表达式列表后的相应语句块。例如：

```
Case 0 To 7
Case "a" To "z"
```

  ③ Is 关系运算符 值 1[, 值 2]……：此种格式将表达式的值与关系运算符后的值进行关系比较，检验是否满足该关系运算。若满足，则执行此表达式列表后的相应语句块。例如：

```
Case Is<3
Case Is>"Apple"
```

  在实际使用时，以上这几种格式允许混合使用。例如：

```
Case 1 To 3,Is>10
Case Is<"z","A" To "Z"
```

  例 8-7 给学生的成绩评级，成绩大于或等于 90 分为"优"，大于或等于 80 分且小于 90 分为"良"，大于或等于 70 分且小于 80 分为"中"，大于或等于 60 分且小于 70 分为"及格"，小于 60 分的为"不及格"。

  程序片段如下：

```
Dim score As Integer
score=InputBox("请输入 score 的值：")
Select Case score
    Case Is>=90
        MsgBox "优"
    Case Is>=80
        MsgBox "良"
    Case Is>=70
        MsgBox "中"
    Case Is>=60
        MsgBox "及格"
    Case Else
        MsgBox "不及格"
End Select
```

3．具有选择功能的函数

VBA 提供了 3 个具有选择功能的函数，分别为 IIf 函数、Switch 函数和 Choose 函数。

< 241 >

（1）IIf 函数

IIf 函数是一个根据条件的真假确定返回值的内部函数，其调用格式为：

```
IIf(条件,表达式1,表达式2)
```

如果条件为真，则函数返回表达式 1 的值，否则返回表达式 2 的值。例如：

```
min=IIf(a>b,b,a)
min=IIf(min>c,c,min)
```

这两条语句的功能是将 a、b、c 中最小的数赋值给变量 min。

（2）Switch 函数

Switch 函数根据不同的条件值来决定函数的返回值，其调用格式为：

```
Switch(条件1,表达式1,条件2,表达式2,……,条件n,表达式n)
```

该函数从左向右依次判断条件是否为真，而表达式则会在第 1 个相关的条件为真时作为函数返回值返回。例如：

```
city=Switch(prov="湖南","长沙",prov="湖北","武汉",prov="江西","南昌")
```

该语句的功能是根据变量 prov 的值，返回与省份所对应的省会名称。

（3）Choose 函数

Choose 函数根据索引的值返回选项列表中的值，其调用格式为：

```
Choose(索引,选项1,选项2,……,选项n)
```

当索引的值为 1 时，函数返回选项 1 的值；当索引的值为 2 时，函数返回选项 2 的值；依此类推。若没有与索引相匹配的选项，则会出现编译错误。例如：

```
Weekname=Choose(wkDay,"星期一","星期二","星期三","星期四","星期五","星期六","星期天")
```

该语句的功能是根据变量 wkDay 的值返回所对应的星期中文名称。

8.3.3　循环控制

循环控制结构是一种十分重要的程序结构。循环控制结构的基本思想是重复执行某些语句，以满足大量的计算或处理要求。当然这种重复不是简单、机械地重复，每次重复都有其新的内容。也就是说，虽然每次循环执行的语句相同，但语句中一些变量的值是在变化的，而且当循环到一定次数或满足条件后能结束循环。在 VBA 中，用于实现循环控制结构的语句主要有 For 语句和 Do 语句。

1．用 For 语句实现循环

有一些问题，事先就能确定循环次数，这时利用 For 语句来实现是十分方便的。例如，当 x 取 $1,2,3,\cdots,10$ 时，分别计算 $\sin x$ 和 $\cos x$ 的值，可以控制循环执行 10 次，每次分别计算 $\sin x$ 和 $\cos x$ 的值，且每循环一次 x 加 1。若用 For 语句来实现，程序段如下：

```
For x=1 To 10
    Print x,sin(x),cos(x)
Next
```

< 242 >

　　For 循环属于计数型循环，程序按照结构中指明的循环次数来执行循环体部分。For 循环的语法格式为：

```
For 循环变量=初值 To 终值 [Step 步长]
    循环体
Next 循环变量
```

　　其中，循环变量为数值型变量，用于统计循环次数。此变量可以从初值变化到终值，每次变化的差值由步长决定。如果步长为 1，"Step 1"可以省略。循环体是在循环过程中被重复执行的语句组。

　　For 循环执行时，如果循环参数为表达式，先计算表达式的值，然后将初值赋予循环变量，再检验循环变量的取值是否超出终值；若循环变量没有超出终值，则执行一次内部的循环体，然后将循环变量加上步长赋予循环变量，再与终值进行比较；如果未超出终值，则继续执行循环体，否则退出循环。重复以上步骤，直到循环变量超过终值。

　　这里的超过有两种含义：当步长大于 0 时，循环变量的值大于终值时为超过；当步长小于 0 时，循环变量的值小于终值时为超过。

　　例 8-8　利用 For 语句求 $s=1+2+3+4+\cdots+1000$ 的值。

　　程序片段如下：

```
Dim i As Integer
Dim s As Long
s=0
For i=1 To 1000
    s=s+i
Next i
MsgBox "1 到 1000 的和为: " & s
```

2．用 Do 语句实现循环

　　对于循环次数确定的循环问题，使用 For 语句是比较方便的。但是，有些循环问题事先是无法确定循环次数的，只能通过给定的条件来决定是否继续循环，这时可以使用 Do 语句来实现。

　　Do 语句根据某个条件是否成立来决定是否执行相应的循环体部分，它有以下几种格式。

　　（1）Do While…Loop 语句

　　语法格式为：

```
Do While 条件表达式
    循环体
Loop
```

　　语句执行时，若条件表达式的值为真，则执行 Do While 和 Loop 之间的循环体，直到条件表达式的值为假才结束循环。

　　（2）Do Until…Loop 语句

　　语法格式为：

```
Do Until 条件表达式
    循环体
Loop
```

< 243 >

语句执行时，若条件表达式的值为假，则执行 Do Until 和 Loop 之间的循环体，直到条件表达式的值为真才结束循环。

例如，有下面两段程序，分析循环执行的次数。

程序段 1：

```
k=0
Do While k<=10
    k=k+1
Loop
```

程序段 2：

```
k=0
Do Until k<=10
    k=k+1
Loop
```

对于程序段 1，循环次数为 11；对于程序段 2，k 为 0 时，条件表达式的值为真，循环次数为 0。

（3）Do…Loop While 语句

语法格式为：

```
Do
    循环体
Loop While 条件表达式
```

语句执行时，首先执行一次"循环体"，执行到 Loop While 时判断"条件表达式"的值；如果为真，继续执行 Do 和 Loop While 之间的"循环体"，否则结束循环。

（4）Do…Loop Until 语句

语法格式为：

```
Do
    循环体
Loop Until 条件表达式
```

语句执行时，首先执行一次循环体，执行到 Loop Until 时判断条件表达式的值；如果为假，继续执行 Do 和 Loop Until 之间的循环体，否则结束循环。

例如，有下面两段程序，分析程序的运行结果。

程序段 1：

```
num=0
Do
    num=num+1
    Debug.Print num
Loop While num>2
```

程序段 2：

```
num=0
Do
    num=num+1
    Debug.Print num
Loop Until num>2
```

对于程序段 1，首先执行一次 Do 和 Loop While 之间的循环体，变量 num 的值变为 1，在立即窗口显示 num 的值；然后判断条件"num>2"是否为成立，条件表达式的值为假时退出循环；

< 244 >

程序运行结果是在立即窗口仅仅显示 1。

对于程序段 2，首先执行一次 Do 和 Loop Until 之间的循环体，变量 num 的值变为 1，在立即窗口显示 num 的值；然后判断条件 "num>2" 是否为成立，条件表达式的值为真时退出循环；程序运行结果是在立即窗口分别显示 1、2、3。

例 8-9　假设现在的人口为 13 亿，若年增长率为 $r=1.5\%$，试计算多少年后人口增加到 20 亿。人口计算公式为 "$p=p_0(1+r)^n$"，其中 p_0 为人口初始值，r 为增长率，n 为年数。

循环结构程序

程序片段如下：

```
Dim p As Single,r As Single,i As Integer
p=13
r=1.5/100
i=0
Do While p<20
    p=p*(1+r)
    i=i+1
Loop
MsgBox i & "年后，人口将达到" & p & "亿"
```

程序是用 **Do While…Loop** 语句来实现的，能否用其他格式的 **Do** 语句来实现？如何修改程序？请读者思考并上机验证程序。

3. For Each…Next 语句

For Each…Next 语句是对于数组中的每个元素或对象集合中的每一项重复执行一组语句，这在不知道数组或集合中元素的数量时非常有用，其语法格式为：

```
For Each 元素名 In 名称
    循环体
Next [元素名]
```

其中，元素名用来枚举数组元素或集合中所有成员的变量。对于数组，元素名只能是 Variant 型变量；对于集合，元素名可能是 Variant 型变量、Object 型变量等。名称是指数组或对象集合的名称。

例 8-10　计算 $\sum\limits_{n=1}^{10} n!$ 的值。

程序如下：

```
Sub ForEach()
Dim a(1 To 10) As Long
Dim result As Long,t As Long
Dim i As Integer,x As Variant
result=0
t=1
For i=1 To 10                '求阶乘并存入数组 a 中
    t=t*i
    a(i)=t
Next i
For Each x In a             '利用 For Each…Next 语句控制数组元素，实现累加
    result=result+x
Next x
Debug.Print "1!+2!+3+…+10!=" & result
End Sub
```

< 245 >

8.3.4 辅助控制

1．GoTo 控制语句

GoTo 语句用于无条件地转移到过程中指定的行，其语法格式为：

GoTo 行号

行号可以是任何字符的组合，以字母开头，以冒号结尾。行号必须从第 1 列开始输入。GoTo 语句将程序执行流程转移到行号的位置，并从该点继续执行。

太多的 GoTo 语句会使程序不容易阅读及调试，因此不提倡过多使用。

2．Exit 语句

Exit 语句用于退出 Do 循环、For 循环、Function 过程、Sub 过程或 Property 过程程序块。相应地，它包括 Exit Do、Exit For、Exit Function、Exit Sub 和 Exit Property 几个语句。

下面的示例程序使用 Exit 语句退出 Do 循环、For 循环及 Sub 过程。

```
Sub ExitDemo()
    Dim i,RndNum
    Do                                    '建立循环，这是一个无止境的循环
        For i=1 To 1000                   '循环 1000 次
            RndNum=Int(Rnd*1000)          '生成一个随机数
            Select Case RndNum            '检查随机数
                Case 7: Exit For          '如果是 7，退出 For 循环
                Case 9: Exit Do           '如果是 9，退出 Do 循环
                Case 10: Exit Sub         '如果是 10，退出 Sub 过程
            End Select
        Next i
    Loop
End Sub
```

8.4 VBA 过程

模块是用 VBA 语言编写的过程的集合，而过程是 VBA 语句的集合。每个过程是一个可执行的程序片段，包含一系列的语句和方法。在 VBA 中，过程分为 3 种：子过程、函数过程和属性过程。子过程没有返回值，而函数过程将返回一个值。其中，子过程属于 Sub 过程，Sub 过程还包括事件过程。事件过程是附加在窗体、报表或控件上的，是在响应事件时执行的程序块。而子过程是必须由其他过程来调用的程序块。

8.4.1 子过程与函数过程

过程必须先声明后调用，不同的过程有不同的结构形式和调用格式。

1．子过程

子过程是一系列由 Sub 和 End Sub 语句所组成的 VBA 语句。使用子过程可以执行动作、计

子过程与函数
过程

< 246 >

算数值及更新并修改对象属性的设置，却不能返回一个值。

（1）子过程的声明

子过程的声明格式为：

```
Sub 子过程名([形式参数列表])
    [局部常量或变量的定义]
    [语句序列]
    [Exit Sub]
    [语句序列]
End Sub
```

说明

① 子过程名遵循标识符的命名规则。它只用来标志一个子过程，没有值，当然也没有类型。

② 形式参数简称形参，形参列表的格式为：

变量名1[()][As 类型关键字1][,变量名2[()][As 类型关键字2]]……

形参可以是变量名（后面不加括号）或数组名（后面加括号）。如果子过程没有形式参数，则子程序名后面必须跟一个空的圆括号。

③ **Exit Sub** 表示退出子过程。

（2）子过程的创建

子过程的创建有以下两种方法。

① 在 VBE 的工程资源管理器窗口中，双击需要创建的过程窗体模块、报表模块或标准模块，然后选择"插入"→"过程"命令，打开图 8-8 所示的"添加过程"对话框，然后根据需要设置参数。

图 8-8　"添加过程"对话框

例如，在"添加过程"对话框中输入过程名称 Pro1，选择过程的类型为"子过程"，选择过程的作用范围为"公共的"，单击"确定"按钮后，VBE 将自动在模块中添加如下语句：

```
Public Sub Pro1()
End Sub
```

光标停留在两条语句的中间，等待用户输入过程语句。

< 247 >

② 直接在窗体模块、报表模块或标准模块的代码窗口中输入 "Sub 子过程名"，然后按 Enter 键，VBE 将自动生成过程的起始语句和结束语句。

（3）子过程的调用

子过程的调用有两种方式：一种是利用 Call 语句来调用，另一种是把过程名作为一个语句来直接调用。

利用 Call 语句调用子过程的语法格式为：

```
Call 过程名([实际参数列表])
```

利用过程名作为语句调用子过程的语法格式为：

```
过程名 [实际参数列表]
```

实际参数列表简称为实参，它与形式参数的个数、位置和类型必须一一对应，调用时把实参的值传递给形参。

例 8-11 编写一个求 $n!$ 的子程序，然后调用它来计算 $\sum\limits_{n=1}^{10} n!$ 的值。

程序如下：

```
Sub Factor1(n As Integer, p As Long)
    Dim i As Integer
    p=1
    For i=1 To n
        p=p*i
    Next i
End Sub
Sub MySum1()
    Dim n As Integer, p As Long, s As Long
    For n=1 To 10
        Call Factor1(n, p)
        s=s+p
    Next n
    MsgBox "结果为: " & s
End Sub
```

定义求 $n!$ 的子程序 Factor1 时，除了以 n 作为形参外，还增加了一个形参 p，通过实参和形参结合带回子程序的处理结果。具体的结合规则将在 8.4.2 小节介绍。

2．函数过程

函数过程是一系列由 Function 和 End Function 语句所组成的 VBA 语句。函数过程和子过程很类似，但函数过程可以返回一个值。

（1）函数过程的声明

函数过程的声明格式为：

```
Function 函数过程名([形式参数列表])[As 类型关键字]
    [局部常量或变量的定义]
    [语句序列]
    [Exit Function]
    [语句序列]
    函数名=表达式
End Function
```

< 248 >

其中，函数过程名有值和类型，在过程体内至少要被赋值一次；"As 类型关键字"为函数返回值的类型；Exit Function 表示退出函数过程。

函数过程的创建方法与子过程的创建方法相同。

（2）函数过程的调用

与子过程的调用方法不同，函数不能作为单独的语句加以调用，而是作为一个运算量出现在表达式中。调用函数过程的方法和调用 VBA 内部函数的方法一样，调用格式为：

```
函数过程名([实际参数列表])
```

例 8-12　编写一个求 $n!$ 的函数，然后调用它来计算 $\sum_{n=1}^{10} n!$ 的值。

程序如下：

```
Function Factor2(n As Integer) As Long
    Dim i As Integer, p As Long
    p=1
    For i=1 To n
        p=p*i
    Next i
    Factor2=p
End Function
Sub MySum2()
    Dim n As Integer, s As Long
    For n=1 To 10
        s=s+Factor2(n)
    Next n
    MsgBox "结果为: " & s
End Sub
```

通过对比例 8-11 的程序和例 8-12 的程序，可以更好地理解子过程和函数过程的区别。

3．属性过程

属性过程是一系列由 Property 和 End Property 语句所组成的 VBA 语句，也叫 Property 过程。用户可以用属性过程为窗体、报表和类模块增加自定义属性。声明属性过程的语法格式为：

```
Property Get|Let|Set 属性名[(形式参数)] [As 类型关键字]
    [语句序列]
End Property
```

Property 过程包括 3 种类型：Let 类型用来设置属性值，Get 类型用来返回属性值，Set 类型用来设置对对象的引用。Property 过程通常是成对使用的：Property Let 与 Property Get 一组，而 Property Set 与 Property Get 一组，这样声明的属性既可读也可写。单独声明的一个 Property Get 过程是只读属性。

8.4.2　过程参数传递

在调用过程时，主调过程将实参传递给被调过程的形参，这就是参数传递。在 VBA 中，实参与形参的传递方式有两种：引用传递和按值传递。

1．引用传递

在形参前面加上 ByRef 关键字或省略不写，表示参数传递是引用传递方式。引用传递方式是

< 249 >

过程默认的参数传递方式。

引用传递方式是将实参的地址传递给形参，也就是实参和形参共用同一个内存单元，是一种双向的数据传递，即调用时实参将值传递给形参，调用结束后由形参将操作结果返回给实参。引用传递的实参只能是变量，不能是常量或表达式。

例 8-13 阅读下面的程序，分析程序的运行结果。

事件过程代码如下：

```
Sub Cmd1_Click()
    Dim x As Integer,y As Integer
    x=10
    y=20
    Debug.Print "1,x=";x,"y=";y
    Call Add(x,y)
    Debug.Print "2,x=";x,"y=";y
End Sub
```

子过程代码如下：

```
Private Sub Add(m,n)
    m=100
    n=200
    m=m+n
    n=2*n+m
End Sub
```

调用 Add 子过程时，参数传递是引用传递方式。在调用子过程时，首先将实参 x 和 y 的值分别传递给形参 m 和 n，然后执行子过程 Add；子过程执行完后，m 的值为 300，n 的值为 700；子过程调用结束后，将形参 m 和 n 的值返回给实参 x 和 y。在立即窗口中的显示结果为：

```
1,x=10          y=20
2,x=300         y=700
```

2．按值传递

在形参前面加上 ByVal 关键字时，表示参数是按值传递方式。按值传递方式是一种单向的数据传递，即调用时只能由实参将值传递给形参，调用结束后不能由形参将操作结果返回给实参。实参可以是常量、变量或表达式。

例 8-14 阅读下面的程序语句，分析程序的运行结果。

事件过程代码如下：

```
Sub Cmd2_Click()
    Dim x As Integer,y As Integer
    x=10
    y=20
    Debug.Print "1,x=";x,"y=";y
    Call Add(x,y)
    Debug.Print "2,x=";x,"y=";y
End Sub
```

子过程代码如下：

```
Private Sub Add(ByVal m, n)
    m=100
    n=200
```

< 250 >

```
    m=m+n
    n=2*n+m
End Sub
```

与例 8-13 不同的是，子过程的形参 m 是按值传递，而 n 是按引用传递。事件过程将 x 的值传递给形参 m，将实参 y 的值传递给 n，然后执行子过程 Add；子过程执行完后，m 的值为 300，n 的值为 700；形参 m 的值不返回给 x，而 n 的值会返回给实参 y。在立即窗口中的显示结果为：

```
1,x=10           y=20
2,x=10           y=700
```

8.4.3　变量的作用域和生存期

1．变量的作用域

变量可被访问的范围称为变量的作用范围，也称为变量的作用域。除了可以使用 Dim 语句声明变量外，还可以使用 Static、Private 或 Public 语句来声明变量。根据声明语句和声明变量的位置不同，变量的作用域可分为 3 个层次：局部范围、模块范围和全局范围。

（1）局部范围

在过程内部用 Dim 或 Static 语句声明的变量称为过程级变量，其作用域是局部的，只在声明变量的过程中有效。

（2）模块范围

在模块的通用声明部分用 Dim 或 Private 语句声明的变量称为模块级变量。这些变量在声明它的整个模块中的所有过程中都能使用，但其他模块却不能访问。

（3）全局范围

在标准模块的通用声明部分用 Public 语句声明的变量称为全局变量。全局变量在声明它的数据库中的所有类模块和标准模块的所有过程中都能使用。

2．变量的生存期

变量的生存期是指变量从存在（执行变量声明并分配内存单元）到消失的时间段。按生存期的不同，变量可分为动态变量和静态变量。

（1）动态变量

在过程中，用 Dim 语句声明的局部变量属于动态变量。动态变量的生存期为从变量所在的过程第 1 次执行到过程执行完毕。在这个时间段中，变量存在并可访问。过程执行完后，会自动释放该变量所占的内存单元。

（2）静态变量

在过程中，用 Static 语句声明的局部变量属于静态变量。静态变量在过程运行时可保留变量的值，即每次调用过程时，用 Static 声明的变量保持上一次调用的值。

例 8-15　阅读下面的程序，分析程序的运行结果。

程序段 1 如下所示：

```
Private Sub Command1_Click()
    Static a As Integer        '静态变量
    a=a+1
    Debug.Print a
End Sub
```

< 251 >

连续单击 Command1 命令按钮，会输出 1、2、3、4、5……。这是因为 a 是静态变量，所以 a 的值是保留的。

程序段 2 如下所示：

```
Private Sub Command1_Click()
    dim a As Integer
    a=a+1
    Debug.Print a
End Sub
```

当连续单击 Command1 命令按钮时，会输出连续的 1。这是因为每次执行 Command1_Click() 时，都是新创建的变量 a，变量默认值为 0，所以每次结果均为 1。

8.5 VBA 数据库访问技术

在实际应用开发中，要设计功能强大、操作灵活的数据库应用系统，需要了解数据库访问的相关知识。本节重点介绍 ActiveX 数据对象（ActiveX Data Objects，ADO）技术。

8.5.1 常用的数据库访问接口技术

数据库访问是复杂的软件技术，直接编程通过数据库本地接口与底层数据进行交互是非常困难的。数据库访问接口技术可简化这一过程。数据库访问接口技术支持通过编写相对简单的程序来实现非常复杂的任务，并且为不同类别的数据库提供了统一的接口。常用的数据库访问接口技术包括 ODBC、DAO 和 ADO 等。

1. ODBC

ODBC（Open Database Connectivity，开放数据库互连）是 WOSA（Windows Open Services Architecture，Microsoft 公司开放服务结构）中有关数据库的一个组成部分。它建立了一组规范，并提供了一组对数据库访问的标准 API（Application Programming Interface，应用程序编程接口）。这些 API 利用 SQL 来完成其大部分任务。ODBC 本身也提供了对 SQL 的支持，用户可以直接将 SQL 语句提交给 ODBC。

一个基于 ODBC 的应用程序对数据库的操作不依赖任何数据库管理系统，不直接与数据库管理系统打交道，所有的数据库操作由对应的数据库管理系统的 ODBC 驱动程序完成。也就是说，不论是 Access 和 Visual FoxPro 还是 SQL Server 和 Oracle 数据库，均可用 ODBC API 进行访问。由此可见，ODBC 的最大优点是能以统一的方式处理所有的数据库。

2. DAO

DAO（Data Access Objects，数据访问对象）是 Visual Basic 最早引入的数据访问技术。它普遍使用 Microsoft Jet 数据库引擎（由 Microsoft Access 所使用），并允许 Visual Basic 开发者像通过 ODBC 对象直接连接到其他数据库一样，直接连接到 Access 表。DAO 最适用于单系统应用程序或小范围本地分布使用。

< 252 >

3．ADO

ADO 是 Microsoft 公司开发的数据库应用程序面向对象的新接口。ADO 扩展了 DAO 所使用的对象模型，具有更加简单、更加灵活的操作性能。ADO 在 Internet 方案中使用最少的网络流量，并在前端和数据源之间使用最少的层数，提供了轻量、高性能的数据访问接口，可通过 ADO Data 控件非编程和利用 ADO 对象编程来访问各种数据库。

目前，Microsoft 的数据库访问一般用 ADO 方式。ODBC 和 DAO 是早期连接数据库的技术，正在逐渐被淘汰。本节将重点介绍如何在 VBE 环境中使用 ADO 对象模型这一数据库访问接口技术来访问 Access 2016 数据库。

8.5.2　ADO 对象模型

在 ADO 2.1 以前，ADO 对象模型中有 7 个对象：Connection、Command、RecordSet、Error、Parameter、Field、Property。ADO 2.5 以后（包括 2.6 版、2.7 版、2.8 版）新加了两个对象：Record 和 Stream。ADO 对象模型定义了一个分层的对象集合，如图 8-9 所示。这种层次结构表明了对象之间的相互联系，Connection 对象包含 Errors 和 Properties 子对象集合，它是一个基本的对象，所有的其他对象模型都来源于它。Command 对象包含 Parameters 和 Properties 子对象集合。RecordSet 对象包含 Fields 和 Properties 子对象集合，而 Record 对象可源于 Connection、Command 或 RecordSet 对象。

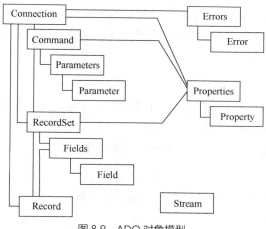

图 8-9　ADO 对象模型

> **!注意**
>
> 一个对象集合是由多个相同类型的对象组合在一起的，用户可以通过每个对象的 Name 属性来对其进行访问和识别。另外，集合也给其中的成员进行了编号，所以也可通过编号来对其中的成员进行访问和识别。

ADO 对象模型中的 9 个对象的功能说明如表 8-10 所示，其中 Connection、Command 和 RecordSet 这 3 个对象是 ADO 对象模型的核心对象。

< 253 >

表 8-10 ADO 对象模型中的 9 个对象的功能说明

对象名称	功能说明
Connection	用来建立数据源与 ADO 程序之间的连接
Command	通过该对象对数据源执行特定的命令
RecordSet	用来处理数据源的数据
Record	表示电子邮件、文件或目录
Error	包含有关数据访问错误的详细信息
Parameter	表示与基于参数化查询或存储过程的 Command 对象相关联的参数
Property	表示由提供者定义的 ADO 对象的动态特性
Field	表示使用普通数据类型数据的列
Stream	用来读取或写入二进制数据的数据流

要想在 VBA 程序中使用 ADO，必须首先添加对 ADO 的引用。要添加对 ADO 的引用，只需要在 VBE 窗口中选择"工具"→"引用"命令，在弹出的"引用"对话框中选择"Microsoft ActiveX Data Objects 2.1 Library"选项即可。

8.5.3 利用 ADO 访问数据库的基本步骤

在 VBA 中利用 ADO 访问数据库的基本步骤为：首先使用 Connection 对象建立应用程序与数据源的连接，然后使用 Command 对象执行对数据源的操作命令（通常用 SQL 命令），接下来使用 RecordSet 和 Field 等对象对获取的数据进行查询或更新操作，最后使用窗体中的控件向用户显示操作的结果，操作完成后关闭连接。

1．数据库连接对象（Connection）

在 VBA 中，通过 ADO 访问数据库的第 1 步就是要建立应用程序与数据库之间的连接，这里就必须用到 ADO 的 Connection 对象。

Connection 对象使用前必须声明，声明的语法格式为：

```
Dim cnn As ADODB.Connection
```

在 Connection 对象声明后，需实例化 Connection 对象后才能使用，语句如下：

```
Set cnn=New ADODB.Connection
```

Connection 对象的常用属性有 ConnectionString、DefaultDatabase、Provider 和 State 等。各属性说明如下。

① ConnectionString 属性用来指定用于设置连接到数据源的信息。

② DefaultDatabase 属性用来指定 Connection 对象的默认数据库。例如，要连接"教学管理"数据库，可以用如下语句设置 Connection 对象的 DefaultDatabase 属性值：

```
cnn.DefaultDatabase="教学管理.accdb"
```

③ Provider 属性用来指定 Connection 对象的提供者的名称。与 Access 2016 数据库连接时，Provider 的属性值为"Microsoft.ACE.OLEDB.12.0"。

< 254 >

④ State 属性用于返回当前 Connection 对象打开数据库的状态。如果 Connection 对象已经打开数据库，则该属性值为 adStateOpen（值为 1），否则为 adStateClosed（值为 0）。

Connection 对象的常用方法有 Close、Execute 和 Open。各方法说明如下。

① Close 方法可以关闭已经打开的数据库，其语法格式为：

```
连接对象名.Close
```

② Execute 方法用于执行指定的 SQL 语句，其语法格式为：

```
连接对象名.Execute CommandText,RecordsAffected,Options
```

其中，CommandText 用于指定将执行的 SQL 命令；RecordsAffected 是可选参数，用于返回操作影响的记录数；Options 也是可选参数，用于指定 CommandText 参数的运算方式。

③ Open 方法可以创建与数据库的连接，其语法格式为：

```
连接对象名.Open ConnectionString,UserID,Password,Options
```

其中，ConnectionString 为必选项，其他项为可选项。

例 8-16　建立与 Access 2016 数据库的连接，包括连接对象的声明、实例化、连接、关闭连接和撤销连接对象。

程序如下：

```
Sub CreateConnection()
  Dim cnn As ADODB.Connection                    '声明连接对象
  Set cnn=New ADODB.Connection                   '实例化对象
  cnn.Open "Provider=Microsoft.ACE.OLEDB.12.0;Persist Security
  Info=False; Data Source=D:\DBAccess\教学管理.accdb;"   '打开连接
  cnn.Close  '关闭连接
  Set cnn=Nothing                                '撤销连接
End Sub
```

连接对象的 Close 方法不能将对象从内存中清除，但将 Connection 对象设置为 Nothing 可以从内存中清除对象。以上语句中，打开当前数据库的连接也可以修改为以下语句：

```
cnn.Open CurrentProject.Connection
```

2．数据集对象（RecordSet）

RecordSet 对象是数据记录的集合，而数据记录又是字段的集合，因此利用 RecordSet 对象可以存取所有数据记录中每一个字段的数据。在 ADO 中，RecordSet 对象是用于数据库操作的重要对象。下面介绍 RecordSet 对象的几个常用属性。

（1）BOF 属性和 EOF 属性

当 BOF 属性为 True 时，记录指针在数据表第 1 条记录前；而 EOF 属性为 True 时，表明记录指针在最后一条记录后。

（2）RecordCount 属性

RecordCount 属性返回 RecordSet 对象中的记录个数。

（3）EditMode 属性

EditMode 属性用于返回当前记录的编辑状态，其返回值的具体含义如表 8-11 所示。

< 255 >

表 8-11　EditMode 属性返回值的含义

常量	说明
AdEditNone	指示当前没有编辑操作
AdEditInProgress	指示当前记录中的数据已被修改但未保存
AdEditAdd	指示 AddNew 方法已被调用，且复制缓冲区中的当前记录是尚未保存到数据库中的新记录
AdEditDelete	指示当前记录已被删除

（4）Filter 属性

Filter 属性用于指定记录集的过滤条件，只有满足了这个条件的记录才会显示出来。其语法格式为：

```
RecordSet.Filter=条件
```

执行下面的语句，将只显示记录中部门名称为"财务部"的职工的信息。

```
Rs.Filter='部门名称=财务部'
```

（5）State 属性

State 属性用于返回当前记录集的操作状态，返回值的具体含义如表 8-12 所示。

表 8-12　State 属性返回值的含义

常量	说明
AdStateClosed	默认，指示对象是关闭的
AdStateOpen	指示对象是打开的
AdStateConnecting	指示 RecordSet 对象正在连接
AdStateExecuting	指示 RecordSet 对象正在执行命令
AdStateFetching	指示 RecordSet 对象的记录正在被读取

RecordSet 对象的常用方法如表 8-13 所示。

表 8-13　RecordSet 对象的常用方法

方法名	说明
Move	将当前记录位置移动到指定的位置
MoveFirst	将当前记录位置移动到记录集中的第 1 条记录
MoveLast	将当前记录位置移动到记录集中的最后一条记录
MovePrevious	将当前记录位置向后移动一条记录（向记录集的顶部）
MoveNext	将当前记录位置向前移动一条记录（向记录集的底部）
AddNew	向记录集中添加一条新记录
Find	在记录集中查找满足条件的记录
Open	打开一个记录集
Close	关闭打开的对象
Delete	删除记录集中的当前记录或记录组
Update	将记录集缓冲区中的记录真正写到数据库中
CancelUpdate	取消对当前记录所做的任何更改或放弃新添加的记录

< 256 >

例 8-17 在"教学管理"数据库中使用 RecordSet 对象创建"学生"记录集。

程序如下：

```
Sub DemoRecordSet()
    '声明并实例化 RecordSet 对象
    Dim rst As ADODB.RecordSet
    Set rst=New ADODB.RecordSet
    '使用 RecordSet 对象的 Open 方法打开记录集
    rst.Open "SELECT * FROM 学生",CurrentProject.Connection
    '在立即窗口输出记录集
    Debug.Print rst.GetString
    '关闭并销毁变量 rst
    rst.Close
    Set rst=Nothing
End Sub
```

RecordSet 对象的 Open 方法的第 1 个参数是数据源，数据源可以是表名、SQL 语句、存储过程、Command 对象变量名或记录集的文件名。本例中的数据来源于 SQL 语句。Open 的第 2 个参数是有效的连接字符串或 Connection 对象变量名。

例 8-18 在"教学管理"数据库中使用 RecordSet 对象和 Connection 对象一起创建"学生"记录集，向后移动记录并计算记录数。

程序如下：

```
Sub DemoRecordSet1()
    '声明并实例化 Connection 对象和 RecordSet 对象
    Dim cnn As ADODB.Connection
    Dim rst As ADODB.RecordSet
    Set cnn=New ADODB.Connection
    Set rst=New ADODB.RecordSet
    '将 RecordSet 连接到当前数据库
    Set cnn=CurrentProject.Connection
    rst.ActiveConnection=cnn
    '使用 RecordSet 对象的 Open 方法打开记录集
    rst.Open "SELECT * FROM 学生"
    '在立即窗口输出第 1 条记录的姓名
    Debug.Print rst("姓名")
    '向后移动记录并输出第 2 条记录的姓名
    rst.Movenext
    Debug.Print rst("姓名")
    '输出记录总数
    Debug.Print rst.RecordCount
    '关闭并销毁变量
    rst.Close:cnn.Close
    Set rst=Nothing:Set cnn=Nothing
End Sub
```

3．命令对象（Command）

ADO 的 Command 对象代表对数据源执行的查询、SQL 语句或存储过程。Command 对象的常用属性如下。

（1）ActiveConnection 属性

ActiveConnection 属性用来指定当前命令对象属于哪个 Connection 对象。若要为已经定义好

< 257 >

的 Connection 对象单独创建一个 Command 对象，必须将其 ActiveConnection 属性设置为有效的连接字符串。

（2）CommandText 属性

CommandText 属性用于指定向数据提供者发出的命令文本。此文本通常是 SQL 语句，也可以是提供者能识别的任何其他类型的命令语句。

（3）State 属性

State 属性用于返回 Command 对象的运行状态。如果 Command 对象处于打开状态，则值为"adStateOpen"（值为 1），否则为"adStateClosed"（值为 0）。

Command 对象的常用方法为 Execute，此方法用来执行 CommandText 属性中指定的查询、SQL 语句或存储过程。它的语法结构包括如下两种。

对于以记录集返回的 Command 对象，其语法格式为：

```
Set RecordSet=Command.Execute(RecordsAffected,Parameters,Options)
```

对于不以记录集返回的 Command 对象，其语法格式为：

```
Command.Execute RecordsAffected,Parameters,Options
```

其中，参数 RecordsAffected 为长整型变量，返回操作所影响的记录数量；参数 Parameters 为数组，为 SQL 语句传送的参数值；Options 为长整型值，表示 CommandText 的属性类型。这几个参数为可选参数。

例 8-19 在"教学管理"数据库中，使用 Command 对象获取"学生"记录集。

程序如下：

```
Sub DemoCommand()
    '声明并实例化 Command 对象和 RecordSet 对象
    Dim rst As ADODB.RecordSet
    Dim cmd As ADODB.Command
    Set rst=New ADODB.RecordSet
    Set cmd=New ADODB.Command
    '使用 SQL 语句设置数据源
    cmd.CommandText="SELECT * FROM 学生"
    cmd.ActiveConnection=CurrentProject.Connection
    '使用 Execute 方法执行 SQL 语句，返回记录集
    Set rst=cmd.Execute
    Debug.Print rst.GetString
    rst.Close: Set rst=Nothing:Set cmd=Nothing
End Sub
```

本例中，CommandText 属性用于设置 SQL 语句，ActiveConnection 属性指向与当前数据库的连接，Execute 方法用于将 SQL 语句的运行结果返回给 RecordSet 对象。

4．字段对象（Field）

ADO 的 Field 对象包含关于 RecordSet 对象中某一列的信息。RecordSet 对象的每一列对应一个 Field 对象，Field 对象在使用前需要声明。Field 对象的 Name 属性用于返回字段名，Value 属性用于查看或更改字段中的数据。

例 8-20 在"教学管理"数据库中，利用 Field 对象输出记录集中第 1 条记录"姓名"的列值。

< 258 >

程序如下：

```
Sub DemoField()
    '声明并实例化 RecordSet 对象和 Field 对象
    Dim rst As ADODB.RecordSet
    Dim fld As ADODB.Field
    Set rst=New ADODB.RecordSet
    '建立连接并用 Open 方法打开记录集
    rst.ActiveConnection=CurrentProject.Connection
    rst.Open "SELECT * FROM 学生"
    'Field 对象指向"姓名"列，输出第 1 条记录的姓名
    Set fld=rst("姓名")
    Debug.Print fld.Value
    rst.Close:Set rst=Nothing
End Sub
```

8.6　VBA 程序的调试与错误处理

在程序设计过程中，程序出错是难免的。当程序执行时，会产生各种各样的错误，包括语法错误和逻辑错误。这样就引出了如何查找和改正程序错误或出错后如何处理的问题。

8.6.1　VBA 程序的调试方法

VBE 提供了"调试"菜单和"调试"工具栏，在调试程序时可以选择需要的调试命令或工具对程序进行调试。

1．程序模式

在 VBE 中测试和调试应用程序时，程序所处的模式包括设计模式、运行模式和中断模式。在设计模式下，VBE 创建应用程序；在运行模式下，VBE 运行程序；在中断模式下，VBE 能够中断程序，利于检查和改变数据。

一般来说，VBE 的标题栏会显示当前的模式。

2．运行方式

VBE 提供了多种程序运行方式，通过不同的方式运行程序，可以对程序进行各种调试操作。

（1）逐语句执行程序

逐语句执行是调试程序时十分有效的方法。通过单步执行每一行程序语句（包括被调用过程中的程序语句）可以及时、准确地跟踪变量的值，从而发现错误。如果需要逐语句执行程序，此时可单击 VBE"调试"工具栏上的"逐语句"命令按钮，VBA 将执行当前语句，并自动转到下一条语句，同时将程序挂起。

对于在一行中有多条语句用冒号隔开的情况，在使用逐语句命令时，将逐个执行该行中的每条语句。

（2）逐过程执行程序

逐过程执行与逐语句执行的不同之处在于，执行语句调用其他过程时，逐语句执行是从当前

< 259 >

行转移到该过程中，在过程中一行一行地执行；而逐过程执行也是一条条语句地执行，但遇到过程时，会将其当成一条语句执行，而不进入到过程内部。

（3）跳出执行程序

如果希望执行当前过程中的剩余语句，用户可单击"调试"工具栏上的"跳出"命令按钮。在执行跳出命令时，VBE 会将该过程未执行的语句全部执行完，包括在过程中调用的其他过程。过程执行完后，程序返回到调用该过程的下一条语句处。

（4）运行到光标处

选择"调试"菜单下的"运行到光标处"命令，VBE 就会运行到当前光标处。当用户可确定某一范围的语句正确而对后面语句的正确性不能保证时，可使用该命令运行到某条语句，在该语句后逐步调试。这种调试方式通过光标来确定程序运行的位置，十分方便。

（5）设置下一条语句

在 VBE 中，用户可自由设置下一步要执行的语句。当程序已经挂起时，可在程序中选择要执行的下一条语句并右键单击，然后在弹出的快捷菜单中选择"设置下一条语句"命令。

3．暂停运行

VBE 提供的大部分调试工具都要在程序处于挂起状态时才能运行，因此，使用时要暂停 VBA 程序的运行。在这种情况下，变量和对象的属性仍然保持不变，当前运行的语句会在模块窗口中显示出来。如果要将语句设置为挂起状态，则可采用以下两种方法。

（1）断点挂起

如果 VBA 程序在运行时遇到了断点，系统就会在运行到该断点处时将程序挂起。用户可在任何可执行语句和赋值语句处设置断点，但不能在声明语句和注释行处设置断点。

在模块窗口中，将光标移到要设置断点的行，按 F9 功能键或单击"调试"工具栏上的"切换断点"命令按钮设置断点；此外，也可以在模块窗口中，单击要设置断点行的左侧边缘部分设置断点。如果要消除断点，用户可将插入点移到设置了断点的程序行，然后单击工具栏上的"切换断点"命令按钮。

（2）Stop 语句挂起

在过程中添加 Stop 语句或在程序执行时按 Ctrl+Break 组合键都可将程序挂起。Stop 语句是添加在程序中的，当程序执行到该语句时将被挂起。如果不再需要断点，则将 Stop 语句逐行清除。

4．查看变量的值

在调试程序时，可能希望随时查看程序中变量的值。VBE 环境中提供了以下多种查看变量值的方法。

（1）在代码窗口中查看变量的值

在程序调试时，在代码窗口中只要将鼠标指针指向要查看的变量，就会直接在屏幕上显示变量的当前值。用这种方式查看变量的值最为简单，但一次只能查看一个变量的值。

（2）在本地窗口中查看变量的值

在程序调试时，可单击 VBE "调试"工具栏上的"本地窗口"按钮或选择"视图"→"本地窗口"命令打开本地窗口，在本地窗口中即会显示当前过程中所有变量的值和类型。在本地窗口中，可以通过选择现有值并输入新值来更改变量的值。

< 260 >

（3）在监视窗口中查看变量或表达式的值

在程序执行过程中，可利用监视窗口查看变量或表达式的值，从而动态了解变量或表达式值的变化情况，进而对程序的正确与否做出分析与判断。

在程序调试过程中，选择"调试"→"添加监视"命令，打开"添加监视"对话框，如图 8-10 所示。

图 8-10　"添加监视"对话框

在"表达式"文本框中输入需要监视的表达式。要设置被监视表达式的范围，可在"上下文"区域中从相应的下拉列表框中选择一个过程、窗体或模块名。要确定系统对监视表达式的响应方式，可在"监视类型"区域中选中某个单选按钮：如果要显示监视表达式的值，则选中"监视表达式"单选按钮；如果要在表达式的值为 True 时挂起执行，则选中"当监视值为真时中断"单选按钮；如果要在表达式的值有所改变时挂起执行，则选中"当监视值改变时中断"单选按钮。

设置完成后，单击"确定"按钮，出现监视窗口。程序运行时，将在监视窗口中显示所设置的表达式的值。

（4）在立即窗口中查看结果

使用立即窗口可检查一行 VBA 语句的结果，用户可以输入一行语句，然后按下 Enter 键来执行该语句，使用立即窗口也可检查控件、字段或属性的值及显示表达式的值，抑或为变量、字段、属性赋一个新值。总之，立即窗口是一种中间结果暂存窗口，在这里可以立即得出语句、方法或过程的结果。

8.6.2　VBA 程序的错误处理

前面介绍了多种程序调试的方法，这些方法可帮助查找错误。但程序运行中的错误一旦出现将可能造成程序崩溃，无法继续执行。因此，用户必须对可能出现的运行时错误加以处理。也就是在系统发出警告之前截获该错误，在错误处理程序中提示用户采取行动，如是解决问题还是取消操作。如果用户解决了问题，程序就能够继续执行；如果用户选择取消操作，就可以跳出这段程序，继续执行后面的程序。这就是处理运行时错误的方法，这个过程称为错误捕获。

< 261 >

1. 激活错误捕获

在捕获运行时错误之前，首先要激活错误捕获功能，此功能由 On Error 语句实现。On Error 语句有以下 3 种形式。

① On Error GoTo 行号。此语句的功能是激活错误捕获，并将错误处理程序指定为从"行号"位置开始的程序段。也就是说，在出现运行时错误后，程序将跳转到"行号"位置，执行下面的错误处理程序。

② On Error Rusume Next。此语句的功能是忽略错误，继续往下执行。它激活错误捕获功能，但并不指定错误处理程序。当出现错误时不做任何处理，直接执行产生错误的下一行程序。

③ On Error GoTo 0。此语句用来强制性取消错误捕获功能。

2. 编写错误处理程序

在捕获到运行时错误后，将进入错误处理程序，并进行相应的处理。例如，判断错误的类型、提示用户出错并向用户提供解决的方法，然后根据用户的选择将程序流程返回到指定位置继续执行等。

在编写错误处理程序时，常用到 Err 对象。Err 对象是 VBA 中的预定对象，用于发现和处理错误。Err 对象的重要属性之一是 Number 属性，它返回或设置错误代号；另一个重要属性为 Description，它是对错误代号的描述。

例 8-21 使用数组时，如果数组下标超出所定义的范围，则产生运行时错误。编写程序对相应错误进行处理。

程序如下：

```
Sub OnErrorTest()                              '打开错误处理程序
    On Error GoTo Err1
    Dim a(10) As Integer
    a(11)=89                                   '产生运行时错误
Err1:                                          '错误处理程序
    Debug.Print "检查错误代号: " & Err.Number  '输出检查错误代号
    MsgBox "数组下标越界"
End Sub
```

习题

一、选择题

1. 窗体模块和报表模块都属于（　　　）。

    A. 标准模块　　　　　B. 类模块　　　　　　C. 过程模块　　　　　D. 函数模块

2. 函数 Len("Access 数据库")的值是（　　　）。

    A. 9　　　　　　　　　B. 12　　　　　　　　C. 15　　　　　　　　D. 18

3. 函数 Right(Left(Mid("Access_DataBase",10,3),2),1)的值是（　　　）。

    A. a　　　　　　　　　B. B　　　　　　　　　C. t　　　　　　　　　D. 空格

< 262 >

4. 在下列逻辑表达式中，能正确表示条件"m 和 n 至少有一个为偶数"的是（　　　）。

　　A. m Mod 2=1 Or n Mod 2=1　　　　　B. m Mod 2=1 And n Mod 2=1

　　C. m Mod 2=0 Or n Mod 2=0　　　　　D. m Mod 2=0 And n Mod 2=0

5. 在 VBA 中，过程参数的传递方式有传值和（　　　）两种。

　　A. 传语句　　　　　B. 传循环　　　　　C. 传地址　　　　　D. 传声明

6. Sub 过程和 Function 过程最根本的区别是（　　　）。

　　A. Sub 过程的过程名不能返回值，而 Function 过程能通过过程名返回值

　　B. Sub 过程能使用 Call 语句或直接使用过程名，而 Function 过程不能

　　C. 两种过程参数的传递方式不同

　　D. Function 过程能有参数，Sub 过程不能有参数

7. 执行下列 VBA 语句后，变量 a 的值是（　　　）。

```
a=1: b=3: c=4*a-b
If a*2-1<=b Then b=2*b+c
If b-a>c Then
   a=a+1:c=c-1
Else
   a=a-1
End If
```

　　A. 0　　　　　B. 1　　　　　C. 2　　　　　D. 3

8. 执行下列 VBA 语句后，变量 n 的值是（　　　）。

```
n=0
For k=8 To 0 step -3
   n=n+1
Next k
```

　　A. 1　　　　　B. 2　　　　　C. 3　　　　　D. 8

9. 在 VBE 的立即窗口中输入如下命令，输出结果是（　　　）。

```
x=4=5
? x
```

　　A. True　　　　　B. False　　　　　C. 4=5　　　　　D. 语句有错

10. VBA 的错误处理主要使用（　　　）语句结构。

　　A. Of Error　　　　　B. For Error　　　　　C. In Error　　　　　D. On Error

二、填空题

1. 在 VBA 中，要得到[15,75]区间的随机整数，可以用表达式_____。

2. 定义了二维数组 A(2 to 5, 5)，则该数组的元素个数为_____。

3. VBA 中变量的作用域分为 3 个层次，这 3 个层次的变量是_____、_____和_____。

4. 假设有以下窗体单击事件过程：

```
Private Sub Form_Click()
   a=1
   For i=1 To 3
     Select Case i
        Case 1,3
           a=a+1
        Case 2,4
```

< 263 >

```
            a=a+2
      End Select
    Next i
    MsgBox a
End Sub
```

打开窗体运行后，单击窗体，则消息框的输出内容是_____。

5. 在进行 ADO 数据库编程时，用来指向查询数据时返回的记录集对象是_____。

6. RecordSet 对象有两个属性用来判断记录集的边界，其中，判断记录指针是否在最后一条记录之后的属性是_____。

三、问答题

1. 什么是类模块和标准模块？它们的特征是什么？

2. 编写程序，要求输入一个 3 位整数，将它反向输出。例如，输入 123，输出为 321。

3. 使用 If 语句求 3 个数 X、Y、Z 中的最大数，并将其放入 MAX 变量中。

4. 使用 Select Case 结构将一年中的 12 个月分成 4 个季节输出。

5. 求 100 以内的素数。

6. 使用 ADO 对象对"教学管理"数据库的"课程"表完成以下操作。

（1）添加一条记录：(Z0004,数据结构,64)。

（2）查找课程名为"数据结构"的记录，并将其学时更新为 48。

（3）删除课程号为"Z0004"的记录。

< 264 >

第 9 章　数据库的管理与安全

本章学习目标：

- 掌握数据库的备份与还原、压缩与修复以及拆分的方法；
- 掌握数据库安全保护的方法；
- 了解数据库的分析与优化。

国家安全是民族复兴的根基，社会稳定是国家强盛的前提。对于维护国家安全而言，数据安全是我国总体国家安全观的重要组成部分，而数据安全又依赖于数据库中数据的管理与安全保护。Access 2016 提供了一些对数据库进行安全管理的保护措施，以保证数据库系统安全、可靠地运行，帮助用户更好、更安全地使用数据库资源。

9.1　数据库的维护

Access 2016 提供了许多维护和管理数据库的有效方法，使用这些方法能够实现数据库的优化管理。

9.1.1　数据库的备份与还原

数据库中的数据可能遭到破坏或丢失，因此有必要制作数据库副本，即进行数据库的备份，以便在发生意外时能修复数据库，进行数据库的还原。

1. 数据库的备份

数据库的备份有助于保护数据库，以防出现系统故障或误操作时丢失数据。备份数据库时，Access 首先会保存并关闭在设计视图中打开的所有对象，然后使用指定的名称和位置保存数据库文件的副本。

备份数据库的操作步骤如下。

① 打开要备份的数据库，选择"文件"→"另存为"命令，然后在"数据库另存为"区域双击"备份数据库"选项。

② 在弹出的"另存为"对话框中的"文件名"框中，输入数据库备份的名称，默认名称是在原数据库名称的后面加上执行备份的日期。一般建议用默认名称，例如"教学管理"数据库备份的名称是"教学管理_2022-03-20.accdb"。输入数据库备份的名称后选择要保存数据库备份的位置，然后单击"保存"按钮。

2．数据库的还原

对数据库进行备份后，可以还原数据库。用户既可以还原整个数据库，也可以有选择地还原数据库中的对象。

还原整个数据库时，将用整个数据库的备份从整体上替换原来的数据库文件。如果原数据库文件已损坏或数据丢失，则可用备份数据库进行替换。若要还原某个数据库对象，则可将该对象从备份中导入到包含要还原对象的数据库中；此外，也可以一次还原多个对象。

还原数据库的操作步骤如下。

① 打开要将对象还原到其中的数据库，单击"外部数据"选项卡，在"导入并链接"命令组中单击"新数据源"命令按钮，在打开的下拉菜单中选择"从数据库"→"Access"命令，将弹出"获取外部数据-Access 数据库"对话框，如图 9-1 所示。

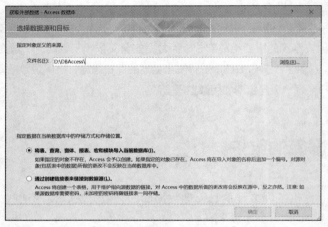

图 9-1 "获取外部数据-Access 数据库"对话框

② 单击"浏览"按钮，指定备份数据库文件，并选中"将表、查询、窗体、报表、宏和模块导入当前数据库"单选按钮，然后单击"确定"按钮，出现"导入对象"对话框，如图 9-2 所示。

图 9-2 "导入对象"对话框

< 266 >

③ 在"导入对象"对话框中单击与要还原的对象类型相对应的选项卡，例如要还原表，则单击"表"选项卡，然后选中所需对象，并单击"确定"按钮，出现图9-3所示的对话框。

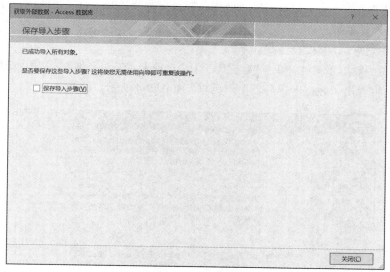

图 9-3 "保存导入步骤"对话框

④ 决定是否需要保存导入步骤，并单击"关闭"按钮。

9.1.2 数据库的压缩与修复

在使用数据库文件的过程中，要经常对数据库对象进行创建、修改、删除等操作，这时数据库文件中就可能包含相应的"碎片"，数据库文件可能会迅速增大，影响使用性能，有时也可能被损坏。在 Access 2016 中，可以使用"压缩和修复数据库"功能来防止或修复这些问题。

如果想要在数据库关闭时自动执行压缩和修复操作，用户可以在"Access 选项"对话框中选中"关闭时压缩"复选框。操作步骤如下。

① 打开数据库文件，选择"文件"→"选项"命令。

② 在"Access 选项"对话框左侧单击"当前数据库"选项，选中"应用程序选项"区域的"关闭时压缩"复选框。

除了使用"关闭时压缩"复选框外，还可以使用"压缩和修复数据库"按钮。操作步骤是：打开数据库，选择"文件"→"信息"命令，在右侧界面中单击"压缩和修复数据库"按钮。

9.1.3 数据库的拆分

数据库的拆分是指将当前数据库拆分为后端数据库和前端数据库。后端数据库包含所有表并存储在文件服务器上。与后端数据库相链接的前端数据库包含所有查询、窗体、报表、宏和模块，前端数据库将分布在用户的工作站中。

当需要与网络上的多个用户共享数据库时，如果直接将未拆分的数据库存储在网络共享位置上，则在用户打开查询、窗体、报表、宏和模块时，必须通过网络将这些对象发送到使用该数据库的每个用户。如果对数据库进行拆分，每个用户都可以拥有自己的查询、窗体、报表、宏和模

< 267 >

块副本，仅表中的数据才需要通过网络发送。因此，拆分数据库可极大提高数据库的性能。进行数据库的拆分还能提高数据库的可用性，增强数据库的安全性。

拆分数据库之前最好先备份数据库。这样，如果在拆分数据库后决定撤销拆分操作，则可以使用备份副本还原原始数据库。

拆分备份的数据库，其操作步骤如下。

① 打开备份的数据库文件，单击"数据库工具"选项卡，在"移动数据"命令组中单击"Access 数据库"按钮，将弹出"数据库拆分器"对话框，如图 9-4 所示。

图 9-4 "数据库拆分器"对话框

② 单击"拆分数据库"按钮，在弹出的"创建后端数据库"对话框（如图 9-5 所示）中指定后端数据库文件的名称、保存类型和位置，单击"拆分"按钮。

图 9-5 "创建后端数据库"对话框

< 268 >

数据库拆分成功后，浏览数据库中的数据表可以发现每个数据表的前面多了一个向右的箭头。

9.2　数据库的安全保护

数据库的安全保护是指防止非法用户使用或访问数据库系统中的数据。在 Access 2016 中可以通过设置数据库访问密码来避免数据库的非法使用，还可以选择信任（启用）或禁用数据库中不安全的操作。

9.2.1　设置数据库密码

Access 2016 可以通过密码来保护数据库，它的安全性比以前的版本更强。在 Access 2016 中要对数据库设置密码，必须以独占的方式打开数据库。

例 9-1　为"教学管理"数据库设置密码。

操作步骤如下。

① 选择"文件"→"打开"命令，通过浏览找到要打开的"教学管理"数据库文件，单击"打开"按钮旁边的向下箭头，然后在打开的下拉列表中选择"以独占方式打开"命令。

② 选择"文件"→"信息"命令，在打开的界面中单击"用密码进行加密"按钮，弹出"设置数据库密码"对话框，如图 9-6 所示。

图 9-6　"设置数据库密码"对话框

③ 在"密码"文本框中输入数据库密码，在"验证"文本框中输入确认密码，然后单击"确定"按钮。

此时的"教学管理"数据库就被加上了密码。如果要打开该数据库，则必须输入所设置的密码。

> **⚠ 注意**
>
> 设置密码后一定要记住密码。如果忘记了密码，Access 将无法找回。

9.2.2　解密数据库

当不需要密码时，可以对数据库进行解密。操作步骤如下。

< 269 >

① 以独占方式打开加密的数据库。

② 选择"文件"→"信息"命令，在打开的界面中单击"解密数据库"按钮，弹出"撤销数据库密码"对话框，如图 9-7 所示。

③ 输入设置的密码，然后单击"确定"按钮。如果输入的密码不正确，撤销将无效。

图 9-7 "撤销数据库密码"对话框

注意

设置和删除数据库密码时必须以独占方式打开，否则将出现错误提示框。

9.2.3 信任数据库中禁用的内容

在默认情况下，Access 2016 会禁用所有可能不安全的操作，即禁用可能允许用户修改数据库或对数据库以外的资源获得访问权限的任何操作。当 Access 2016 禁用数据库的部分或全部内容时，它会在消息栏显示"安全警告"信息来通知用户所执行的操作，如图 9-8 所示。

图 9-8 消息栏的"安全警告"信息提示

1．打开数据库时启用禁用的内容

如果知道文件内容是可靠的，在消息栏单击"启用内容"按钮，打开该文件，并使其成为受信任的文档。

该文件成为受信任的文档，但发布者并没有将其设置为受信任。若要查看发布者的详细信息，可选择"文件"→"信息"命令，在打开的界面中单击"启用内容"按钮，选择"高级选项"命令，系统将弹出"Microsoft Office 安全选项"对话框，如图 9-9 所示。

图 9-9 "Microsoft Office 安全选项"对话框

< 270 >

选中"有助于保护我避免未知内容风险（推荐）"单选按钮，然后单击"确定"按钮，Access将禁用所有可能存在危险的组件。选中"启用此会话的内容"单选按钮，然后单击"确定"按钮，则在当前会话中信任数据库。

2．使用受信任位置中的数据库

受信任位置是指计算机上用来存放来自可靠来源的受信任文件的文件夹。对于受信任文件夹中的文件，Access 不再执行文件验证。将数据库放在受信任位置时，所有代码或组件都会在数据库打开时运行，用户不必在数据库打开时做出信任决定。使用受信任位置中的数据库需要经过 3 个步骤，即使用信任中心创建受信任位置、将数据库保存或复制到受信任位置、打开并使用数据库。其中，创建受信任位置的操作步骤如下。

① 选择"文件"→"选项"命令，此时出现"Access 选项"对话框。

② 在"Access 选项"对话框的左窗格中选择"信任中心"选项，然后在右窗格中单击"信任中心设置"按钮，将出现"信任中心"对话框。

③ 在"信任中心"对话框的左窗格中单击"受信任位置"选项，然后单击"添加新位置"按钮（如图 9-10 所示），将出现"Microsoft Office 受信任位置"对话框，如图 9-11 所示。

图 9-10　"信任中心"对话框的设置

图 9-11　"Microsoft Office 受信任位置"对话框

< 271 >

④ 在该对话框的"路径"文本框中输入要设置为受信任源位置的文件路径和文件夹名称，也可以单击"浏览"按钮定位文件夹。在默认情况下，该文件夹必须位于本地驱动器上。如果要允许受信任的网络位置，则在"信任中心"对话框中选中"允许网络上的受信任位置（不推荐）"复选框。

⑤ 依次单击"确定"按钮关闭所有对话框。

9.3 数据库的分析与优化

Access 2016 提供了对数据库性能进行分析和优化的功能。通过对性能分析结果进行优化，可使数据库运行更快，字段内容安排更合理，从而提高数据库的整体性能。

在 Access 2016 中，数据库的分析与优化可通过 3 个分析工具来完成。下面介绍这 3 个分析工具。

9.3.1 性能分析器

使用性能分析器不但可以查看数据库的任何一个对象或全部对象，还可以提出改善应用性能的建议和方法。用户可以对其进行优化，从而提高数据库的性能。性能分析方法如下。

① 打开要进行性能分析的数据库，如"教学管理"数据库，单击"数据库工具"选项卡，在"分析"命令组中单击"分析性能"命令按钮，弹出"性能分析器"对话框，其中共有"表""查询""窗体""报表""宏""模块""当前数据库""全部对象类型" 8 个对象，如图 9-12 所示。

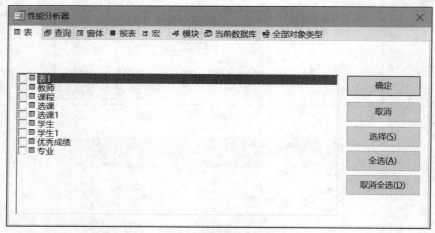

图 9-12 "性能分析器"对话框

② 单击"全部对象类型"选项卡（如图 9-13 所示），再单击"全选"按钮，即可将全部对象选中。

③ 选中对象后，再单击"确定"按钮，系统将开始对数据库进行分析。当所有对象都被选中后，向导会显示一组包含推荐、建议、意见和更正分析结果的对话框，如图 9-14 所示。

< 272 >

图 9-13　选中全部对象

图 9-14　性能分析后的结果

　　通过"性能分析器"对话框对数据库性能进行分析后，选中要优化的项，然后单击"优化"按钮，系统即可对已选中的选项进行优化。

9.3.2　数据库文档管理器

　　通过对数据库文档管理器的使用，不仅能对表中的文档进行查看、设置，还能将文档管理结果打印出来。下面介绍如何对其进行操作。

< 273 >

① 打开要处理的数据库，如"教学管理"数据库，单击"数据库工具"选项卡，在"分析"命令组中单击"数据库文档管理器"命令按钮，将弹出"文档管理器"对话框，如图 9-15 所示。

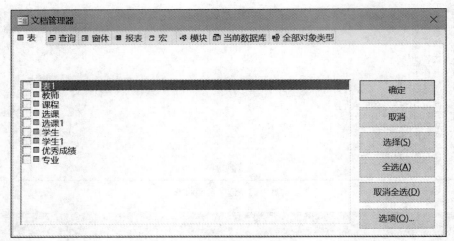

图 9-15 "文档管理器"对话框

"文档管理器"对话框和"性能分析器"对话框的基本内容相同。只是在"文档管理器"对话框中多了一个"选项"按钮。一般情况都是单击"全部对象类型"选项卡和"全选"按钮将所有对象全部选中，然后单击"确定"按钮。

② 单击图 9-15 中的"选项"按钮，弹出"打印表定义"对话框。通过此对话框可以对表进行一些设置，如图 9-16 所示。

图 9-16 "打印表定义"对话框

③ 设置好以后，单击"确定"按钮，返回图 9-15 所示的"文档管理器"对话框。

④ 选择对象并单击"文档管理器"对话框中的"确定"按钮，将显示图 9-17 所示的文档管理结果。用户可以在该结果中对文档进行设置，如页面大小、页面布局等。

< 274 >

图 9-17　文档管理结果

若要关闭"文档管理结果"界面，用户可单击"打印预览"选项卡中"关闭预览"命令组中的"关闭打印预览"命令按钮。

9.3.3　表分析器向导

当用户设计新数据库时，可以通过建立一系列关联的表来减少数据冗余。Access 2016 的表分析器向导不仅能检查数据分布，还能提出额外的优化建议。

表分析器向导可以通过"数据库工具"选项卡中"分析"命令组中的"分析表"命令按钮来打开。

例 9-2　使用表分析器向导对"教学管理"数据库中的"选课"表进行分析。

操作步骤如下。

① 打开"教学管理"数据库，单击"数据库工具"选项卡，在"分析"命令组中单击"分析表"命令按钮，弹出"表分析器向导"的第 1 个对话框，在该对话框中可以对问题进行查看，还可以单击 » 图标显示问题，如图 9-18 所示。

图 9-18　"表分析器向导"的第 1 个对话框

< 275 >

② 单击"下一步"按钮，弹出图 9-19 所示"表分析器向导"的第 2 个对话框，可单击 ■ 图标显示问题的解决方案。

图 9-19 "表分析器向导"的第 2 个对话框

③ 单击"下一步"按钮，在弹出的"表分析器向导"的第 3 个对话框中，需要用户确定哪张表中含有在许多记录中有重复值的字段，本例选择"选课"表，"显示引导页"复选框保持默认选中状态，如图 9-20 所示。

图 9-20 "表分析器向导"的第 3 个对话框

< 276 >

④ 单击"下一步"按钮，在弹出的"表分析器向导"的第 4 个对话框中，需要用户确定是否由向导来决定哪些字段放入哪些表中，如图 9-21 所示。在本例中，选中"是，由向导决定"单选按钮。

图 9-21　"表分析器向导"的第 4 个对话框

⑤ 单击"下一步"按钮，弹出"表分析器向导"的第 5 个对话框，让用户确定向导对信息的分组是否正确，如图 9-22 所示。

图 9-22　"表分析器向导"的第 5 个对话框

< 277 >

⑥ 选择第⑤步中打开的对话框中要改名的表，单击"重命名"按钮，弹出图9-23所示"表分析器向导"的第6个对话框；在"表名称"文本框中输入新的表名，单击"确定"按钮，返回"表分析器向导"的第5个对话框，让用户确定向导对信息的分组是否正确。

图9-23 "表分析器向导"的第6个对话框

⑦ 单击"下一步"按钮，弹出"表分析器向导"的第7个对话框，如图9-24所示。

图9-24 "表分析器向导"的第7个对话框

⑧ 设置完主键后（本例保持默认值不做变动），单击"下一步"按钮。如果用户在之前所做的修改还不是最优化的，此时向导将再次提示用户做进一步修改，如图9-25所示。

图9-25 "表分析器向导"的第8个对话框

< 278 >

⑨ 修改完成后，单击"下一步"按钮，向导提供一个创建查询的机会，如图 9-26 所示。

图 9-26　"表分析器向导"的第 9 个对话框

⑩ 用户根据自己的需要确定是否创建查询。设置完成后，单击"完成"按钮，结束整个表的分析过程。

习题

一、选择题

1. 对数据库进行压缩时，（　　　　）。

　　A. 采用压缩算法把文件进行编码，以达到压缩的目的

　　B. 把不需要的数据剔除，从而使文件变小

　　C. 把数据库文件中多余的没有使用的空间还给系统

　　D. 把很少用到的数据存到其他地方

2. 拆分后的数据库后端文件的扩展名是（　　　　）。

　　A. .accdb　　　　　　B. .accdc　　　　　　C. .accde　　　　　　D. .accdr

3. 密码设置以后，需要在（　　　）时再次输入密码。

　　A. 打开表　　　　B. 关闭数据库　　　　C. 打开数据库　　　　D. 修改数据库的内容

4. "信任中心"对话框中的受信任位置是指（　　　）。

　　A. 计算机上用来存放来自可靠来源的受信任文件的文件夹

　　B. 可以存放个人信息的文件夹

　　C. 可以存放隐私信息的数据库区域

　　D. 数据库中可以存放和查看受保护信息的表

< 279 >

5. 将数据库放在受信任位置时，所有 VBA 代码、宏和安全表达式都会在（　　　）时运行。

    A. 数据库打开　　　　B. 数据库关闭　　　　C. 数据表打开　　　　D. 数据表关闭

二、填空题

1. 从某个外部数据源获取数据来创建 Access 表叫作数据的_____，将表中的数据输出到其他格式的文件中叫作数据的_____。这种操作可以实现 Access 与其他应用的数据_____。

2. 数据库的拆分是指将当前数据库拆分为_____和_____。前者包含所有的表且存储在文件服务器上，后者包含所有查询、窗体、报表、宏和模块，将分布在用户的工作站中。

3. 假设系统日期为 2022 年 5 月 20 日，则对"商品信息"数据库进行备份，默认的备份文件名是_____。

4. 要对数据库设置密码，必须以_____的方式打开数据库。

5. 在 Access 2016 中，数据库的分析与优化通过_____、_____和_____ 3 个分析工具来完成。

三、问答题

1. 导入数据和链接数据有什么联系与区别？

2. 简述数据库备份的作用以及数据库备份要注意的内容。

3. 简述压缩和修复数据库的必要性。

4. 如何对数据库进行加密和解密？

5. 使用受信任位置中的数据库有哪些操作步骤？

< 280 >